KB217315

TRAITÉ DE MIAMOLOGIE 냠냠학개론-파티스리

파티스리의 기본

"어떤 것을 아는 것보다 더 중요한 것은
그것을 사랑하는 것이다."

공자

"파티스리는 최고의 달콤함을 선사하는 종합 예술이다."

쇼드론 교수

TRAITÉ DE MIAMOLOGIE 냠냠학개론-파티스리

파티스리의 기본

이론+레시피

스테판 라고르스 지음 · 김옥진 옮김

도림북스

들어가는 말

또 한권의 파티스리 책이 나왔다. 정도가 지나치다고 느낄 정도로 크리미하고 부드러운 식감을 가진, 제대로 된 크림 슈를 만드는 것이 아마존 숲 몇 백 헥타르만큼의 가치는 되지 않을까? 하는 질문에서 시작된 작업이었다. 냠냠학개론 1권의 성공 이후, 파티스리 책을 내는 똑같은 실수를 범했다. 그것도 전문성과 불온성으로 유명한 파티스리 분야의 서적을! 하지만 핵심을 알면 그렇지만도 않다. 냠냠학개론 1권이 요리와 소금에 관한 내용이었다면 이번 책은 크렘 파티시에르나 파트 사블레에 숨겨진 비밀과 '문제의 원인'을 찾는 것에 초점을 두고 있다. 이 제품은 반죽 과정을 거치는데 저 제품은 왜 안 되는지? 밀가루를 넣기 전에 왜 버터부터 넣는지? 순서를 바꿔 작업할 수는 없는지? 어떤 경우에는 살살 젓고 또 어떤 경우에 있는 힘껏 젓는 것인지? 이 책은 앞서 출간된 책보다 더 발전한 모습, 즉 도를 넘는 교만함이나 일말의 공포감이 느껴지지 않는 방법으로 이 모든 미스터리들을 다룬다. 이 책은 논리와 기술이라는 두 개의 큰 틀로 나뉜다. 즉 기술적 차원의 설명('기본' 레시피 30여 개 포함)과 미식가를 위한 진정한 실전 작업을 담은 레시피 40개로 구성된다. 이 책은 문외한과 입문자, 전문가, 아마추어와 프로를 막론하고 파티스리가 추구하는 미식과 관용이라는 두 가지 중대한 가치와 거기에 수반되어야 할 요령과 비법을 알려주는 교과서와 같은 역할을 하게 될 것이다.

1장 | **계량, 믹싱, 굽기**

I,*a* 계량은 약사보다 까다롭게! 설탕, 버터, 밀가루 계량보다 선행되어야 할 것은 파티스리 재료에 대한 이해다. 냠냠학 파티스리에 필요한 모든 세부사항들이 여기에서 출발하는 것이기 때문이다. 재료의 특성을 알면 구입도 쉬워진다!

I,*b* 믹싱은 쾌락과 열정! 요리를 다룬 냠냠학개론 1권의 핵심 챕터가 굽기에 관한 내용이었다면, 이 책의 핵심은 믹싱(여러 형태의 믹싱을 포함)이라 할 수 있다. 슈 반죽이나 마들렌을 만드는데 동일한 재료를 가지고 믹싱의 강도나 순서를 달리하여 작업했다고 상상해보라! 이 주제를 샅샅이 파고든 이유가 바로 거기에 있는 것이다!

I,*c* 굽기는 늘 마지막에! 가토 굽기와 캐러멜 끓이기, 크렘 파티시에르 익히기. 모두 다 익히는 것이지만 서로 관계가 없다고 생각할 정도로 성격이 다른 작업이기도 하다. 이 책에서는 특히 굽기와 관련된 '왜'와 '어떻게'에 초점을 맞춘 설명이 가득하다.

2장 | **기초적이지 않은 기본 레시피!**

모든 기본적인 준비(반죽, 크림, 무스 등 30여 가지) 과정들을 엄선하여 '어떻게 하는지' 특히 '왜 그렇게 하는지'에 따라 분류하고 설명했다. 물론 여기에는 모든 레시피와 재료의 배합비가 공개되어 있다. 이를 통해 여러분은 이제 쇼드론(Chaudron) 교수님과 동등한 위치에서 겨룰 수 있게 되었다.

3장 | **레시피 40개. 개미허리와 체중 감량은 안녕!**

레시피는 난이도에 따라 3단계로 나뉜다. 이 부분은 냠냠학자들이 자신의 리듬과 기호를 파악하고 전문가로 거듭나는 과정이라고도 볼 수 있는데, 이는 독자들이 자신의 수준을 가늠해보고 충분히 소화할 수 있다고 판단되면 다음 단계로 넘어갈 수 있도록 하기 위함이다. 각각의 레시피에 담긴 요령과 손재주 뒤에 숨은 '왜'를 이해하고 '자신에게 맞는' 단계로 넘어갈 수 있다.

마지막 말

들어가는 말을 마치면서 쇼드론 교수님이 술자리를 나서며 내게 속삭였던 말을 떠올려본다. 타인의 기술적인 행동을 분석하고 묘사한 것을 읽는 것만으로는 부족하다. 파티스리 작업에 능숙해지고, 그것을 바탕으로 효과적인 결과물을 얻기 위해서는 단순한 모방이 아니라 자신의 행동을 이해하여 자기 것으로 체화하고, 그것에 '빠져 살아야' 한다. 멀리서 지켜본 것을 자신에게 적용시키는 것이 아니라 그 안에 살아야 하는 것이다. 그리고 또 한 가지. 이 책에 실린 모든 레시피 관련 사진은 여러 번의 시도 끝에 특수효과 없이 찍은 실사다. 여러분도 이 레시피들을 통해 충분히 사진과 같은 제품들을 만들 수 있다는 뜻이다. 재료의 배합비나 단계만을 나열한 레시피보다는 그것을 실현시키는 사람, 바로 여러분의 역할이 더 중요하다는 사실을 명심했으면 한다. 앞서 언급했지만 레시피를 따라 한다는 것은 그 안에 '빠져 산다'는 의미임을 잊지 말자. 쇼드론 교수님도 말씀하시지 않았는가! "영혼 없는 파티스리는 미각의 붕괴에 지나지 않는다." 누군가는 허무맹랑한 이야기라 생각할지도 모르겠다. 마지막으로 나는 냠냠학이 파티스리에 대한 독창적인 접근법이 되었으면 한다. 물론 이러한 냠냠학적 시도가 최초의, 그렇다고 최후의 시도가 되지는 않을 것이다. 냠냠학은 미식가와 호기심어린 독자들에게 성실함과 정확성, 관용 이외의 다른 포부는 내비치지 않을 것이다. 자, 이제 과연 누가 이 경이로운 예술이 가진 진실을 파헤치게 될 것인가?

스테판 라고르스

이유 있는 선택

도구

파티스리 도구들을 다 사려면 대출을 받고 집을 저당 잡히거나 비싼 자녀 교육비를 줄이고 수중의 보석을 전당포에 맡겨야 할지도 모른다. 하지만 그게 뭐 대수인가. 곧 느끼게 될 달달한 행복에 주머니가 비었다는 사실조차 잊게 될 텐데.

a/ 스탠드 믹서, *b/* 플랫비터, *c/* 훅, *d/* 슈거파우더 디스펜서, *e/* 고무주걱, *f/* 제누아즈용 칼

하찮은 도구들

믹싱볼

바닥이 둥글고 우묵한 샐러드 그릇이다. 어디로 튈지 모르는 파티시에의 엉뚱함 때문에 바닥이 '둥근' 그릇을 쓰는 것이 아니라 거품기나 숟가락으로 저었을 때 각진 부분에 걸리지 않게 하기 위해서 사용한다. 달걀흰자를 치기에도 좋고, 어떤 내용물이든 덩어리 없이 골고루 섞을 수도 있기 때문이다. 그리고 바닥보다는 입구가 넓어야 내용물이 더 잘 섞인다. 사실 믹싱볼은 샐러드 그릇을 대신하기에 부족함이 없다. 그래서 가끔은 배신한 연인처럼 느껴지기도 한다. 특히 달걀흰자를 치거나 무스, 크림을 만들 때 말이다.

샐러드 그릇

샐러드 그릇은 배신한 연인과 같은 믹싱볼을 대체할 수 없다. 그래서 우리는 샐러드 그릇을 가난한 자의 믹싱볼이라 부르는 것이다. 하지만 두려워할 필요는 없다. 샐러드 그릇에서 샐러드만 빼면 충분히 어떤 레시피든 구현할 수 있기 때문이다. 샐러드 그릇은 크기 별로 여러 개를 구비해놓는 것이 좋고, 믹싱볼(샐러드 그릇도 마찬가지)에 담는 내용물은 전체 부피의 2/3를 넘지 않아야 제대로 사용할 수 있다. 내용물을 얼마나 채워서 사용할지는 앞으로도 계속 염두에 두어야 할 문제다.

거품기

거품기를 사겠다고 가게에 자주 들를 필요는 없다. 크기가 다른 거품기 두 개면 충분하니까. 살의 수가 많을수록 작업속도가 높아지기 때문에 살이 가늘고 개수가 많은 거품기를 고르는 것이 좋다. 이 자명한 이치는 직접 손으로 달걀흰자 4~5개를 쳐봐야 정확히 깨닫게 된다. 재료를 섞거나 거품을 낼 때도 마찬가지다.

고무주걱

고무주걱은 끝이 잘 구부러지고 손잡이가 플라스틱으로 된 요상한 물건이다. 크게 힘 들이지 않고도 믹싱볼이나 샐러드 그릇의 가장자리를 깔끔하게 긁을 수 있어 버리는 것 없이 내용물을 최대한 사용할 수 있다. 두 단계로 나눠서 내용물을 섞어야 하는 경우에도 고무주걱을 사용한다(예 : 만들어 놓은 무스에 다른 내용물을 섞을 때 사용).

오븐 팬과 틀

오븐 팬은 없어서는 안 될 도구지만 오븐을 구매할 때 함께 딸려오는 것이다. 그러니 여기에 대한 설명은 큰 의미가 없으며 주머니 사정만 악화시킬 뿐이다. 틀은 타르트 틀, 제누아즈 틀, 브리오슈 틀, 큰 틀, 작은 틀 중에서 취향대로 고르면 된다. 하지만 금속 틀이 나을까 실리콘 틀이 나을까? 이건 좀 다른 문제다. 열전도 측면에서는 효과가 비슷하기 때문에 선택기준으로 삼을 필요는 없지만 굳이 휘발성 유기화합물이 검출될 위험이 있는(사실 여부를 떠나) 실리콘 틀을 쓸 필요는 없지 않을까? 군데군데 녹슨 듯한 낡은 금속 틀이 훨씬 더 식욕을 자극하니까!

바닥이 두꺼운 냄비

냠냠학자의 발에 떨어뜨리기라도 하면 큰 일이 날 것만 같은 도구다. 하지만 분명히 사용할만한 가치는 있다. 바닥이 두껍다는 것은 그만큼 금속이 다량 사용되었다는 뜻이기 때문에 쉽게 데워지거나 식지 않을 것이다. 냄비의 일반적인 단점, 즉 '급격한 온도 상승'을 방지해 캐러멜이나 설탕 시럽이 쉽게 타는 것을 막아준다.

소도구들

나무주걱

플라스틱 주걱을 사용하는 경우가 많으나 나무가 더 낫다. 한두 개만 구비해놓으면 된다. 슈 반죽을 만들 때는 반죽을 섞고, 덩어리를 '자르듯이' 해야 하기 때문에 나무주걱이 필수다.

삼각 헤라

비스킷, 쿠키, 튀일 등의 과자류를 오븐 팬에서 떼어낼 때 사용한다.

메탈 스패출러

사용빈도가 높지는 않으나 크림이나 무스를 골고루 펴 바를 때 반드시 필요하다.

슈거파우더 디스펜서

'분당체'라고도 한다. 명칭만으로 도구의 용도를 정확히 파악하기 힘들다면 밀푀유를 만들 때 없어서는 안 될 도구라고만 기억하자!

거름망

프랑스어로 거름망인 chinois는 중국인 또는 중국 식당을 의미하지만, 요리나 파티스리에서는 내용물을 '거를' 때 쓰는 체를 뜻한다. 과육과 씨를 분리하거나 크림의 덩어리진 부분을 걸러낼 때 사용한다. 커다란 국자를 이용해 피스톤처럼 위에서 내용물을 눌러주면 된다.

체

쇼드론 교수님의 말씀에 따르면 체는 파티스리에서 사용하는 밀가루, 분당, 전분 그리고 덩어리지기 쉬운 카카오파우더까지도 거를 수 있는 도구다.

온도계

온도계에 관한 쇼드론 교수님의 입장은 매우 확고하다. 여러 시도를 해봤지만 온도를 재는 데는 온도계만한 도구가 없다는 것이다. 물론 목욕탕에 굴러다니는 온도계를 닦아 써도 되겠지만 그보다는 탐침 온도계가 더 좋다. 가토나 크림 안에서 무슨 일이 일어나고 있는지 파악할 수 있어 굽기의 정도를 조절하고 상황에 맞게 대처할 수 있기 때문이다. 반면에 비접촉식 표면 온도계(레이저 방식)를 사용하면 오븐 속 가토의 온도나 끓고 있는 캐러멜의 온도까지 측정할 수 있어 제품이 타는 것을 막을 수 있다. 시럽을 끓일 때 사용하는 설탕 온도계의 경우에는 200℃까지 견딜 수 있는 제품을 사용한다. 목욕탕에 있는 온도계로는 이 작업이 힘든 이유다.

짤주머니

반영구적인 짤주머니도 있다. 여러 번 쓸 수 있는 만큼 가격이 비싸고 세척이 힘들며 건조시키는 시간이 오래 걸린다. 미생물이 번식하기 쉽고 미관상으로도 좋지 않으며 슈케트 반죽을 짜는 도중에 터지기 일쑤다. 이런 제품을 사용해도 되겠지만 쇼드론 교수님의 조언대로 일회용 짤주머니만 쓸 수도 있다. 물론 당장의 예산에는 부담이 될지 몰라도 어떤 것이 더 실용적인 결정인지는 금방 알게 될 것이다. 슈, 슈케트, 에클레르, 버터크림 장식, 간단한 데코 등에는 짤주머니가 필수니까. 다양한 모양으로 연출하려면 원형 깍지, 일반 깍지, 납작한 깍지, 주름 깍지도 같이 준비하는 것이 좋다.

칼

다 구운 부푼 반죽을 자를 때는 빵칼을, 제스트를 만들 때는 필러를 사용한다.

유산지

유산지만 있다면 진절머리나게 오븐 팬을 닦지 않아도 된다.

여유 있는 이를 위한 전기도구들

전자저울

그램 단위까지 표시되는 것이어야 한다. 최대 무게가 적어도 2.5 kg 이상인 저울로 '용기' 버튼이 있는 제품이 좋다. 재료의 무게를 잴 때뿐만 아니라 체중을 잴 때도 이 기능이 필요한 사람이 있을지도 모른다. 순 중량만 재주는 기능 말이다.

전동거품기

달걀흰자를 치거나 사바용 소스를 만들 때 또는 생크림 휘핑 정도에 사용하겠지만 이 도구가 있다면 큰 도움이 될 것이다. 아이들에게 태블릿이나 (지긋지긋한) 스마트폰을 사주지 않고 돈을 아낀다면 뒤이어 나오는 도구들도 구매할 수 있을 것이다.

스탠드 믹서

이것은 노련한 파티시에나 아마추어 냠냠학자에게 든든한 존재가 되어줄 도구다. 이것만 있으면 믹싱, 반죽, 거품내기 이 모든 작업이 가능하니까. 한마디로 '다목적'인 셈이다. 유명 브랜드의 반죽기를 구매하면 평생을 쓰고도 자녀들에게 물려줄 수 있을 것이다. 사실 '다목적' 반죽통 한 개와 도구 세 개로 구성된 스탠드 믹서만 있다면 놀라울 만큼 다양한 제품을 만들 수 있다. 쇼드론 교수님이 추천하는 것은 '역 회전' 모델이다. 반죽기의 축이 한 방향으로 회전할 때, 반죽과 닿아있는 도구는 역 방향으로 회전하는 원리다. 이 모델을 사용하면 반죽통과 훅, 플랫 비터, 거품기 사이에는 단 $1cm^3$의 공간도 남지 않게 된다.

↦ **훅** 이름에서 유추할 수 있듯이 훅은 갈고리 모양의 도구다. 어찌 보면 늘려놓은 물음표 같기도 하다. 하지만 훅의 용도에는 물음표가 가진 일말의 혼란이나 주저함이 없다. 훅은 믹싱, 특히 반죽에 필요한 도구로 반죽을 자르듯이 치댈 때 사용한다. 반죽 단계에서는 이러한 움직임이 필수다. 그 덕분에 반죽기를 오래 돌리지 않아도 반죽이 완성되니 그만큼 반죽 온도가 덜 올라가는 것이다. 이것은 훅의 특별한 모양 덕분에 가능한 일이기 때문에 브리오슈, 도넛, 일반 빵과 같이 반죽이 필요한 제품에는 반드시 훅을 써야 한다.

↦ **플랫비터** 프랑스어(feuille)로 나뭇잎이라는 뜻을 가지고 있지만 딱히 형태가 유사해 보이지는 않는다. 어쨌든 그 특별한 모양 때문에 반죽통 내에서 가장자리를 많이 차지한다. 그러다보니 반죽기의 회전과 동시에(회전속도와는 관계없이) 반죽은 플랫비터의 움직임을 따라 여기저기 이동하게 되고, 플랫비터는 반죽을 자르듯이 치대준다. 누구나 꿈에 그리는 믹싱 도구인 셈이다. 하지만 반죽 도구로써는 얘기가 다르다. 플랫비터의 움직임 때문에 반죽의 온도가 빠르게 상승할 수 있기 때문이다.

↦ **거품기** 일반 거품기처럼 반죽기에 달린 거품기에도 얇은 살이 여러 개 있다. 둘 다 용도는 같지만 거품을 낼 때는 손으로 작업하는 것보다 반죽기에 달린 거품기를 써야 더 빨리, 더 균일하게, 더 효과적으로 작업할 수 있다. 바삭한 머랭, 부드러운 사바용, 완벽한 샹티이 크림을 원한다면 전동거품기를 써야 한다.

전기오븐

솔직히 말해서 전문가용 데크 오븐은 냠냠학자를 비롯한 일반인이 사용하기가 쉽지 않다. 하지만 일반 가정용 오븐으로도 충분히 완성도 높은 제품을 만들 수 있으니 멋진 오븐이 없다고 두려워할 필요는 없다. 모든 가정용 오븐은 '인위적 대류 현상'으로 작동된다. 이 방식으로 구울 수 없는 건 없다. 하지만 간단한 가열 방식(자연적 대류 현상)을 채택한 일부 모델(더 비쌀 수도 있겠지만)의 경우 윗불과 밑불의 온도를 조절할 수 있는 기능이 있다. 여러분에게 딱 맞는 모델이 바로 이런 거다! 터치식 디지털 화면이나 쿠킹 프로그램이 784개나 입력되어 있다는 판매자의 감언이설에 넘어가서는 안 된다. 이런 프로그램은 막상 쓸 일이 없는 데다 숙련된 냠냠학자의 눈만큼 정확한 판단기준이 될 수 없기 때문이다(어쨌든 온도계는 사용해야 한다). 그러니 비교적 조작이 간단하고, '통풍이나 윗불, 밑불'을 조절할 수 있는 쓰기 쉬운 모델을 선택하자.

차례

마법의 주문과 극단적 정확성

재료의 혼재(混在)

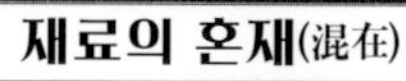

이로운 불

계량, 믹싱, 굽기

무한 반복, 그 이상

계량, 믹싱, 굽기. 계량, 믹싱, 굽기. 계량, 믹싱, 굽기… 냠냠학자든 아니든, 경력자든 초보자든, 일시적인 재미로 베이킹을 하는 사람이든 매일 습관적으로 하는 사람이든 간에 계량, 믹싱, 굽기는 파티시에들이 매일같이 외치는 주문이다. 최고의 파리브레스트도, 최악의 파운드케이크도 이 주문을 외치지 않고는 탄생할 수 없다. 가장 많이 쓰이는 것은 물론이고, 달콤한 행복을 느끼기 위해서는 빼놓을 수 없는 주문이다. 사실 계량, 믹싱, 굽기는 거의 군대에 버금가는 엄격성을 가지고 준수해야 할 순서다. 굽기, 계량, 믹싱이 되거나 믹싱, 굽기, 계량 순서가 되어서는 안 되니깐! 이 순환의 고리를 끊으려는 자는 주방장 모자를 고쳐 쓰고, 쇼드론 교수님 앞에 서른 번쯤 무릎을 꿇어야 할 것이다. 그렇지 않으면 제명당할지도. 하지만 다행히도 이렇게 도발적인 이들은 별로 없고, 있다 해도 금방 냠냠학의 품으로 돌아온다. **계량**은 파티시에의 계명 가운데 으뜸이다. 어떻게 보면 계량은 파티시에의 존재 이유라고도 할 수 있다. 파티시에는 모든 것의 무게를 잰다. 재료는 물론이고 자동차나 자신이 키우는 강아지, 부인, 심지어 자신의 무게도 잰다. 저울을 쓰지 않고 무게를 가늠하는 경우도 있다. **믹싱**이란 '반죽 상태'로 만드는 데 있어서 두 번째로 중요한 절대적 요소다. 하지만 자다가도 등줄기가 서늘해져 헝클어진 머리로 잠이 확 깰 만큼 가장 복잡하고, 까다로운 작업이기도 하다. "8자 모양을 그리며 섞어야 할까, 그냥 원형으로 저어야 할까?" 열정이 넘치는 냠냠학자라면 이웃들의 코고는 소리가 들리는 한밤중에도 이런 고민을 할 것이다. 왜냐하면 파티스리에 있어서는 이런 행동이 거의 모든 것을 좌우한다고 해도 과언이 아니기 때문이다. 여러분도 이 분야에 발을 들여놓고 나면 이해하게 될 것이다! **굽기**란 앞의 두 단계에서부터 이어지는 자연적인 귀결이며, 그것의 정확성이나 적합성, 타당성을 판단하여 반죽의 성공 여부를 판가름 할 수 있는 단계다. 그렇다고 해서 기적적으로 단점을 개선하거나 빼놓은 재료를 첨가할 수 있는 실수를 만회할 수 있는 단계는 아니다. 계량, 믹싱, 굽기. 계량, 믹싱, 굽기… 이것은 냠냠학자이자 파티시에인 사람들의 숙명이다.

마법의 주문과
극단적 정확성
Farine
Sucre

계량

계량 또는 선택?
둘 다 하셔야 합니다, 장군님!

좋은 재료 없이는 좋은 요리도 없다. 좋은 재료 없이는 좋은 가토도 없다. 이 한 문장이면 설명은 끝난다! 대담한 요리사라면 사전 준비 없이 열정만으로도 요리할 수 있겠지만, 더 섬세한 작업을 해야 하는 파티시에에게는 사전 준비가 필수다. 사용할 재료를 정확히 계량해놓지는 못하더라도 최소한의 레시피는 머릿속에 가지고 있어야 한다는 뜻이다. 요리사와 파티시에 간의 이러한 근본적인 차이 때문에 냠냠학자들이 당황할 수는 있겠으나 49쪽의 결론을 보면 이 수수께끼에 대한 실마리를 찾을 수 있다. 튀일, 소르베, 이튼 메스의 품질과 맛을 보장하기 위해 가장 먼저 해야 할 일은 계량이 아니라 재료 선택이다. 쇼드론 교수님이 말씀하신 선택이란 거절 또는 수용을 의미한다! 사실, 다른 어떤 분야보다도 파티스리에 쓰이는 재료들은 외형만으로 판단하기 힘든 경우가 많다. 여러분도 잘 아시겠지만 밀가루나 설탕, 달걀의 품질을 육안으로 판단하기는 힘들다. 이 가운데 좋은 것을 고르고 (너무 많이) 틀리지 않도록 해야 하는 것이다. 재료에 관한 내용은 냠냠학의 체로 걸러 뒷부분에서 더 자세히 다루도록 하겠다. 주의 깊은 냠냠학자라면 거기에서 자신의 지식에 도움이 될 만한, 대화를 풍부하게 해줄 수많은 유용한 정보를 얻을 수 있을 것이다. 예를 들면 축축하기 짝이 없는 물과 퍽퍽한 성질을 가진 밀가루에 대해서 말이다. 이것 말고도 여러분이 새롭게 얻게 될 정보는 무궁무진하다.

1

축 축 하 기 짝 이 없 는

물

『냠냠학개론』에 언급한 대로 물은 없어서는 안 되나 잘 알려져 있지 않은 재료다. 물에 대해서는 언급조차 하지 않는 경우가 많으니까. 컵케이크에 관한 진부하기 짝이 없는 책들을 다 뒤져봐도 대부분이 레시피, 반죽, 무스, 크림 등에 대한 이야기뿐 H_2O에 대한 설명은 찾을 수가 없다. 그래서 이 책을 통해 요리 서적 전반에 걸쳐 나타나는 이러한 정보의 불완전성을 조금이나마 보완하고자 한다.

I. 숨겨진 물

크레이프 반죽, 바바루아, 콤포트, 크림의 주재료는 설탕도 밀가루도 과일도 아닌 물이다! 레시피 속 수분은 밀가루(12%), 달걀(80%), 버터(12%), 우유(90% 이상)와 같이 수분으로 인식하지 못하는 재료를 통해 공급받는다. '여러분의 의사와 무관하게' 눈에 보이는 물 한 방울 없이도 수분이 공급되는 것이다. 따라서 각 재료가 가진 수분량을 알고 있는 것이 큰 도움이 될 것이다.

II. 굽는 동안의 물

물은 온도를 조절하는 역할을 한다. 오븐의 열기로 갈레트 데 루아(208쪽 참조)를 황금빛으로 굽고, 수플레(228쪽)를 부풀리며, 크림(130쪽)을 크림 빛으로 만들 수 있는 건 (대부분의 경우) 수분이 있기 때문이다! 물의 온도가 올라가면 두 가지 가능성, 즉 물의 상태가 바뀌거나(증발) 액체로 남아있을 가능성이 생긴다. 레시피에 따라 좋은 결과를 얻기 위해서는 이러한 상태 변화를 추구할 수도, 그렇지 않을 수도 있다. 예를 들어보자.

표1
·
물의 상태 변화 여부

제품의 종류	물의 상태	왜?
익히기 전의 크레이프 반죽	액체	⇒ 재료를 잘 분산시키기 위해서
굽는 동안의 크레이프 반죽	수증기	⇒ 잘 굽기 위해서, 굽는 동안 향이 생기도록 하기 위해서
냄비 속 슈 반죽	액체	⇒ 전분 호화를 위해서
오븐 속 슈 반죽	수증기	⇒ 반죽이 부풀어 오르게 하기 위해서
익히는 동안의 크렘 앙글레즈	액체	⇒ 달걀 속 단백질이 너무 많이 익어 덩어리지지 않게 하기 위해서
굽기 전의 제누아즈 반죽	액체	⇒ 모든 재료들이 골고루 분산되게 하기 위해서
구운 제누아즈 반죽	수증기	⇒ 더 많이 부풀어 폭신한 식감을 갖도록 하기 위해서
시럽, 캐러멜	수증기	⇒ 더 졸이기 위해서

II,*a* 예 : 수증기와 슈 반죽

슈 반죽이 부풀어 오르는 이유는 수증기 때문이다. 슈 반죽이 냄비 위에서 가열되는 동안, 즉 초반에는 밀가루 속의 전분이 호화(70쪽)되면서 수분이 고정된다. 하지만 일단 슈나 슈케트, 에클레르 반죽이 오븐 속의 열기와 만나면 (우리 눈에는 보이지 않지만) 기화 현상이 일어난다. 익히 알려진 것처럼 수증기는 같은 양의 액체 상태인 물보다 부피가 더 크기 때문에 수증기는 팽창하고, 호화된 전분 덩어리는 부푼다. 달걀과 전분으로 만들어진 열기구라고 생각하면 쉽겠다. '슈 반죽'에 관한 자세한 사항은 136쪽을 참조한다.

II,*b* 그래서요? 아무도 개의치 않는 걸요

'그건 우등생에게나 통할법한 그럴싸한 장광설일 뿐이에요. 바뀌는 건 아무것도 없을 거예요. 그렇다고 우리가 할 수 있는 일은 없으니까요.' 이렇게 불만을 토로하는 소리가 저 뒤편에서 들려오는 듯하다. 사실 쇼드론 교수님도 일정 부분은 인정하신다. 하지만 여러분 자신이 물의 중요성을 인식해야만 계량에 좀 더 주의를 기울이게 될 것이다. 그리고 이러한 인식이 이 책 속에 있는 1000가지의 다른 지식과 결합할 때 여러분은 비로소 반죽 전문가로 거듭나게 될 것이다. 쇼드론 교수님의 명언을 기억하자. "물 없는 반죽은 형태도 없다."

물로 인한 전설적인 실패담

앙글레즈(영국인)가 아닌 크렘 앙글레즈

센불에서 크렘 앙글레즈를 익히다보면 크림 속 수분이 증발하고, 달걀노른자 속 단백질이 응고된다.=대 재앙

↦ 약불로 익혀야 한다.

크레이프 반죽, 모든 덩어리들의 어머니

초반에 반죽을 섞을 때 물(이나 우유)이 부족하면 덩어리가 생긴다.
나중에 우유를 더 넣더라도 덩어리는 늘어날 뿐이다.

↦ 믹싱 초반에 물(우유)을 충분히 넣는다.

눅눅한 크럼블 반죽

믹싱에 사용한 샐러드 그릇에 물기가 남아 있거나 밀가루가 수분을 머금고 있을 경우,
크럼블 반죽은 눅눅해진다.

↦ 이번엔 울어도 좋다. 하지만 다음부터는 그릇의 물기를 잘 닦도록.

여기저기 구멍 뚫린 크렘 브륄레

오븐의 온도가 너무 높으면 익는 동안 수분이 다 날아간다. 달걀이 응고되면서 수증기 기포를 머금게 된다.
=치즈에 구멍이 뚫린 것처럼 보인다.

↦ 열정은 좀 내려놓고, 오븐의 온도를 낮춘다.

2

신기할 정도로 너무 퍽퍽한

밀가루와 전분

파티스리에서 물 다음으로 가장 많이 쓰는 재료는 물론 밀가루다. 거의 모든 제품에 밀가루가 사용된다 해도 과언이 아닐 정도다. 구움과자 반죽이든 된 반죽이든 밀가루를 중심으로 다른 재료가 모인다. 밀가루는 내용물을 걸쭉하게 만들거나 탄성을 주는 동시에 맛을 더하기도 한다. '강력'과 '박력', 통밀과 일반밀, 밀과 다른 곡물로 나뉜다. 밀가루는 다른 재료(당분, 지방)와 만났을 때뿐만 아니라 믹싱, 굽기, 페트리사주(60쪽 참조)**와 같은 모든 과정에 관여하고 반응한다. 한마디로 밀가루는 만능 스위스 칼이나 마찬가지다. 밀가루가 없다면 세상에 홀로 남겨진 파티시에는 절망할 것이다.**

I 밀가루, 그의 인생, 그의 작품

밀가루 안에 무엇이 들어있는지 알고 나면 아마 놀랄 것이다. 물론 전분과 수분(당연히!)이 구성 성분의 대부분을 차지한다. 글루텐이라는 악동도 들어있다. 이것은 브리오슈 만들 때 아주 유용하게 쓰인다.

I,*a* 전분

전분은 작은 입자로 구성된다. 브랜드와 추출 과정, 밀가루의 종류에 따라 앞에서 언급한 '입자들'이 훼손될 수도, 그렇지 않을 수도 있다. 훼손된 입자들은 빠른 속도로 수화(水化)되어 실처럼 가늘게 늘어나는 반죽, 잘 밀리지 않는 반죽, 발효시키기 힘든 반죽이 될 수 있다. 이렇게 밀가루 속 전분 입자가 훼손되면 파티시에 자신도 이해할 수 없는 실수가 발생할 수 있다. 이러한 상황을 피하는 방법? 없다. 밀가루를 구입하면서 비는 수밖에! 아니면 브랜드를 바꿔보자.

I,*b* 수분

수분이 많을수록 밀가루 보관이 힘들다. 따라서 제분 전에 밀 알갱이들을 건조시키는 것이다. 수분이라는 변수에 대해 파티시에가 취할 수 있는 대응책은? 없다! 다른 제품을 쓰는 수밖에.

I,*c* 글루텐

두 종류의 불용성 단백질을 섞어 놓은 것으로 바로 이 점이 관심을 가지고 지켜봐야 할 부분이다. 수화 특히 작업(페트리사주) 후 반죽에 탄성, 신장성, 점착성을 부여하는 것이 글루텐이기 때문이다. 반죽이 단단해져야 발효 과정에서 발생하는 가스를 머금을 수 있고, 발효에 도움을 줄 수 있다. 반대로 점착성 없이도 쉽게 모양을 만들 수 있는 '조형성 있는' 반죽(예 : 파트 사블레, 파트 브리제)을 얻기 위해서는 이런 효과를 최소화하기 위해 노력(반죽 단계를 거치지 않고 작업한다든지)하고, 글루텐 함량이 적은 밀가루를 고른다.

I,*d* 나머지

파티시에에게는 비타민을 비롯한 무기질, 공생 미생물, 다른 단당류도 필요하다. 잠수함이 육지로 나올 때 사용하는 장치와 같은 존재랄까? 이 분야의 전문가들이 나를 비난할지는 몰라도 나머지 재료에 대해서는 별로 신경 쓸 것이 없다.

I,*e* T45, T55, T60 그리고 무한대를 향해 가는 밀가루들

이 숫자는 사실상 일반인들이 밀가루를 구입하는 유일한 기준이며, 밀가루의 '순수성'을 나타내는 지표이기도 하다. 'T' 다음의 숫자가 작을수록 밀기울 함량이 낮고 색이 더 하얗다는 뜻이고, 'T' 다음의 숫자가 클수록 밀기울 함량이 높고 색이 짙다는 뜻이다. 'T'는 밀알의 제분 정도를 제분율로 나타낸 것이다. 'T' 다음의 수가 작다는 것은 밀알의 하얀 속살만 들어있다는 뜻이고, 수가 크다는 것은 밀알의 대부분이 들어있다는 뜻이다. 이해가 되는가? 이 숫자들은 900℃에서 태우고 남은 재의 양, 즉 회분량을 의미한다. 이 과정에서 유기물(전분, 지질)은 사라지고 밀기울만 남아 회분이 된다. 다시 말해 원하는 반죽의 색에 따라 'T' 뒤의 숫자를 선택하면 되는 것이다. 'T' 뒤에 큰 수가 오는 밀가루로 제품을 만들면 '제빵성'(점착성, 탄성)은 떨어지나 풍미는 강한 빵이 된다. 그렇다면 선택의 기준은? 첫째도 맛, 둘째도 맛이다! 앞에서 설명했듯이 'T' 뒤에 큰 수가 올수록 밀기울의 함량이 높고, 풍미가 더 강해지기 때문이다.

그림2 요약하자면 T45, T55(흰색), T65(회백색)는 발효시키는 반죽, 된 반죽, 결이 생기는 퓌유테 반죽, 구움과자 반죽, 휘핑하는 반죽에 사용한다(T65는 다른 밀가루에 비해 사용할 때 좀 더 주의를 기울여야 함). T80(통밀의 반)은 색을 내고 풍미를 증진시키며 구움과자 반죽, 파트 브리제, 사블레 등의 조형성 있는 반죽에 그 특유의 투박한 느낌을 주기 위해 사용한다. T150(통밀)은 파트 사블레, 파트 브리제에 어울린다.

I,*f* 밀가루의 제빵성?

밀가루의 제빵성을 기계로 측정하는 일은 보기에는 흥미로우나 방법은 아주 난해하다. 기계에 반죽을 넣고 바람을 주입해 점착성과 신장성을 측정하는 것으로 여기에서 오래 버틸 수 있으면 빵이나 발효 생지 등으로 사용하고, 그렇지 않으면 비스퀴나 구움과자 반죽, 액상 반죽 등에 사용한다. 이렇게 귀한 정보가 상자에 적혀 있을 리 없지 않은가. 쇼드론 교수님이 가끔 작업장 앞에서 울고 계시는 것도 이 때문이다.

I,g 강력분

글루텐이 풍부한 또는 강화된 밀가루로 그뤼오(gruau) 밀가루라고도 불린다. 이 밀가루로 빵을 만들면 다른 밀가루로 만들었을 때에 비해 점착성과 신장성이 더욱 발달한다. 강력분은 발효 생지, 파트 퓌유테, 비에누아즈리에 사용한다.

I,h 호밀, 메밀, 밤, 생선가루

다양한 풍미와 외형, 점착성, 색을 내는 재료도 있다. 이 재료에 대한 경험과 시도만이 용도를 파악할 수 있는 유일한 방법이다. 병아리콩 가루와 밤 가루, 메밀가루는 정제된 풍미를 만들어준다. 주의 : 생선가루는 고양이에게 양보하자.

II. 순수 전분 : 어떻게 (그리고 왜) 선택하는가

파티스리 책을 읽다보면 밀가루 대신 '전분'이 등장하는 경우가 있다. 땅속 채소 전분(fécule)과 땅 위 채소 전분(amidon), 마이제나®(Maïzena, 대표적인 옥수수전분 브랜드), 이렇게 여러 이름으로 불리나 사실은 동일한 제품이다. 밀가루에서 수분, 지질, 무기질 등을 제거하여 다당인 전분만 남은 상태를 의미하는 것이기 때문이다. 그렇다면 밀가루와의 차이점은? 같은 뜻이긴 하지만 일반적으로 전분이 밀가루에 비해 '덜 무겁다'거나 '더 가볍다'고 말한다. 사실 전분은 아밀로스와 아밀로펙틴으로 이루어져 있으며 입자의 크기는 수종에 따라 매우 다양하다. 전분의 품질은 아밀로스와 아밀로펙틴의 분포도와 입자의 크기에 의해 결정된다. 전분에 물을 넣고 익히면 아주 된/말랑한 덩어리, 외계 생명체 같은/점성이 있는, 투명/불투명한 상태가 된다. 즉 무지개 색만큼이나 다양한 모습이 된다. 하지만 실제로 여기서 사용하는 것은 쌀, 옥수수, 감자 전분 정도다.

II,a 파티스리에서 가장 많이 사용하는 전분

전분은 일반 밀가루보다 젓기(움직임), 굽기, 산도, 열에 더 강하다. 따라서 크림 종류를 만들 때 전분을 많이 사용한다. 반면에 전분은 발효 반죽이나 파트 퓌유테, 발효된 파트 퓌유테에는 사용하지 않는다. 점착성이나 탄성이 없는 반죽을 만들기 때문이다.

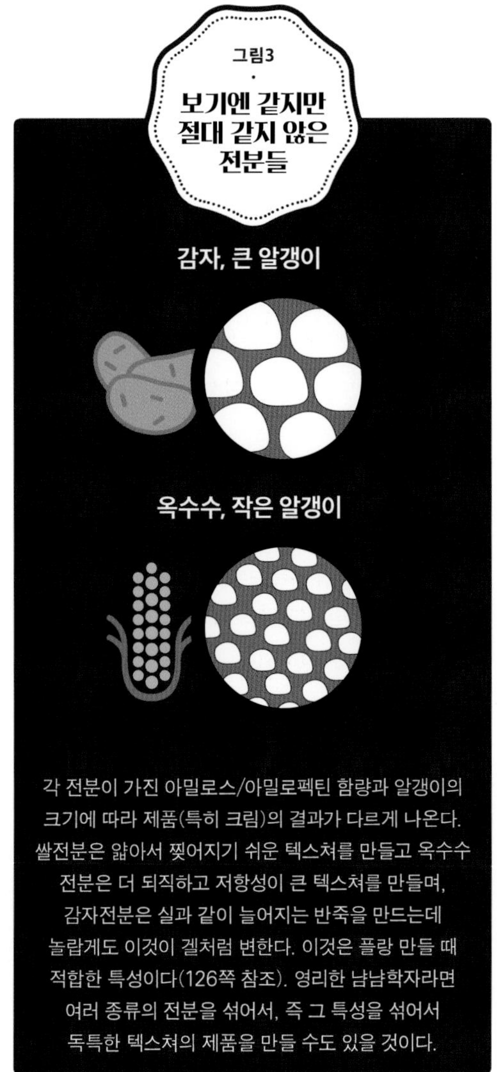

각 전분이 가진 아밀로스/아밀로펙틴 함량과 알갱이의 크기에 따라 제품(특히 크림)의 결과가 다르게 나온다. 쌀전분은 얇아서 찢어지기 쉬운 텍스처를 만들고 옥수수 전분은 더 되직하고 저항성이 큰 텍스처를 만들며, 감자전분은 실과 같이 늘어지는 반죽을 만드는데 놀랍게도 이것이 겔처럼 변한다. 이것은 플랑 만들 때 적합한 특성이다(126쪽 참조). 영리한 남남학자라면 여러 종류의 전분을 섞어서, 즉 그 특성을 섞어서 독특한 텍스처의 제품을 만들 수도 있을 것이다.

II,b 옥수수전분

이것이 바로 모든 소스에 들어간다는 그 유명한 마이제나®다. 용도가 다양하며 눈에 띄는 특성이 없는 중립성과 투명함 때문에 가토나 크림에 많이 사용한다.

II,c 감자전분

예전에 많이 사용하던 재료로 가토에 들어가는 재료의 일부분을 (밀가루의 30~40%에 해당하는 양을 넣으면 부드러운 식감을 냄) 대체하여 사용한다. 소스든 크림이든 겔화시킬 수 있어 '잘라 먹을 수 있는' 크림(플랑)에 사용한다.

II,*d* 쌀전분

반죽을 부드럽게 만들고, 파티스리 제품에 좋은 향을 더해준다(밀가루의 30~40%에 해당하는 양을 사용). 특히 소스, 크림, 플랑에 사용한다. 아밀로펙틴이 풍부하여 반죽이 갈라지게 만들고, 아주 재미있는 텍스처를 만들어낸다. 이것은 직접 경험해봐야 알 것이다!

II,*e* 밀전분

딤섬피를 만들 때 사용하는 것으로, 앞서 소개한 재료에 비해 사용빈도는 낮다. 찐 다음에도 모양이 유지되고 반죽이 투명해지는 특성이 있다. 독창적인 프리젠테이션을 원한다면 써볼 만하다.

II,*f* 대체품

롤 케이크나 제누아즈에 들어가는 밀가루의 전량 또는 일부를 전분으로 대체할 수 있다. 식감을 부드럽게 하고, 반죽에 멋진 색을 내기 때문이다. 롤 케이크의 경우 반죽이 덜 찢어지기 때문에 반죽을 마는 작업이 쉬워진다. 크림의 경우 동량의 전분을 넣으면 밀가루보다 더 걸쭉해지기 때문에 일부분 또는 전량을 전분으로 대체하는 경우가 많다.

↦ 크림 : 밀가루 양에 0.8을 곱한다.

예 : 밀가루 55g×0.8＝전분 44g

↦ 구움과자 반죽, 거품형 반죽 : 밀가루 양에 0.7을 곱한다.

예 : 밀가루 500g×0.7＝전분 400g

밀가루로 인한 전설적인 실패담

결이 나오지 않는 파트 푀유테

글루텐 함량이 너무 낮은 밀가루로 만들면 버터 층과 반죽 층이 하나가 된다.

↦ *여러분이 3시간 동안 흘린 피와 땀은 물거품이 된다. 다음부터는 더 나은 선택을 하길!*

굽는 동안 오그라드는 파트 사블레

글루텐 함량이 너무 높은 밀가루로 만들거나 너무 많이 치댄 경우에 발생하는 현상이다.

반죽을 미는 데까지는 성공했지만, 굽는 동안 형편없는 모습으로 변한다.

↦ *훌쩍! 제대로 된 선택을!*

브리오슈 같지 않은 브리오슈 반죽

글루텐이 부족하고 반죽이 덜 된 경우, 발효가 되기는 하나 기포를 머금지 못해 반죽이 부풀지 않는다.

↦ *오 이런, 다음에는 더 나은 선택을 하길!*

너무 묽은 크렘 파티시에르

전분을 찾으러 가기 귀찮아서 밀가루만 넣은 경우

↦ *게으른 사람에게는 잘된 일이다.*

3

너무나 달달한

설탕과 시럽

"상고시대부터 파티스리 제품은 달달했다." 쇼드론 교수님의 명언이다. 바로 여기에 파티스리의 장점이 있다. 마늘맛 피낭시에나 굵은 소금을 넣은 크렘 파티시에르를 누가 찾겠는가? 무지의 심연에 갇혀 있는 문외한이라면 여러 '당'이 존재한다는 사실조차 잘 모르겠지만 냠냠학자들처럼 심오한 교리를 전수받은, 지식으로 가득 찬 유익한 물세례를 받아 본 사람이라면 여러 종류의 당이 존재한다는 것쯤은 알고 있을 것이다. 그런데 이제 막 냠냠학자가 된 여러분이 당에 여러 종류가 있다는 사실을 이미 알고 있었다면, 음, 뭔가 수상한데.

I. 당

I, *a* 수크로스

이제 앞에 나온 내용과 정확히 반대되는 이야기가 나올 테니 너무 복잡하게 따지려 들지 말고 일단 이 주문을 외워보자. "파티스리에서는 수크로스라는 당만 쓴다." 혹시나 예외가 있을 수 있으니 99% 정도라고 하자. 그렇다면 왜 '당'이 여러 개 있다고 했을까? 당을 쓰다보면 앞서 언급한 수크로스가 서로 다른 특징을 가진 두 종류의 당으로 분해되고, 어떤 재료에는 이런 '특수한' 당이 필요하기 때문이다.

I, *b* 글루코스

냠냠학자에게 있어서 글루코스는 만능 스위스 칼과 같은 존재다. 분말이나 걸쭉한 시럽 형태로 사용하며 굽는 동안 색을 내고, 아이스크림이나 셔벗이 결정화되는 것을 지연시킨다. 수크로스에 비해 단맛은 덜 내면서도 가토에 힘을 줄 수 있어 캐러멜과 같은 제품을 만드는 데 도움을 준다. 수크로스를 가수분해하여 얻게 되는 '단당'이 바로 글루코스이기 때문에 학자들은 이를 '환원당'이라 부른다.

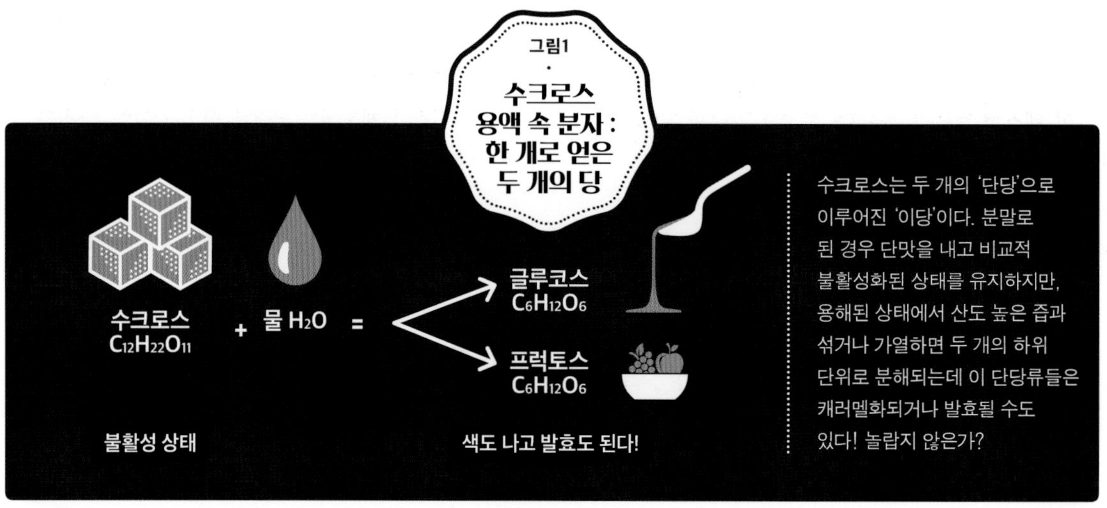

I,*c* 프럭토스

과일 샐러드, 가토 반죽, 셔벗, 과일즙이나 펄프에 평소보다 더 단맛을 내고 싶을 때는 프럭토스가 답이다. 이름에서 알 수 있듯 붉은 참치가 아니라 과일(그리고 수크로스)에 들어있다. 수크로스보다 '달게 만드는 능력'이 더 뛰어난 장점이 있다.

I,*d* 말토덱스트린

셔벗과 아이스크림은 설탕의 사촌격인 말토덱스트린을 좋아한다. 이름은 좀 거창하지만 말토덱스트린은 전분(이것도 당의 일종이다. 나중에 더 자세히 이야기하도록 하자)에서 추출한 것으로 단맛은 거의 내지 않으면서 '힘'과 '건조한 물질'을 더해주는 장점이 있다. 예를 들어 셔벗에 넣으면 수분량은 상대적으로 줄이고 품질은 높여줄 수 있다. 셔벗에 수분이 많으면 얼음 알갱이가 형성되지만 그렇다고 망고나 라즈베리 펄프 속의 수분을 덜어낼 수는 없지 않은가! 그럴 때 말토덱스트린을 쓰는 것이다.

I,*e* 전화당

전화당은 정말 이상한 물질이다. 시럽이나 분말 형태로 존재하며 텍스처를 개선시키고 부드럽게 만들어주는 역할을 한다. 여러분이 만든 가토가 상하기 전까지 어느 정도 생명을 연장시키기도 하고, 아이스크림과 셔벗의 품질을 개선해주기도 한다. 전화당이란 수크로스를 가수분해하여 얻은 프럭토스와 글루코스의 등량 혼합물을 의미한다. 어려운 설명이 나왔다고 불안해할 것 없다. 다시 말해 전화당은 개선된 특징을 가진 '당'으로 일부 제품(특히 가토)에 넣어 텍스처 보존을 돕는다. 하지만 냠냠학자들은 이런 도움이 없이도 잘해낼 것이다.

I,*f* 꿀

쇼드론 교수님의 말씀처럼 꿀의 장점은 아주 달다는 것이다. 사실 다른 특징도 있는데 그게 밝혀지면 장점이 될 수도, 단점이 될 수도 있다. 그건 바로 맛이다. 파티스리에서는 꿀이 단맛을 내기만 하는 것이 아니라 향을 내는 역할도 한다. 수분함량(약 15~

그림2 사탕수수나 비트로 만든 설탕, 아니면 꿀? 이 셋 중에서 망설이는 중이다.

18%)이 꽤 높다는 사실도 간과해서는 안 된다. 설탕을 꿀로 대체하면 모르는 사이에 수분이 그만큼 첨가된다는 사실을 알아야 한다. 이러한 단점을 감내하든지 밀가루와 지방을 더 넣어 기존 레시피에 명시된 재료 간의 배합비를 맞춰야 한다. 크림과 같은 제형의 꿀, 액상 꿀 또는 걸쭉한 꿀? 레시피에 따라 선택해야 한다. 아이스크림에는 액상 꿀이, 가토와 파티스리 제품에는 크림과 같은 제형의 꿀이 잘 섞이고 반죽도 잘된다. 경험과 시도, 성공과 실패만이 아이디어를 꽃 피우기 위한 최고의 방법이다.

I,*g* 정제당과 비정제당. 흰색, 옅은 갈색, 짙은 갈색의 설탕?

정제당과 비정제당의 색이 다르다. 흰 정제당과 달리 비정제당이 멋진 색(옅은 갈색이나 적갈색)과 맛을 간직할 수 있는 것은 그 안에 남아있는 당밀과 무기질 때문이다. 하지만 이러한 장점이 때로는 단점이 되기도 한다. 준비한 재료(가토, 제누아즈, 비스퀴, 묽은 시럽)의 온도가 100℃를 넘지 않으면 이 '가공되지 않은' 설탕이 들어가 색을 낼 뿐 아니라 독특한 맛까지 주기 때문에 충분히 환영받는 존재가 될 수 있다. 하지만 그 이상의 온도에서 작업해야 하는 재료(캐러멜, 당과류)에 사용할 경우에는 신중을 기해야 한다. 무기질과 당밀이 변질되면서 일반 설탕보다 더 빨리 타 버리기 때문에 불쾌한 탄내를 남길 수 있다. 이런 단점을 보완하기 위해서는 온도를 지속적으로 확인하여 140~145℃를 넘지 않도록 해야 한다.

I,*h* 설탕의 재료?

비트든 사탕수수든 고래든 청개구리든 설탕의 재료는 중요하지 않다. '흰' 설탕, 즉 정제된 설탕이라면 수크로스 그 이상도 이하도 아니기 때문이다. 하지만 비정제 설탕이라면 얘기가 (전혀) 달라진다. 옅은 갈색, 적갈색, 갈색의 사탕수수에서 얻은 설탕은 바닐라, 럼과 만나면 멋진 향을 만드는 특징이 있다. 그래서 비스퀴, 가토, 크림에 비정제 설탕을 사용하는 것이다. 비트 설탕(조당)은 맛이 좋고, 눈에 띄는 색과 사향 냄새, 가끔은 '감초' 냄새가 난다는 장점이 있다.

I,*i* 일반 정제당, 크리스털 슈거, 분당, (슈케트용) 우박 설탕

이 설탕들은 모두 수크로스의 한 종류로 첫눈에 구별이 어렵다. 그나마 큰 입자(우박 설탕)와 미세 입자(분당) 간의 크기 차이를 보면 구별이 된다. 반죽에 든 설탕 입자가 작을수록 설탕은 달걀을 비롯한 나머지 재료 속의 수분에 의해 더 잘 녹는다. 반죽 속 설탕의 용해 여부에 따라 바삭하거나 부드러운 식감이 만들어지고, 표면의 미세 균열이나 발색의 정도가 달라진다. 수분이 많은 (크림 같은) 제품의 경우에는 설탕 입자의 크기가 중요치 않다. 온갖 술수를 쓰지 않아도 설탕을 녹일 수 있는 충분한 수분을 쉽게 얻을 수 있으니 말이다!

그림3

다양한 크기

설탕 입자 크기 비교

분당 : 0.01mm
그래뉴당 : 0.2mm
입자가 고운 정제당 : 0.35mm
일반 정제당 : 0.5mm
크리스털 슈거 : 1mm
슈케트용 설탕 : 5mm

쇼드론 교수님이 말씀하시길 설탕 입자는 아주 미미한 크기부터 두 배 이상 되는 것까지 있다고 한다. 매우 중요한 정보다.

쇼드론 교수님이 단언컨대

고운 입자일수록 더 잘 녹거나 분산된다. 가능한 설탕을 많이 녹여야 하는 (표면이 매끄러워야 하는 마카롱) 제품의 경우에는 분당을 써야겠지만 그 외의 경우에는 입자 크기가 별 상관없다. 심지어 파트 사블레의 경우에는 작은 설탕 덩어리가 좀 남아 있어야 더 바삭거리는 식감을 만들 수 있다. 바로 여기서 표면에서의 상호교환의 원칙(*냠냠학개론 1권 15쪽*)이 적용된다.

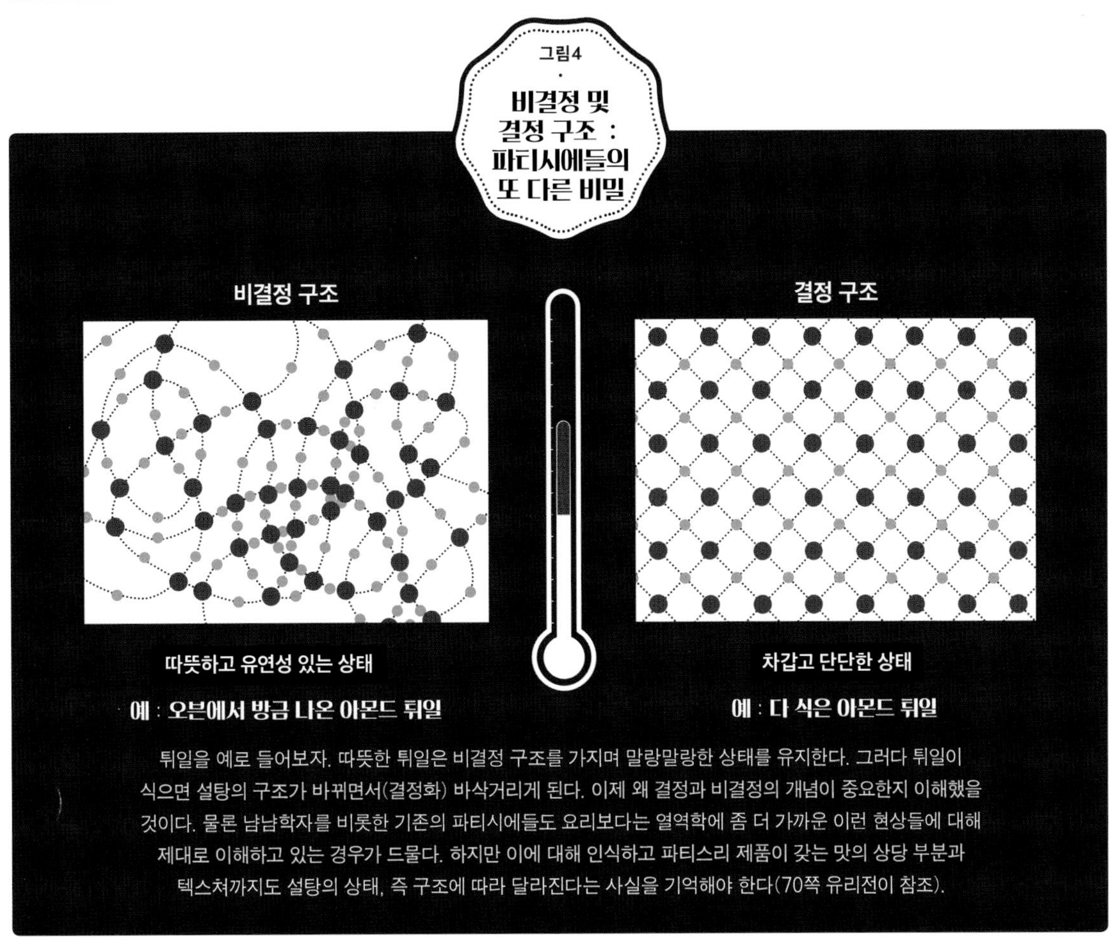

튀일을 예로 들어보자. 따뜻한 튀일은 비결정 구조를 가지며 말랑말랑한 상태를 유지한다. 그러다 튀일이 식으면 설탕의 구조가 바뀌면서(결정화) 바삭거리게 된다. 이제 왜 결정과 비결정의 개념이 중요한지 이해했을 것이다. 물론 남남학자를 비롯한 기존의 파티시에들도 요리보다는 열역학에 좀 더 가까운 이런 현상들에 대해 제대로 이해하고 있는 경우가 드물다. 하지만 이에 대해 인식하고 파티스리 제품이 갖는 맛의 상당 부분과 텍스처까지도 설탕의 상태, 즉 구조에 따라 달라진다는 사실을 기억해야 한다(70쪽 유리전이 참조).

I,*j* 설탕의 상태 : 빠뜨린 부분들을 다시 짚어보자

설탕은 결정 상태(눈에 보이는 것과 관계없이 결정이 꽤 큰 상태) 또는 결정이 형성되지 않은(무른 캐러멜, 마카롱) '유리 같은' 상태를 유지한다. 이 유리 상태의 설탕은 농도에 따라 다소 단단할 수 있다(소프트 캐러멜과 하드 캐러멜의 경우). 설탕의 상태는 가토 반죽이나 크림, 무스만큼이나 복합적인 제품에도 영향을 미친다. 경우에 따라 설탕이 결정 또는 비결정 상태(또는 유리전이 상태)가 되기를 바라기도 한다. 설탕을 결정 상태로 두어 바삭한 식감을 느낄 수 있도록 하는 파트 사블레나 유리전이 상태로 두어 매끄러운 제형을 유지하도록 만드는 마카롱이 그 예다.

II. 시럽

시럽 때문에 머리 아파할 필요는 없다. 설탕 시럽은 포화 또는 불포화된 수크로스와 물의 결합물이기 때문이다. 글루코스를 첨가하지 않은 일정 농도 이상의 시럽은 식으면서 결정화된다. 시럽은 수크로스(글루코스를 약간 첨가하는 경우가 많음)와 물(가끔은 향신료나 아로마를 첨가함)을 끓여 만드는 것으로 오래 끓일수록 수분이 증발하고, 설탕의 농도가 짙어진다. 이 상황이 지속되면 수분이 완전히 사라져(액상의 제형은 유지되었을지라도) 캐러멜이 된다. 시럽은 과일을 익히는 데만 사용하는 것이 아니라 가토를 만들거나 수많은 당과류의 기본으로 사용한다.

설탕으로 인한 전설적인 실패담

시럽을 끓이다가 냄비 속에서 한 덩어리로 굳어버린 경우

캐러멜을 만들려다가 수분이 모두 증발해서 설탕만 남아 덩어리가 된 것이다!

↦ *끓이기 시작할 때 글루코스를 약간 넣으면 시럽이 '비결정' 성질을 유지해서 수분이 다 날아가더라도 액체 상태로 남아있을 수 있게 해준다. 마술 같지 않은가!*

매끄럽게 만들어져야 하는 마카롱이 못생긴 경우

설탕이 반죽에 잘 녹아들어가지 않아 결정화된 상태 그대로 남은 것이다.
'비결정의', '유리 상태의' 막이 생겨야 마카롱이 매끄럽고 예쁘게 나올 수 있다.

↦ *쇼드론 교수님의 말씀에 의하면 여러분이 선택한 레시피는 아무 짝에도 쓸모가 없다. 이 책의 레시피를 사용하길.*

굳어버린 캐러멜

처음에는 말랑말랑하고 부드러웠더라도 2~3일이 지나면 굳는다.

↦ *첫 번째 예시와 동일하다. 수분이 없고 설탕이 많은 경우, 글루코스를 넣어 캐러멜 속의 설탕이 '유리' 상태를 유지할 수 있게 해야 한다.*

모양이 만들어지지 않고 푹 퍼지는 누가

브라보! 설탕은 지금 유리 상태에 있다. 그것까지는 좋다. 하지만 충분히 끓이지 않아 내용물 안에 수분이 너무 많다. 그러니 푹 퍼질 수밖에!

↦ *해결책은 다시 시작하는 것이다.*

4

기 름 진 형 제

버터와 유지

버터가 없는 파티스리란 잠망경 없는 잠수함, 에펠탑 없는 파리, 코안경 없는 쇼드론 교수님이나 마찬가지지다. 그만큼 필수적인 재료다! 하지만 겉보기에는 버터가 다 같아 보이니 조심해야 한다. 게다가 식물성 기름과 같은 다른 종류의 유지를 사용할 수도 있기 때문에 더욱 주의해야 한다.

I 버터는 얼마나?

요리사가 사용하는 향신료만큼이나 파티시에가 쓰는 버터의 종류도 다양하다. 하지만 버터들도 공통점이 많다. 우선 버터는 유화(乳化)된 상태의 제품이기 때문에 이렇게 특별하고 희귀한 텍스처가 만들어졌다는 것을 알아야 한다.

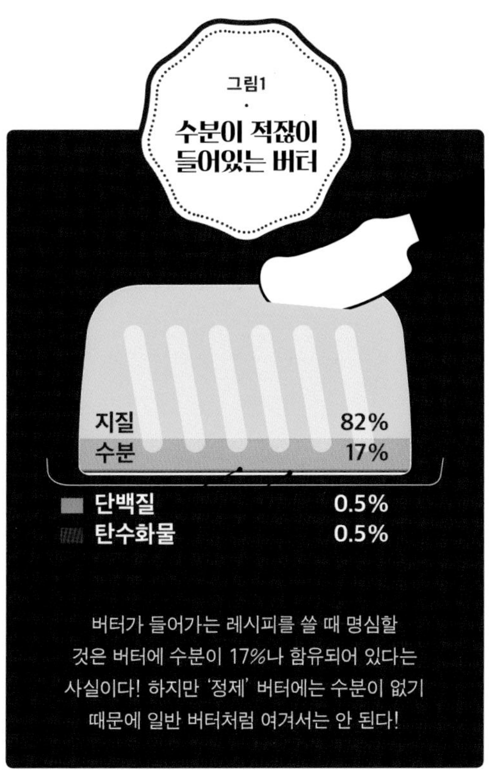

지질과 버터의 융해 범위

버터의 강도와 온도는 서로 연관되어 있다. 버터 속 지질은 주로 포화지방산으로 이루어져 있으며 그것을 제외한 나머지는 단일불포화지방산과 다가불포화지방산으로 나뉜다. 버터에 '포화' 지방산이 풍부할수록 녹일 때 더 많이 데워야 한다. 반대의 경우도 추론해볼 수 있을 것이다. 계절이나 브랜드, 제품의 특징(또는 단점)에 따라 지방산의 분포 양상과 함량이 달라진다. 버터의 '성형하기 좋은' 성질을 이용하는 작업의 경우(파트 푀유테, 포마드 버터, 파트 사블레 등)에는 적합한 버터를 써야 작업에 '실패'하지 않을 것이다.

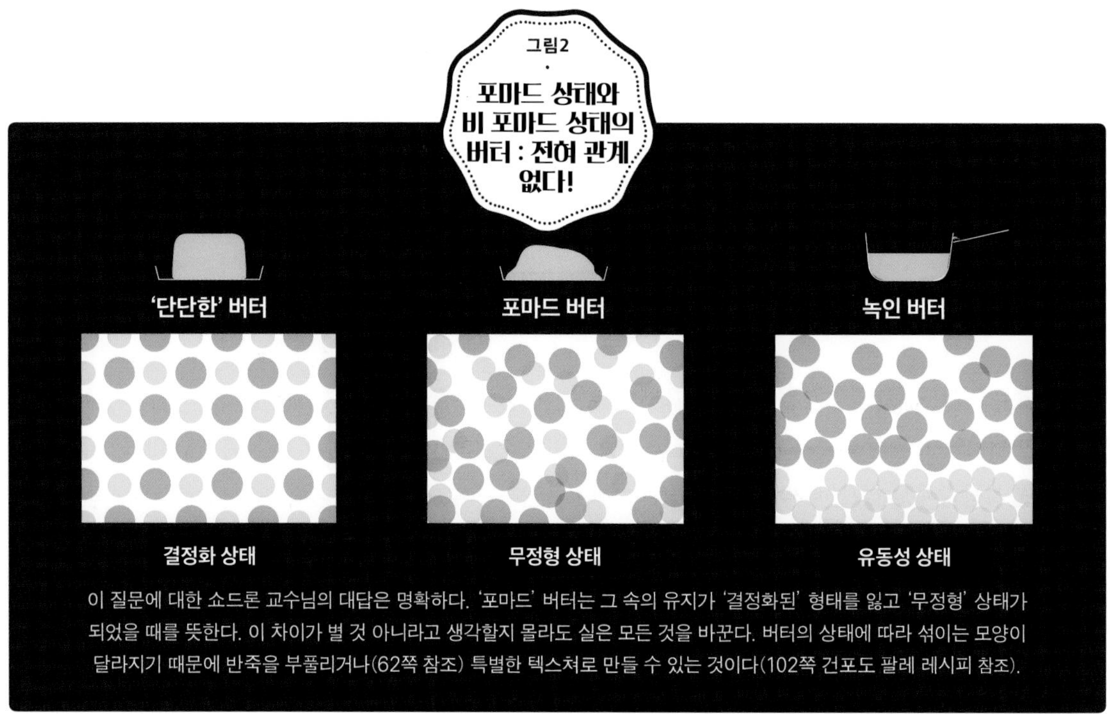

이 질문에 대한 쇼드론 교수님의 대답은 명확하다. '포마드' 버터는 그 속의 유지가 '결정화된' 형태를 잃고 '무정형' 상태가 되었을 때를 뜻한다. 이 차이가 별 것 아니라고 생각할지 몰라도 실은 모든 것을 바꾼다. 버터의 상태에 따라 섞이는 모양이 달라지기 때문에 반죽을 부풀리거나(62쪽 참조) 특별한 텍스쳐로 만들 수 있는 것이다(102쪽 건포도 팔레 레시피 참조).

I,*a* 포마드 버터

포마드 버터는 랑그드샤, 건포도 팔레, 튤립 등의 가토에 사용하며 버터의 녹는점인 30~32℃에는 근접했으나 그 온도를 넘지 않은 상태를 의미한다. 이 온도에 이르면 버터 속의 지질이 물러져 얼굴에 바르는 크림(포마드)과 같은 제형이 된다. 녹인 버터와 달리 본래의 유화된 상태가 유지된 것을 의미하기 때문에 파티스리 제품의 텍스쳐를 정확히 맞추고자 할 때 사용한다.

I,*b* 녹인 버터

모든 종류의 가토에 녹인 버터를 넣는 것은 불가피한 선택이다. 온도가 30℃ 이상 50~70℃ 이하가 되면 버터가 녹으면서 냄비 위쪽으로 유지방이 떠오르고, 아래쪽으로 유청이 가라앉으면서 유화 상태가 깨진다. 물론 녹인 버터를 넣을 때는 유지방과 유청 모두를 넣어야 레시피를 성공적으로 완성할 수 있다.

I,*c* '연질' 버터

(지질의 대부분을 차지하는)지방산을 자연적인 방식으로 분할, 조합하여 낮은 온도에서도 부드러움을 유지할 수 있도록 만든 상업용 버터다. 텍스쳐는 가열하지 않고 실온에서 포마드 버터를 만들었을 때의 초반 상태와 유사하다! 한마디로 파트 사블레, 파트 브리제와 같은 반죽에 적합한 '조형성' 있는 버터라 할 수 있다.

I,*d* 정제 버터

정제 버터란 가토, 튀일, 튤립에 사용하는 것으로 녹인 버터에서 분리해낸 유지를 뜻한다. 따라서 동량이라면 일반 버터나 녹인 버터보다 정제 버터의 지방 함량이 더 높다(17%에 해당하는 수분이 제거되었기 때문. *27쪽 참조*). 즉 '버터 맛'을 강조하고자 할 때 내용물을 더 진하게 만들기 위해 사용하는 손쉬운 방법이다. 알코올은 넣을 필요도 없다.

I,*e* '헤이즐넛' 버터

헤이즐넛 버터는 튀일, 튤립, 피낭시에 등 일부 가토에 사용하는 것으로 사용빈도가 높은 재료도 아니고, 버터에 헤이즐넛을 넣은 것도 아니다. 냄비에 버터를 넣고 가열하면 그 속의 당분이 캐러멜화되어 버터에 향을 더해주는데, 그것을 식혀서 반죽에 넣으면 향이 나기 때문에 이 헤이즐넛 버터를 사용하는 것이다.

I.f 파트 푀유테에 사용하는 일명 '드라이 버터'
전문점에서나 구할 수 있는 개량된 버터다. 파트 푀유테(*88쪽, 122쪽 레시피 참조*)에 적합한 제품으로 녹는 점이 높고(당연히 빨리 녹지 않는다) 수분함량이 낮아 만졌을 때 지점토 같은 느낌을 준다.

I.g 이 버터들을 사용하는 이유는?
우리는 목적(향 첨가, 적합한 텍스쳐 만들기, 모양 만들기의 용이성)에 따라 버터를 선택한다. 이 목적을 모두 달성하기 위해 버터를 섞어 쓸 수도 있을 것이다! 물론 그 경우에는 각각의 버터가 가진 특성이나 풍미가 희석될 것은 각오해야 한다. 하지만 때로는 냠냠학자가 파티시에가 아닌 학자가 될 필요도 있다. 그래야 그 새로운 레시피를 구현하는 순간, 기발한 제품이 탄생하게 될 테니까(*146~233쪽 참조*).

파티스리에 있어서 유지의 역할

맛

파트 사블레의 바닐라 맛, 버터크림의 둥글둥글한 맛, 거부할 수 없는 튀일의 치명적인 맛은 사실 모두 버터의 맛이다! 그렇다. 버터(일반적인 지방)는 맛만 내는 것이 아니라 제품 내에 맛을 고정시켰다가 입 속에 들어갔을 때 해방시키는 역할을 하기도 한다. 버터에게 이런 놀라운 재능이 있다니!

텍스쳐

피낭시에의 그 도발적인 살살 녹는 식감과 푀이타주의 그 우아한 바삭함, 브리오슈의 치명적인 부드러움, 역시 버터에서 온 것이다. 다시 말하면 버터의 녹는점(약 30℃)이 꽤 낮고 우리의 체온이 37℃이기 때문에 버터가 녹으면서 이런 살살 녹는 식감이 생기는 것이다!

조형성

잘 밀리는 파트 브리제, 틀 모양대로 잘 나오는 케이크 반죽, 결이 잘 나온 파트 푀유테는 '고체의' 유지가 갖는 조형성 덕분에 가능한 것이다. 반죽, 성형, 몰딩 등의 단계에서 반죽이 지점토처럼 느껴지는 것은 버터 때문이다. 그것이 우리가 버터에게 바라는 역할이기도 하다. 이는 여러분이 직접 경험해봐야 이해할 수 있는 부분이기 때문에 이 점에 있어서 버터는 매우 불공정한 존재라고 할 수 있다. 이지니 버터와 저렴한 버터, '고유' 버터, '푀이타주용' 버터, '농축' 버터, '부드러운' 버터의 반응이 다 다르기 때문이다.

II. 기름

파티스리에서 기름을 사용하는 경우도 있다. 스프리츠(Sprits)나 스페퀼로스(spéculoos)처럼 일정량으로 배합한 반죽*을 특수한 기계에 넣고 비스퀴를 찍어낼 때 사용한다. 맛을 위해서는 기름보다 버터가 더 효과적이나 '향의 충돌'을 제한하기 위해서는 기름이 더 효과적이다(*냠냠학개론 1권, 34쪽 참조*). 결국 제품이 구워지는 동안 생기는 특징, 그리고 향신료나 아로마(예 : 계피)가 들어간 경우 그것으로부터 기인하는 특성이 더욱 잘 발현되게 도와준다. 쇼드론 교수님이 말씀하시는 기름의 다른 장점은 내용물을 균일한 텍스쳐로 만들어주는 것이다. *176쪽 만테카오 레시피 참조.*

* 일정량으로 배합하거나 찍어낸 반죽. 실린더에 넣고 압력을 가해 모양을 만든 반죽을 의미하며, 짤주머니를 사용한 것처럼 다양한 모양으로 만들 수 있다.

III 마가린

단도직입적으로 말하면 이 책에서 마가린을 언급한다는 사실만으로도 나는 변절자라는 비난을 피할 수 없을 것이다. 하지만 좋은 마가린(분명 존재한다!)에는 조형성, 향 경쟁에 대한 제한, 풍부한 영양이라는 3가지 장점이 있기 때문에 마냥 무시할 수도 없다. 그러나 '절대 권력자인 버터를 수호하는 배타적인 탈레반'의 심기를 건드려서는 안 된다. 나는 아무 말도 하지 않았다. 이 단락의 내용은 잊어버리기 바란다.

IV 마가린을 쓰면 파티스리가 가벼워지는 거 아닌가요?

논란의 여지가 있는 이 질문에 쇼드론 교수님은 독자들에게 이렇게 답한다. "허여멀건 한 복제품으로 만든 걸 열 번 먹느니 한 번을 먹더라도 버터로 만든 제대로 된 파티스리를 즐기는 것이 낫다." 이 말을 들은 영양학자들이 교수님을 감금하고 디저트까지 뺏으려 했으나 '순수 버터로 만든 파티스리 애호가 연합'의 강력한 청원으로 교수님은 위기를 모면할 수 있었다.

유지로 인한 전설적인 실패담

결이 나오지 않는 파트 푀유테

파이롤러로 반죽을 미는 동안 버터가 녹아서 반죽 층과 붙으면 안 된다!

↦ *수분함량이 적고, 녹는점이 높은 버터를 사용하라.*

너무 기름진 브리오슈

반죽에 투입할 당시 버터 자체의 온도가 이미 올라가 있었거나
이미 반죽 온도가 너무 올라간 상태에서 버터를 넣은 경우다.
여기서 교훈! 믹싱과정에서 버터가 녹으면 유화되어 있던 버터의 구조가 무너진다.
결국 그렇고 그런 브리오슈가 탄생하는 것이다.

↦ *온도에 유의할 것!*

웩웩 버터크림

녹는점을 넘은 버터와 크림이 같이 녹아내리면서 만화 속 상상의 음식처럼 끔찍한 모습이 된다.

↦ *여러분에게 큰 교훈이 되기를!*

맛없는 피낭시에

헤이즐넛 향이 부족한, 아로마가 풍부하지 못한 헤이즐넛 버터를 사용하면
향도 없고 맛도 없다.

↦ *버터를 불에 더 오래 둬라!*

5

소 중 한 유 제 품

달걀, 크림, 우유

누군가의 편집증에 가까운 호기심으로 달걀, 크림, 우유를 한데 모아놓았다고 생각해보자. 마치 닭과 소가 젖소를 함께 돌보는 장면이 연상되는 듯하다. 자 여기서 내가 하고 싶은 말은 이 재료를 앙트르메, 크림, 무스에 자주 사용하지만 우리는 가끔 인식조차 하지 못하고 그냥 지나치기 일쑤라는 것이다. 그만큼 우리는 이들의 희생에 응당 감사를 표해야 한다. 전지 우유에게는 전적으로 깊은 감사를 표하고, 크림에게는 '두 배' 더 진하게 감사하는 마음을 가져야 한다.

I 달걀

비스퀴 제품을 양산할 경우에는 탱크로 운반해야 할 만큼 달걀을 대량으로 사용하기도 하지만, 일반적인 냠냠학자들은 그 정도의 양을 쓸 일이 없을 것이다. 달걀을 이렇게 많이 사용하는 이유에 대해 쇼드론 교수님은 달걀이 파티스리에 있어서 '편리한' 재료, 즉 여러 가지 재료들을 하나로 모으고, 응고시키고, 하나의 덩어리로 만들고, 거품을 일으키고, 유화시키는 등의 확실한 결과를 나타내는 재료이기 때문이라고 말한다. 달걀은 전란을 사용하기도 하고, 흰자나 노른자로 분리해서 사용하기도 한다. 자세한 내용은 뒤에 이어진다.

I,*a* 전란

캐러멜 크림부터 브리오슈, 크레이프 반죽에 이르기까지 전란의 역할은 돋보인다. 간단히 말해서 어떤 레시피에 전란을 넣는다는 것은 물과 단백질, 지질을 추가한다는 의미다. 여기서 파티시에의 관심 밖에 있는 무기질과 비타민 이야기는 잠시 접어두자. (달걀 속) 수분 덕분에 밀가루가 반죽이 되고 설탕이 녹을 수 있으며, 달걀 속의 지질 덕분에 부드러운 식감을 가질 수 있는 것이다. 굽는 동안 온도에 따라 단백질이 다소 응고되는데, 캐러멜 크림의 경우 60~75℃ 사이에서 말랑한 겔 형태가 되고 온도를 높일수록 겔화가 더욱 심화되면서 크림이 더욱 걸쭉해진다. 100℃를 기점으로 물의 상태가 변하므로 그 이상을 넘지 않는 것이 좋다. 수분이 증발해 달걀 전체가 몽글몽글하게 덩어리질 수 있기 때문이다.

I,*b* 달걀노른자

액상 노른자에 열을 가하면 흰자처럼 탄성이 있는 텍스쳐는 아니지만 걸쭉하고 비교적 되직한 상태로 변한다. 노른자는 지질을 유화시키는 특성(*예 : 버터크림, 133쪽*)이 있으나 휘핑하면 거품이 일고(*119쪽 사바용*), 응고되는(*134쪽 크렘 앙글레즈*) 특성도 있다. 이런 특성 때문에 파티시에에게 노른자는 모든 일을 두루 맡길 수 있는 집사와 같은 존재다.

달걀노른자 블랑쉬르 하기

쇼드론 교수님은 이 표현이 상당수의 지구인에게 모욕적일 수 있다고 말씀하셨지만 파티스리에서는 사용빈도가 높은 표현이다. 꽤 오랫동안 설탕과 노른자를 치는 작업을 의미하는데 달걀노른자(이하 노른자)가 작은 기포들을 머금어 내용물 전체를 하얗게(블랑) 만들기 때문에 '블랑쉬르'라 부르는 것이다. 이렇게 블랑쉬르를 하지 않으면 설탕이 노른자를 '태우게 된다'고 말한다. 실제로 온도가 올라가지는 않기 때문에 노른자가 탈일은 없지만, 이와 관련된 에피소드들은 많다. 노른자가 '타면' 더 짙은 색의 작은 점들이 생기는데 이는 노른자 속의 수분이 '흡수'되어 설탕이 뭉치고, 부분적으로 '수분 없는 농축물'이 생긴 것이다. 물론 노른자를 '블랑쉬르' 하지 않고도 레시피를 완성할 수는 있으나 이 단계를 거치면 더 좋은 결과물이 나온다. 그렇다면 굳이 마다할 이유가 무엇인가?

I,*c* 달걀흰자

달걀흰자를 사용하는 이유는 대부분 '거품이 이는' 특성, 즉 잠시나마 기포를 고정시킬 수 있는 능력 때문이다. 흰자의 비중이 1정도라면 거품 낸 달걀은 비중이 0.1~0.2에 이르게 되는데, 달걀흰자 속 거품은 안정된 상태가 아니기 때문에 오래 지속되지는 않는다. 몇 분이 지나면 의기소침해져 볼륨이 꺼지고, 덩어리진 상태가 되어 수분을 밖으로 배출한다. 다시 말해 달걀흰자로 거품을 내면 그 안에 있던 단백질 그물의 '성질이 변화'되어 공기를 머금을 수 있게 되는 것이다. 하지만 불안정한 상태의 단백질은 구조를 잃기 쉽기 때문에 흰자를 칠 때 설탕을 약간 넣는 것이다. 설탕은 이 공기 방울이 아니라 이를 분리시켜주는 얇은 단백질 속 수분 층에 자리 잡게 된다. 그러면 비중이 변하고, 점성이 강해져 수분이 자연적으로 아래로 흐르는('배수') 속도가 느려진다. 그 덕분에 흰자를 다른 재료와 섞더라도 더 잘 버틸 수 있는 것이다*(무스에 관한 자세한 내용은 115쪽, 거품내기는 62쪽 참조)*. 그렇다고 흰자의 또 다른 특성, 즉 익으면 단단한 겔로 변하는 성질을 간과해서는 안 된다. 바로 이 특성 때문에 모든 가토와 비스퀴 레시피에 흰자를 사용하는 것이다. 특히 피낭시에나 아몬드 튀일에는 바로 이 특성 때문에 흰자를 넣는다. 흰자는 노른자에 비해 두드러지는 맛이 없고 색이 옅기 때문에 튀는 맛이 없는, 아주 하얀 반죽을 만들어낼 수 있다.

I,*d* 신선도, 크기, 다른 세부사항들

복잡하게 생각할 필요 없다. 유기농 달걀이나 '자연 방목'으로 키운 닭의 달걀만 구매하면 된다. 사실 이 닭들이 주중에 밖에 나와 쇼핑을 했는지 다른 일을 했는지는 알 수 없는데다 '일반 양계장' 달걀로도 얼마든지 가토를 잘 만들 수 있다. 하지만 우리가 불매 운동을 하면 양계장의 사육 방식이 조금이나마 닭들을 존중하는 방향으로 바뀔 것이라는 생각에서 하는 말이다. 무조건 왕란을 찾고, 껍데기의 색깔(하얗거나 노란, 심지어 보라색이어도)로 판단하기보다는 중란이어도 신선한 유기농 달걀을 선택하는 것이 좋다. 물론 결정은 여러분의 몫이다.

II. 믿을 수 없을 만큼 크리미한 크림

II,*a* 발효유 크림

주로 아이스크림에 사용한다. 제조 공정에서 이 크림 속 지질이 독특한 맛을 만들어내기 때문이다. 이 크림은 젖산 발효를 거치면서 산성화된 맛과 '일반' 크림에서 찾아볼 수 없는 '발효에 의한' 향을 갖게 된다. 이 크림은 (꼭 익혀야 한다면) 너무 오래 익히지 않는 것이 좋다. 일반적으로 이 크림의 유지함량은 30%인데 일부 제품들은 35~40%까지 '올라간' 것도 있다. 유지가 많을수록 식감은 더 부드러워지지만 체중감량과는 점점 멀어지게 되니, 원하는 대로 선택하면 된다.

II,*b* 전지 크림 & 일반 크림

이 크림들은 제조 및 품질 균일화 작업을 거친 뒤 살균(비교적 저온으로 살균하여 최대한 본연의 맛과 영양을 보존하는 살균 방식(pasteurisation) 또는 고온으로 살균하여 맛과 텍스처, 영양적인 측면에까지 변화가 생길 정도로 모든 미생물을 다 제거하는 살균 방식(sterilization)된 제품이다. 발효 과정이 없기 때문에 발효시킨 크림보다 '우유에 가까운' 맛이 난다. 일반적으로 제조 과정에서 농후제를 첨가하기 때문에 육안으로 봤을 때는 텍스처가 더 진해 보인다. 액상 크림의 3가지 역할은 다음과 같다. 유지함량에 따라 내용물을 더욱 녹진하게 만들 수 있고, 거품을 낼 수 있으며(가열하지 않고 휘핑했을 때 공기를 머금을 수 있고), 크림을 변질시키지 않고 데우거나 익힐 수 있다. 이런 다양한 역할(거품내기, 텍스처 맞추기, 열에 대한 저항성 등) 때문에 파티스리에서 사용하고 있는 것이다.

II, c 마스카포네 치즈

마스카포네는 유제품 가운데서도 부자들의 칭송을 받는 맛이 매우 풍부한 제품이다. 상상해 보라. 유지가 40%나 되는 제품의 맛과 부드러움이란! 사실 이 제품은 사전에 만들어진 제품 두 개를 혼합하여 만든 것이다. (아주 진한) 생크림에 응유효소를 넣어 발효시켰기 때문에 시지도 않고, 말로 표현할 수 없을 만큼 부드러운 맛이 나오는 것이다. 원래는 티라미수에 자주 썼는데, 다른 제품에 사용할 경우에도 크림과 같은 재료들의 맛을 부드럽게 만들어주는 역할을 한다.

III 전지 우유냐 아니냐

여기서 모든 종류의 우유에 대해 설명하느라 종이와 잉크를 낭비하지는 않겠다. 여러분은 무지방, 저지방, 일반 우유만 구분할 줄 알면 된다. 일반 우유는 다른 우유에 비해 진하기 때문에 크렘(앙글레즈, 파티시에르)이나 플랑과 같이 우유가 많이 들어간 제품에 사용했을 때 확연히 차이가 난다. 맛이 형편없는 '초고온 살균(UHT)' 우유와 특색 있는 신선한 저온 살균 우유는 구분해야 한다. 이러한 우유의 특성을 잘 구분할 줄 아는 것이 냠냠학자에게는 중요한 자질이 될 수 있다. 누군가와 경쟁하게 되었을 때, 여러분의 능력을 증명해주는 기회가 될 것이다.

달걀, 크림, 우유로 인한 전설적인 실패담

덩어리진 티라미수

마스카포네 치즈는 유지함량이 높기 때문에 작업이 조금이라도 길어지면 바로 버터로 변해버린다.

↦ *자, 이제 진정하고 냉장고에서 꺼내 말랑하게 만든다. 다른 재료와 섞으면서 마스카포네를 망가뜨리지는 말자.*

아이스크림 가게 맛을 따라잡을 수 없는 아이스크림

↦ *발효유 크림 대신 일반 생크림을 쓴 경우다. 발효유 크림은 일반 크림에 비해 신맛이 나고 향이 풍부하다.*

너무 되거나 너무 묽은 캐러멜 크림

제대로 익히지 않은 것이 문제다. 그리고 공장형 축산 달걀을 사용함으로써 가정 경제에 큰 도움이 되었을 것이다.

↦ *쇼드론 교수님의 말씀을 듣자. 싼 게 비지떡이다.*

6

가스를 만드는 재료

이스트

반죽에 기공을 만들기 위해서는 목수가 쓰는 송곳이나 드릴, 망치, 화살촉 보다는 이스트가 더 효과적이다. 이건 반드시 새겨 들어놓을 만한 의견이다. 늘 그렇듯 이스트에도 여러 종류가 있다. 하지만 혼동해서는 안 되는 중요한 내용이기에 상세히 적어본다.

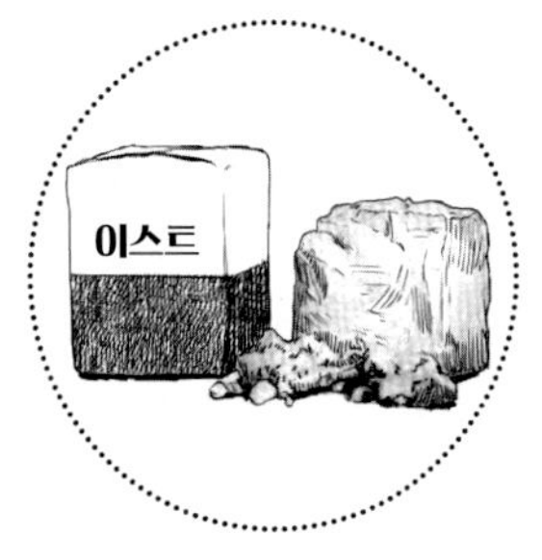

왜 이스트를 넣는가, 그 역할은 무엇인가?

모든 이스트의 원리는 동일하다. 가스(탄소)를 만들어 반죽 안에 가두고 기공을 만드는 것이다. 가스를 만드는 방법은 아주 간단하다. 이스트를 넣고 활동할 수 있게 두면 된다. 하지만 가스를 머금고 있는 것은 반죽의 몫이다. 바로 이때 글루텐이 등장한다. 요즘에는 글루텐에 대해 안 좋은 말들이 많지만, 지금은 옆으로 새지 말자. 생이스트, 글루텐, 물과 함께 최소한의 작업(믹싱, 페트리사주 등)을 거친 반죽은 탄성망을 형성하고, 이스트로 인한 복부팽만을 경험하게 된다. 반죽 속의 가스가 반죽을 팽창시키기 때문이다. 이건 여러분도 다 알고 있는 사실이다. 반죽 속의 베이킹파우더는 반죽의 점성에만 관여할 뿐 가스를 머금을 수 있는 글루텐 망을 형성하는 것은 아니다. 단순히 굽는 동안 반죽이 부풀 수 있도록 도와주는 것뿐이다.

I 생이스트

베이지 색의 이 신비로운 재료는 수분, 단백질, 당분, 그리고 사카로미세스 세레비시애(saccharomyces cerevisiae)라는 아주 작은 균류(쇼드론 교수님의 말씀에 따르면 균류라고 해서 그물버섯과 관련이 있는 것은 아니다)로 이루어져 있다. 이 균류는 성격이 급해서 밤낮으로 증식을 거듭하는데 이들의 성욕을 자극하기 위해서는 그물 스타킹이나 싸구려 장신구를 준비할 것이 아니라 적당한 온기와 당분, 수분, 공기만 공급해주면 된다. 이것이 바로 발효의 규칙이다. 이제 효소는 밀가루 속에 들어있는 다당을 단당으로 분해하고, 이스트는 이를 이산화탄소와 알코올, 그리고 에너지로 변환시킨다.

상대적인 양 : 전체 반죽양의 2~5%

온도 : 5℃에서는 느린 발효, 25℃ 이상에서는 빠른 발효가 가능하다. 발효 속도가 느릴수록 발효 자체로 인해 자연적인, '부수적인' 향이 생긴다.

사용 레시피 : 비에누아즈리, 브리오슈를 비롯한 응용 제품들과 일반 빵 등

앞서 언급했듯이 발효 과정에서 생성된 이산화탄소가 반죽에 기공을 만들 수 있도록 하기 위해 믹싱과 페트리사주 과정을 (다른 반죽에 비해) 더 늘려 글루텐에 의한 탄성망이 잘 형성되게 한다.

다른 이스트? : 여러분은 당연히 알고 계시겠지만, 생이스트가 가장 효과적이다. 쇼드론 교수님은 국제

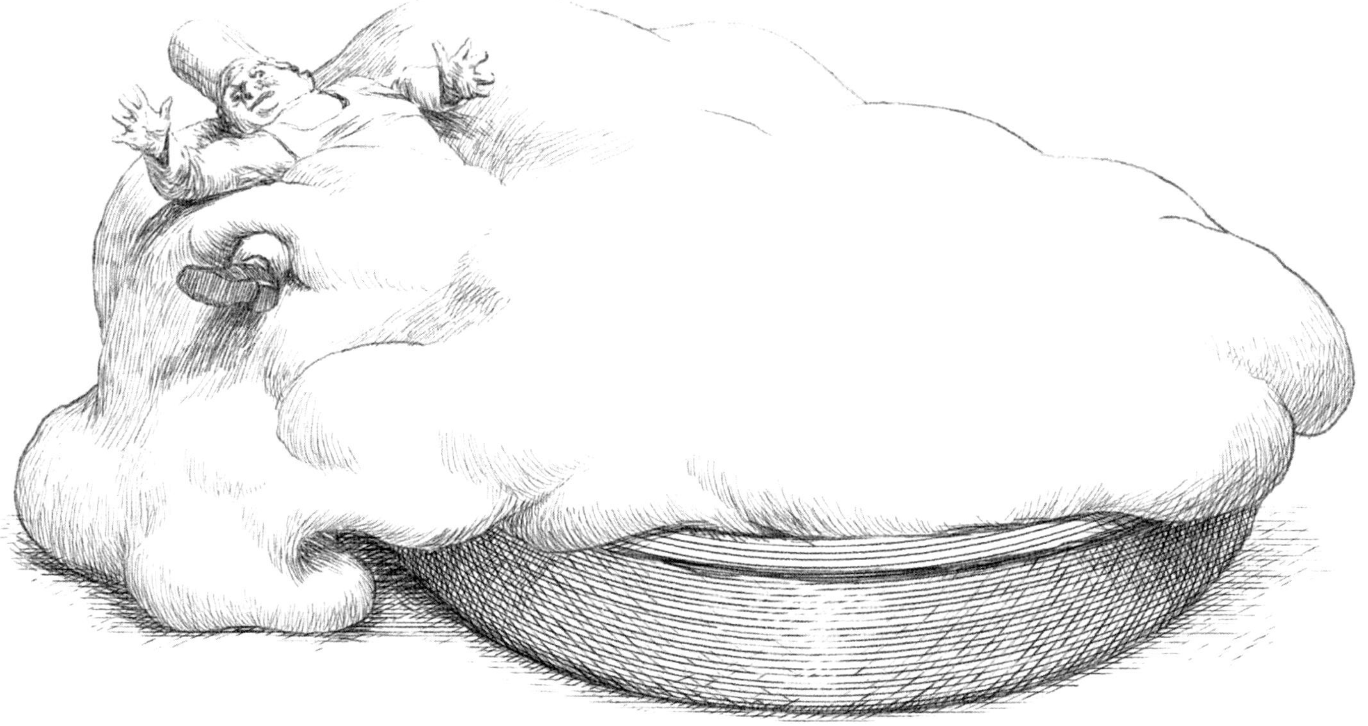

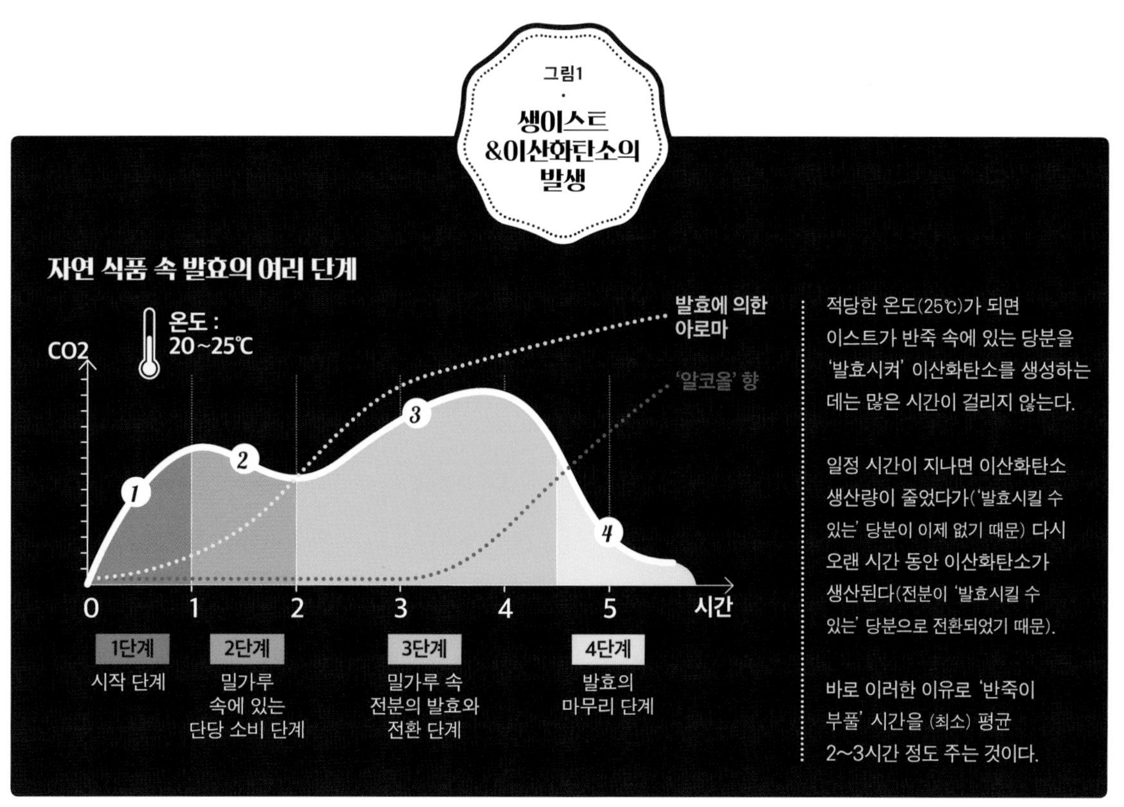
그림1
생이스트
&이산화탄소의
발생
자연 식품 속 발효의 여러 단계
온도 :
20~25℃
CO2
발효에 의한
아로마
'알코올' 향
1
2
3
4
0
1
2
3
4
5
시간
1단계
시작 단계
2단계
밀가루
속에 있는
단당 소비 단계
3단계
밀가루 속
전분의 발효와
전환 단계
4단계
발효의
마무리 단계
적당한 온도(25℃)가 되면
이스트가 반죽 속에 있는 당분을
'발효시켜' 이산화탄소를 생성하는
데는 많은 시간이 걸리지 않는다.
일정 시간이 지나면 이산화탄소
생산량이 줄었다가('발효시킬 수
있는' 당분이 이제 없기 때문) 다시
오랜 시간 동안 이산화탄소가
생산된다(전분이 '발효시킬 수
있는' 당분으로 전환되었기 때문).
바로 이러한 이유로 '반죽이
부풂' 시간을 (최소) 평균
2~3시간 정도 주는 것이다.

학회에서도 앞에 언급한 제품(특히 브리오슈)을 만들 때 생이스트를 사용하라고 적극 추천하신다. 하지만 냉장보관하는 동안 팽창제로서의 능력이 점점 사라진다는 것을 주의해야 한다. 소량 개별 포장된 동결건조 생이스트로 영혼이 파멸되어가는 냠냠학자들을 구원할 수는 있겠지만 이것이 생이스트의 단점을 완전히 보완해주는 것은 아니다.

II. 베이킹파우더

베이킹파우더는 코카인과 혼동하기 쉽다. 이미 쓴맛을 본 적 있는 쇼드론 교수님의 조언을 들어보자. 베이킹파우더와 코카인의 용도는 확실히 구별하는 것이 좋다. 적어도 파티스리에서는 베이킹파우더의 존재 이유를 충분히 찾을 수 있을 것이다. 이 흰 가루는 2~3개의 재료로 구성되어 있는데 수분이 없으면 무기력한 상태로 머물다가 수화가 되면 이산화탄소와 같은 부산물을 생산한다. 사실 이는 냠냠학의 관점에서 보면 별로 중요한 내용은 아니다. 앞서 언급한 생물학적 과정이 아니라 화학적 특성에 의한 반응(전문 용어로 산/염기 반응)이 일어나는 것이기 때문이다. 파티스리에서 사용하는 베이킹파우더는 우유나 달걀, 버터(물론!), 경우에 따라 과일 속 수분과도 반응한다.

상대적인 양 : 밀가루 반죽양의 약 2%

온도 : 빙산 위에 살지 않는 한 일반적으로 반죽에는 실온(18~25℃) 상태의 베이킹파우더를 넣는다. 온도가 높으면 이산화탄소를 만드는 반응이 활성화되기 때문에 오븐 속에서 가스 생성이 가장 활발하다. 베이킹파우더가 고갈되고, 밀가루 속 전분이 호화되기 시작하면 이 반응은 끝이 난다(70쪽 참조).

사용 레시피 : 구움과자 반죽, 케이크, 마들렌, 각종 가토 등

쇼드론 교수님의 강연 한 토막

단골 마트에 가면 여러 종류의 베이킹파우더를 볼 수 있을 것이다. 이국적인 문구나 표시하나 없는 '일반' 제품, 이것이 바로 할머니 표 알자스식 베이킹파우더다. 반죽을 더 부드럽게 만들어준다는 값비싼 베이킹파우더도 있다. 한번쯤 써볼 수는 있겠으나 이 베이킹파우더 안에는 가토가 상하는 속도와 표면이 마르는 속도를 지연시키는 첨가물이 들어있다. 생물학적 이스트에도 다양한 종류가 있다. 당분의 농도가 높은, 수분활성도가 낮은 환경에서도 잘 견디는 '내삼투성' 생이스트나 냉동보관이 가능한 '저온용' 이스트, 단백질 셰이커처럼 촉진제 역할을 하는 '퀵' 이스트도 있다. 동결 건조 이스트도 볼 수 있는데, 이는 커피만큼이나 실용적인 어쩌면 더 나은 재료다. 이것만 있으면 무인도든 마법의 산 정상이든 낮이고 밤이고 브리오슈를 만들 수 있으니 말이다.

이스트로 인한 전설적인 실패담

돌덩이처럼 딱딱해진 브리오슈

실패! 이스트가 부족했거나 반죽이 충분히 되지 않아 가스가 빠져나간 경우 또는 둘 다.

↦ *해결책 : 이스트의 유통기한을 확인하라.*

묵직한 케이크

수분량 부족으로 반응이 제대로 일어나지 못한 경우. 이스트 부족 또는 둘 다.

↦ *해결책 : 레시피를 수정하라.*

튀기는 과정에서 변형된 도넛, 너무 묵직한 도넛

반죽이 제대로 되지 않으면 탄성이 생기지 않아 튀기는 동안 이산화탄소가 밖으로 배출된다. 그러면 이스트는 지쳐 버린다. 브라보! 총체적인 난국이다.

↦ *해결책 : 이 책의 레시피를 참조하라(107쪽).*

주저앉는 와플

베이킹파우더의 양이 적었거나 생이스트가 반죽을 발효시킬 수 있을 만큼 충분한 시간을 주지 않은 경우.

↦ *해결책 : 한번 울고, 다시 시작하자.*

볼록하게 배꼽이 올라오지 않는 마들렌

반죽이 제대로 섞이지 않은데다 이스트의 양을 적게 넣은 경우, 만들고 나서 휴지 없이 바로 구운 경우.

↦ *해결책 : 굽기 전에 이스트가 자신의 역할을 할 수 있도록 시간을 준다(34쪽).*

생물학적 이스트를 사용해서 볼륨이 제대로 살지 않는 경우

주의 소홀로 인해 이스트와 소금, 설탕이 오랫동안 접촉한 경우에는 삼투압 현상이 일어난다. 즉 소금, 설탕과 가장 많이 맞닿아 있어 가장 짜거나 단 부분의 재료가 그렇지 않은 쪽으로 이동하게 된다. 소금과 설탕은 이스트의 살아있는, 부서지기 쉬운 조직을 망가뜨리고 박살내고 부숴버린다. 이제 이스트는 제 역할을 할 수 없게 된다.

↦ *돌덩이 같은 브리오슈를 먹는 벌을 받게 될 것이다. 다음에는 밀가루와 소금, 설탕을 먼저 섞은 뒤 다른 재료를 넣자.*

7

고무나 마찬가지인

겔화제

샤를로트, 나파주, 과일 겔, 일부 충전물에는 특별한 재료가 들어간다. 가끔은 더위 먹은 파티시에가 화학자로 변신해 한천이나 펙틴, 젤라틴을 스포이드로 재는 경우도 있다. 이렇게 정확히 계량하는 것은 좋을 수도, 나쁠 수도 있다! 왜냐하면 겔화제는 녹는점, 종류, 특성이 다양하여 모든 것이 파티시에의 실력과 경험, 더 나아가 지식에 의해 좌우되기 때문이다.

I. 젤라틴 : 부드러운 겔

젤라틴은 아주 오래전부터 사용해왔을 뿐더러 여러 가지 이유로 대체가 불가능해 파티스리에서 쓰는 겔화제계의 스타라고 할 수 있다. 우선 젤라틴은 '부드러운(손으로 눌렀을 때 형태가 흐트러지지 않는)' 겔을 형성하기 때문에 사용하면 다른 제품으로는 흉내 내기 힘들만큼 보기 좋은 텍스쳐가 만들어진다. 또한 젤라틴은 27~32℃에서 녹기 때문에 '입에서 살살 녹는' 식감을 갖게 한다. 그것도 아주 아주 슬며시! 샤를로트가 처음에는 단단한 제형을 유지하다가 먹을 때는 살살 녹는 식감을 갖게 되는 것도 바로 이 젤라틴 덕분이다. 이것이 바로 젤라틴의 장점 두 가지다. 이런 점에서 젤라틴은 하늘이 파티시에들의 수호성인인 성 마카리우스(St. Macaire)에게 내려주신 선물이다!

I,*a* 사용법과 용량

찬물에 담가둔 판 젤라틴을 손으로 짜서 물기를 제거한 뒤 준비된 내용물에 넣으면 된다. 이때 내용물에 온기가 남아있어야 물에 불린 젤라틴이 완전히 용해된다. 분말 젤라틴의 경우에는 따뜻한 내용물에 직접 넣어야만 잘 녹는다. 겔이 녹고 굳는 온도는 27~32℃다. 겔은 한번 굳어졌다 하더라도 온도에 따라 금방 상태가 변하며(온도가 올라가면 녹고, 내려가면 굳는다), 소량만 사용해도 된다(판나코타의 경우 0.4 또는 0.5~2.5% 사용, 샤를로트나 과일 겔의 경우 4% 사용).

I,*b* 사용

사실상 젤라틴은 대체가 불가능한 제품이다. 젤라틴이 만드는 독특한 텍스쳐 때문에 바바루아, 샤를로트, 일부 과일 무스, 크림을 기본으로 하는 무스, 크렘 앙글레즈, 판나코타 등의 응용제품에 사용하는 것이다. 끓여서 만드는 크림(시부스트, 파티시에르 등)의 텍스쳐를 개선시키고, 글레이즈에 넣으면 독특한 모양으로 흘러내리면서 과일에 광택을 내기도 한다. 젤라틴을 넣은 글레이즈는 가토의 표면에 균일한 모양으로 흘러내리기 때문에 굳은 다음에는 거울 같은 효과를 낸다!

II. 한천 : 부서지기 쉬운 겔

식물성 겔화제로 색은 약간 뿌옇고(젤라틴과 반대) '부서지기 쉬운' 겔을 만든다. 겔화력이 좋아 소량만 사용한다(전체 양의 0.1~0.3%).

II,*a* 사용법과 용량

찬물에 불린 뒤 끓여서 준비된 레시피에 넣는다. 약

35℃에서 겔화되며, 산도가 높을 경우에는 불안정하고, 열가역적 특성을 가진(온도를 높이면 다시 녹긴 하지만 고온이어야 한다 : 95℃) 겔을 형성한다.

II,*b* 사용

판나코타나 일부 바바루아, 과일 겔 등에 쓸 젤라틴의 대체품을 찾고 있거나 '부서지기 쉬운' 겔이 들어가는 아주 독특한 텍스처를 원할 때(과일 겔, 향을 우려낸 크림 등) 사용한다. 그렇다고 대체 불가능한 제품인 젤라틴을 한천으로 대체할 수 있다는 뜻은 아니다. 그건 다른 얘기다.

III 펙틴 : 과일의 친구

펙틴은 식물성분에서 유래한 다당류(당분의 가까운 친척들을 어렵게 표현한 말)로 앞서 소개한 두 겔화제에 비해 덜 알려져 있으며 그만큼 사용빈도도 낮다. 경우에 따라 다소 단단하고 가역성(*38쪽 설명 참조*) 있는 겔을 만든다. 펙틴이 자신의 역할을 다하기 위해서는 열기와 산도, 냉각의 과정이 필요하다. 펙틴이 가장 상징적으로 사용되는 곳은 잼이다.

III,*a* 사용법과 용량

펙틴은 전문점에서 구할 수 있고 글레이즈용 펙틴이나 잼용 펙틴처럼 정해진 용도로 판매된다. 펙틴과 설탕을 섞어 내용물에 넣은 다음 과일과 함께 끓이면 된다. 높은 온도(70℃)에서 겔화되나 '실제로' 엉기기 시작하는 온도는 30℃ 이하다.

III,*b* 사용

글레이즈(젤라틴을 쓰기 싫다면), 잼, 과일 젤리, 일부 과일 필링(단단하면서도 부드러운 식감을 갖는 텍스처를 원할 때)에 사용한다.

겔화제로 인한 전설적인 실패담

흐물거리는 바바루아

젤라틴의 양이 부족했거나 계량이 잘못된 경우(또는 둘 다!)
일부 과일에 자연적으로 함유되어 있는 효소가 비활성화되지 못한 것이다.
↦ *이 경우 과일 펄프를 70℃까지 데워 효소를 비활성화시키고 다시 시작한다.*

고무 같은 판나코타

젤라틴을 너무 많이 넣은 경우…
↦ *녹여서 우유와 크림을 더 넣은 뒤 다시 굳힌다.*

물컹한 잼

잼을 익히는 과정에서의 실수 또는 산도(또는 둘 다)가 맞지 않아
펙틴이 제대로 반응하지 않은 것이다.
↦ *레몬즙을 약간 넣고 다시 끓인다.*

8

검은 색의 즐거움…

초콜릿과 카카오

미식가들의 상상 속에서 '달걀' '크림' '밀가루' '우유'가 정신적인 빈곤을 가져다주는 반면 '초콜릿'과 '카카오'는 활력을 준다! 초콜릿은 제품에 사용되어 변형된 것보다 그대로 사용될 때 더 좋은, 유일한 또는 몇 안 되는 재료다. 이것이 초콜릿과 카카오의 특권이자 성격이고 가능성이자 약점이다. 파티시에가 초콜릿을 다 먹어치우는 바람에 제품을 완성할 수 없었던 것이 한두 번인가? 이것은 우리 사회의 통치자들이 간과하고 있는 진정한 사회적 문제다.

I. 초콜릿

초콜릿에 대한 병적인 허기증을 호소하는 파티시에들의 중독 증세를 치료하기 위해 심리상담소를 만들어야 할 지경이다. 그 전에 우리가 할 수 있는 일은 없는지 살펴보자.

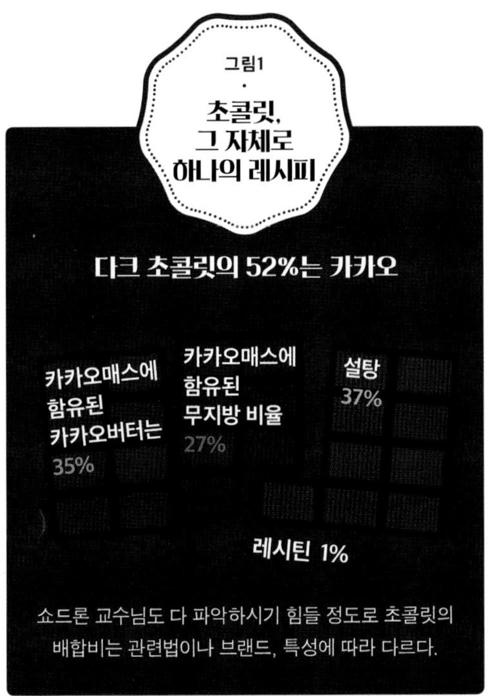

쇼드론 교수님도 다 파악하시기 힘들 정도로 초콜릿의 배합비는 관련법이나 브랜드, 특성에 따라 다르다.

힘든 선택

초콜릿에 대해 잘 이해하려면 양산 초콜릿의 기본 재료인 '카카오매스'에 대해 알아야 한다. 카카오매스(카카오 콩을 발효시키고 볶아 곱게 분쇄한 것)에는 지방(카카오버터)과 고운 고체 분자(카카오파우더)가 들어있다. 공장에서는 카카오매스와 카카오파우더를 분리한 뒤 설탕과 섞어 원하는 제품을 만든다. 여기에 버터나 '고체' 재료를 더 넣기도 하고, (허용되는 경우) 식물성 유지나 향 등을 추가하기도 한다. 이 과정을 거치면서 수많은 종류의 초콜릿이 탄생한다. 그렇다면 어떤 제품을 선택하는 것이 좋을까? 그걸 알고 있다면 좋겠지만 실은 여러분의 레시피로 만들어보는 수밖에 없다! 최고급 초콜릿을 쓰면 되지 않을까? 당연히 초콜릿이 많이 들어가는 또는 거의 대부분을 차지하는 제품(트뤼프, 부셰, 무스)에 사용할 경우에는 고급 초콜릿의 특성이 그대로 드러날 것이다. 하지만 가토에 넣는 초콜릿은 고급이 아닌 어느 정도의 품질만 보장되는 제품이면 충분할 것이다.

I, *a* 카카오매스

카카오 콩을 발효시킨 뒤 볶아 분쇄한 것으로 초콜릿의 기본 재료다. 오리진(origines), 크뤼(crus), 테루아(terroir)의 특성이 드러나는 원형 그대로의 제품이다. 설탕을 넣지 않았기 때문에 아주 쓴맛이 난다. 그대로 사용하기도 하고 향신료처럼 섞어서 무스나 가나슈, 트뤼프에 '진정한' 초콜릿 맛을 내기 위해 쓰기도 한다.

I, *b* 카카오파우더

초콜릿 가운데 가장 향이 많이 나는 부분으로 초콜릿의 색을 내는 재료이기도 하다. 브랜드가 2개뿐이어서 선택의 여지가 많지는 않지만 일반 상점에서도 구할 수 있다. 설탕이나 향이 첨가된 것이 아니어서 맛이 강한 향신료처럼 다뤄야 한다. 초콜릿의 맛을 더욱 강조할 때나 코팅, 데코, 색 내기에 사용한다. 사용하기 전에 체에 쳐야 하며 겉모습과는 달리 안에 유지가 아직 남아 있어서 카카오파우더를 첨가하면 제품 자체가 기름져진다. 물론 겉으로는 잘 드러나지 않지만.

I,*c* 카카오버터

파티시에와 쇼콜라티에를 위한 약국이라고 할 수 있는 재료전문상점에서 구매할 수 있다. 비교적 고가인 재료로 전문가용인 경우가 많다. 초콜릿을 템퍼링해서 부셰나 장식용, 그 밖의 아주 섬세한 작업에 이용한다. 이미 빽빽이 들어찬 지면에 카카오버터가 사용되는 제품명을 다 언급하지는 않겠다.

I,*d* 밀크 초콜릿

'고전적인' 초콜릿에 약간의 분유를 첨가한 제품이다. 그만큼 다크 초콜릿보다 색깔도 밝고, 쓴맛도 덜해서 전체적으로 부드러운 맛이 난다. 밀크 초콜릿으로 맛있는 무스를 만들거나 초콜릿 칩 형태로 만들어 가토에 넣을 수 있고, 데코용으로도 사용할 수 있다. 색만 더 밝을 뿐 다크 초콜릿과 쓰임새는 거의 비슷하다. 놀랍지 않은가?

I,*e* 화이트 초콜릿

카카오버터, 설탕, 분유, 유화제, 때로는 향료를 첨가해 만든 제품으로 화이트 초콜릿이라는 말 자체가 서로 양립될 수 없는 것들이 섞인, 모순적인 결합을 뜻한다. 카카오매스의 '고체' 부분이 포함되지 않았기 때문에 색은 창백하고, 맛에는 두드러지는 특색이 없다. 이렇게 맛도 강하지 않고 기름진(지방과 설탕 때문) 화이트 초콜릿이지만 팬이 많으니 그 이유를 파악해보는 것이 좋겠다! 냠냠학적 재능만 있다면 화이트 초콜릿으로 무스, 아이스크림, 퐁당 등을 만들 수 있다.

I,*f* 스페셜 초콜릿

파티스리용 초콜릿 코너에 가면 캐러멜 초콜릿이나 프랄랭 초콜릿 같은 스페셜 초콜릿들을 볼 수 있다. 어쩌면 머지않아 달팽이 초콜릿이나 아이올리 초콜릿도 맛볼 수 있지 않을까? 맛이 있는지 없는지는 모르겠지만. 다른 대상도 마찬가지겠지만 초콜릿의 매력은 보고자 하는 사람(지금 여기서는 시식하는 사람)의 눈에만 드러난다. 아무리 그래도 합창단원의 역할을 맡고 있을 때(가토 속의 초콜릿)보다는 프리마돈나의 역할을 맡고 있을 때(무스) 이 제품을 사용해야 그 매력이 더 잘 드러날 것이다.

II. 초콜릿 녹이기

II,*a* 초급자

전자레인지에 넣고 돌리든, 약불로 녹이든, 중탕으로 녹이든 초콜릿을 녹일 때 가장 중요한 것은 온도를 많이 높이지 않는 것이다! 이렇게 모순적인 명령을 내려서 미안하지만 그래야 한다. 초콜릿은 낮은 온도(35~37℃)에서 녹기 때문에 끓이거나 센불에서 녹이고, 끓는 물에서 중탕을 하는 것은 학대나 다름없는 불필요한 행동이다. 온도를 과도하게 높일 경우, 사슬 지방산의 결정화 작업을 방해하게 되는데 이것은 섬세한 작업이기 때문에 조금이라도 방해를 받으면, 광택을 잃고 회색빛을 띠게 되거나 먹을 수 없는 고체 덩어리가 된다. 따라서 미지근한 물로 중탕하는 것이 가장 좋은 방법이며 출력이 낮은 전자레인지라면 사용해도 무방하다. 온도의 급상승 없이 열원에서부터 초콜릿까지 열기를 쉽게 전달하기 위해서는 따뜻한 곳과 차가운 곳, 즉 초콜릿이 녹는 길 주변에 놓인 모든 장애물들을 미리 조각내

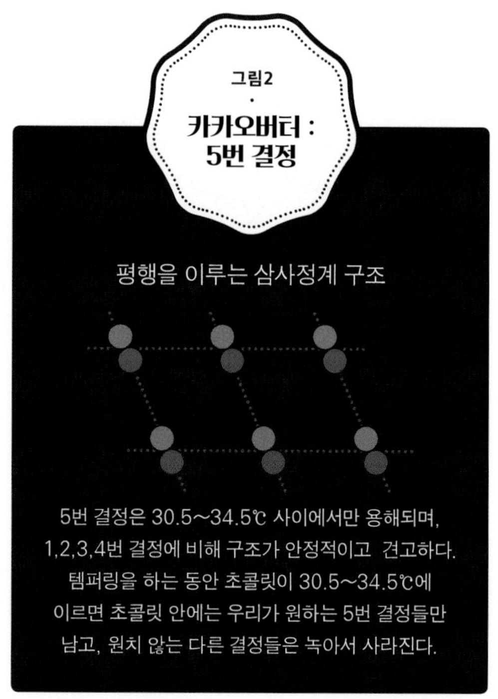

그림3 · 초콜릿 속 지방 결정들의 용해온도

결정 유형	용해 온도
1번	13~17.6℃
2번	17.8~20℃
3번	22.4~24.5℃
4번	26.4~27.9℃
5번	30.5~34.5℃
6번	33.8~34.1℃

우리가 찾고자 하는 것은 가장 안정적인 5번 결정이며, 이것은 '평행을 이루는 삼사정계' 구조로 이루어져 있다(42쪽 그림 참조).

거나 자르고 곱게 갈아서 온도가 골고루 분산될 수 있도록 살살 저어줘야 한다. 마음속으로 성공을 기원하는 것도 잊지 말자!

II,*b* 템퍼링 : 전문가

템퍼링은 전문적인 기술이 필요한 작업이다. 녹은 초콜릿에 다양한 온도 폭을 경험하게 해줌으로써

그림4 · 5번 결정만 남은 템퍼링 온도

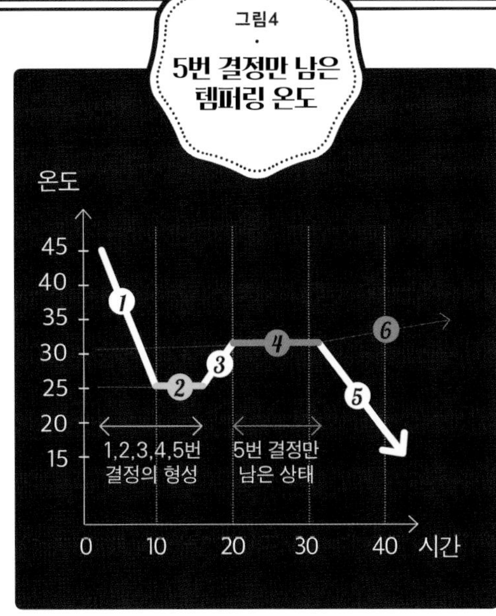

원하는 카카오버터 결정 유형을 선택하고, 결과적으로는 초콜릿의 광택을 살리는(예 : 부셰 같은 제품) 작업인 셈이다. 배워서 할 수 있는 작업이기는 하나 모든 세부사항들을 다 파악하지 못한 상태에서는 결정의 존재 자체를 알아보지 못하고 그냥 지나칠 수 있다. *180℃ 1권 참조.*

초콜릿과 카카오로 인한 전설적인 실패담

녹기 시작한 초콜릿에 무언가를 넣자마자 굳은 경우

실패! 너무 고온으로 녹였다.

↦ *처음부터 다시 시작하자.*

초콜릿 가토인데, 초콜릿 맛이 안 난다

저가의 재료를 사용해서 그렇다. 싼 게 비지떡!

↦ *브랜드를 바꾸거나 (또는 동시에) 초콜릿 맛을 강화시킬 수 있는 카카오파우더를 첨가한다.*

표면에 광택이 없는 부셰

너무 높은 온도에서 초콜릿을 녹이면 변질된다.

↦ *되돌릴 수 없는 일. 다시 시작 하도록!*

9

신 선 함 이 필 요 할 땐!

생과일, 주스와 펄프

파티스리에서는 크렘 파티시에르라는 고운 이불 위에 생과일을 올리거나 두께가 몇 cm 되는 샹티이 크림 밑으로 마음 넉넉한 후원자처럼 과일을 놓는 경우가 흔하다. 그러나 늘 그렇듯 과일 종류는 다양하고, 사과를 쓰느냐 라즈베리를 쓰느냐에 따라 로켓과 소달구지 같은 차이가 생긴다.

I. 원형 그대로의 과일

I.*a* 사과

사과는 수분, 섬유질(용해성이든 아니든), 공기(물론이다), 당분, 산 그 외의 미세영양분으로 구성되어 있다. 껍질을 까면 '효소에 의한 갈변'이라는 안 좋은 습관이 나오는데, 태어날 때 부터 갖게 된 단점이라 사과 조각 위에 레몬을 뿌리거나 바로 익히는 수밖에 없다. 사과는 공기 함유량이 풍부해 다른 과일(예 : 배)에 비해 익히는 시간이 오래 걸린다. 익히고, 섞다 보면 콤포트가 되는데 섬유질이 풍부해 아주

사과에는 공기가 많이 들어있다. 공기는 열전도율이 낮아서 사과 익히기가 그만큼 까다롭다. 사과 타르트의 경우는 차치하고 일반적으로 사과는 중불에서 오랜 시간 '찜'하듯 익히는 것이 좋다. 공기가 세포 밖으로 배출되고 막 속에 있던 펙틴이 풀어지면서 텍스쳐가 맞춰져 부드러운 식감이 만들어지기 때문이다.

독특한 텍스쳐가 만들어진다. 다른 품종(그래니 스미스, 조나골드)에 비해 더 오래 익혀야 하는 품종(골든, 레네트)이 있긴 하지만 사람들의 편견과 달리 모든 사과는 익힐 수 있다.

I.*b* 노란색 과일

편의상 복숭아에서 자두, 망고, 파인애플, 유도(복숭아의 한 종류)에 이르기까지 서로 다른 과일들을 하

나의 가족으로 묶어보자. 이 과일들은 모두 수분함량이 높아 파티스리 제품을 만드는데 걸림돌이 되는 경우가 많다. 왜냐하면 이 수분이 과일 안에 고정되어 있는 것이 아니라 과일 밖으로 나와 반죽이나 크림을 무르게 만들기도 하기 때문이다. 익힌 과일을 쓰면 이 선천적인 결함이 어느 정도 개선되고 맛과 독특한 텍스쳐로 그 결함을 만회할 수 있기 때문에 가장 화려한 제품에 속하는 크럼블이나 타르트에 사용하는 것이다. 물론 만든 즉시 먹는다는 전제 하에서 말이다!

I,c 베리류와 붉은색 과일

이 과일들은 밝은 색상뿐만 아니라 높은 '펙틴' 함량 때문에 다른 과일들과 구별된다. 펙틴은 소중한 남남학 분자로 어떤 조건 하에서는 (좀 오래 익힌다거나 산도가 높아지면) 젤이나 과일 글레이즈, 젤리, 잼을 만든다. 딸기와 라즈베리의 경우 믹싱하면 멋진 쿨리로 변신하기도 한다. (많이는 아니지만)새콤하고 (약간)달콤한 이 과일들은 끓이지 않은 상태에서는 빨리 상하기 때문에 냉장보관(일부 과일)을 하되 빠른 시일 내에 소비해야 한다.

II. 주스, 펄프, 쿨리

냉동식품 코너에 가보면 과일 주스나 펄프를 쉽게 찾아볼 수 있다. 그 덕분에 제철이 아니어도 구할 수는 있게 되었으나, 이는 생태학적 측면에서 보면 대재앙이나 마찬가지다. 내가 여러분에게 이 재료들을 추천하지 않는 이유가 거기에 있다.

그러나 주스(레드 오렌지, 자몽, 크랜베리 등)로 글레이즈, 소스, 셔벗, 독특한 바바루아 등을 만들 수 있어 굉장히 실용적이다. 이름에서도 알 수 있듯 주스(즙)는 (형태와 무관하게) 첨가물이 (거의) 없는 과즙을 의미한다. 냉동 전 살균 과정을 거치다보면 생과일 맛이 일부 사라질 수 있기 때문에 그런 면에서는 '집에서 만든' 주스가 맛은 훨씬 좋다. 반면에 펄프는 껍질과 씨를 제외한 과일의 모든 부분을 포함하고 있어 주스와는 성격이 다르다. 즙과 섬유질(용해성이든 아니든)까지 들어있기 때문에 펄프가 주스보다 더 걸쭉한 것이다. 펄프를 입에 넣었을 때 입 속이 꽉 찬, 풍부한 느낌이 드는 것도 이 때문이다. 펄프는 일반적으로 샤를로트, 바바루아, 아이스크림, 셔벗, 소스, 쿨리 등에 가장 많이 쓰인다. 쿨리(단맛의 쿨리)는 요리에 곁들여 먹는 소스처럼 생각하면 된다. 다시 말해 쿨리는 주로 익히지 않은 채 먹지만 익힘을 '당하는' 경우도 있기 때문에 거의 대부분 펄프로 만든다. 예를 들어 딸기 쿨리를 만들려면 딸기를 섞고(이것이 펄프) 펄프를 거른 뒤, 설탕과 레몬즙을 약간 넣어 완성한다(그러면 쿨리 형태로 변한다).

과일로 인한 전설적인 실패담

폭삭 주저앉은 딸기 타르트

타르트 위에 크림을 얇게 발라 올린 데다 딸기를 너무 일찍 올려놓은 경우, 수분이 빠져나가 반죽이 물러진다. 대재앙!

↦ *빨리 타르트를 먹든지 빨대로 빨아 먹어야 한다.*

모양이 안 예쁜 사과 타르트

신선도가 의심스러운 사과를 반죽 위에 두껍게, 그것도 너무 많이 올린 경우. 윗불 온도가 충분히 맞춰지지 않은 상태에서 오븐에 넣으면 표면의 수분만 증발될 뿐이다.

↦ *아…*

맛이 이상한 딸기 셔벗

너무 숙성된 딸기를 사용하면 오히려 좋은 맛이 사라진다.

↦ *믹싱 후 셔벗기계에 넣기 전에 너무 오래 방치하면 효소 반응에 의해 맛이 변질된다.*

힘없는 통조림 배

↦ *아, 이미 얘기했는데 통조림 과일을 쓸 경우에는 과육이 단단한 것, 살짝 덜 숙성된 과일을 사용한다.*

10

정 확 또 정 확

계량은 왜 해야 하는가?

왜 냠냠학자인 파티시에들은(육가공업자도) 제품에 1온스의 재료를 넣더라도 계량을 해야 하는 걸까? 냠냠학자인 요리사들은 전문가로서의 눈대중으로 한 자밤, 한 주먹, 한 아름의 재료를 넣지 않는가? 어떤 사람은 설탕과 이스트를 그램 단위까지 정확하게 재는데 어떤 사람은 송아지 육수를 몇 국자나 퍼 넣다니. 이 미스터리와 마주한 미식 해설가들은 모두 할 말을 잃고 만다. 그리고 긴 논쟁과 장광설, 특별 심포지엄을 거치면서 '파티스리가 요리보다 더 정확하기 때문에 계량을 해야 한다.'는 거의 비슷한 결론에 이른다. 사실 이 말은 육상선수들의 기록을 재는 크로노미터가 수영선수들의 기록을 재는 것보다 더 정확해야 한다거나 온도계는 목욕할 때나 필요한 것이지 샤워할 때는 필요가 없다는 주장만큼이나 의미없는 말이다! 파티스리가 정확하고 엄격하며 심지어 '과학적'이라는 이 인식은 요리가 파도 위에 떠다니는 것처럼 막연한 경험에 의거한 작업이라는 인식과 맥을 같이 한다. 결국 이러한 시각을 통해 요리 이론과 완고한 현실 사이의 괴리를 확인시켜주고 싶었을 것이다. 이 몰지각한 인식에 대해 설명하는 것은 어렵지 않지만 주제와는 좀 동떨어져 있는 것이 사실이다. 커피 에클레르, 크림 슈, 갈레트 데 루아, 사과 타르트와 같은 일부 '전통' 파티스리 제품들은 마치 공동의 유산처럼 우리가 공유하고 있다. 이 레시피들도 여러 사람의 손을 거치면서 응용을 거듭하긴 했다. 하지만 이것은 아무도 의문을 제기하지 않았던 기본 레시피에 대한 응용이었다. 예를 들면 커피 에클레르를 만들 때는 이 정도 길이에 이 정도 너비를 가진, 이런 모양의 제품으로 만들어야 하며 거기에 사용하는 크림과 글레이즈는 쉽게 구별할 수 있을 만큼 특색 있는 맛을 가져야 한다. 바로 여기서부터 모든 것이 시작되는 것이다. 미리 '고안해 놓은' 구체화된 아이디어를 하나의 레시피로 탄생시킬 때 정확성은 없어서는 안 될 요소다. 상상 속의 구체화된 모습을 현실화하기 위해서는 본능이나 임기응변이 아니라 정확성에 대한 인식과 함께 당장 자신에게 필요한 방법에 집중하게 된다. 이때 가장 먼저 필요한 것이 바로 계량이다. 모두가 공유하고 있는 묵시적 기준과 멀어졌을 때 우리는 그 주변을 돌고 있는 레시피가 '실패했다'고 판단한다. 하지만 요리는 얘기가 다르다. 예를 들면 뵈르 블랑(beurre blanc)이나 구운 닭요리, 파스타 그라탱에 대한 의견이 초콜릿 를리지외즈(religieuse)에 대해 갖는 생각과는 차이가 있기 때문이다! 또한 요리 레시피에 적용되는 '적합한 기준'이라는 것이 파티스리에 비해 허용적이다 보니 베샤멜소스에 들어가는 넛메그를 계량하지 않고(하더라도 아주 조금만), 수프 끓이는 시간을 측정하지 않으며(또는 매번 재지 않고), 갈비살의 온도를 측정하지 않게 되는 것이다(이제 점점 더 안 재게 된다)! 사실 파티스리에서보다 더 많은 요소들을 측정해야 한다면 요리 레시피는 그 어느 것보다 복잡해질 것이다! 이렇게 쓰고 나니 내가 마치 요리 예술이 갖는 신성한 금기를 조롱하려는 사람처럼 돼버렸다. 벌써부터 나를 비난하는 사람들의 모습이 보이는 듯하다. 저 아래 마당에서 '진정한 파티시에 정신을 수호하는 검열관 및 조정자'들이 씩씩대며 발을 구르는 모습이 그려진다. 자, 용기가 필요한 순간이다. 어서 다음 챕터로 넘어가자!

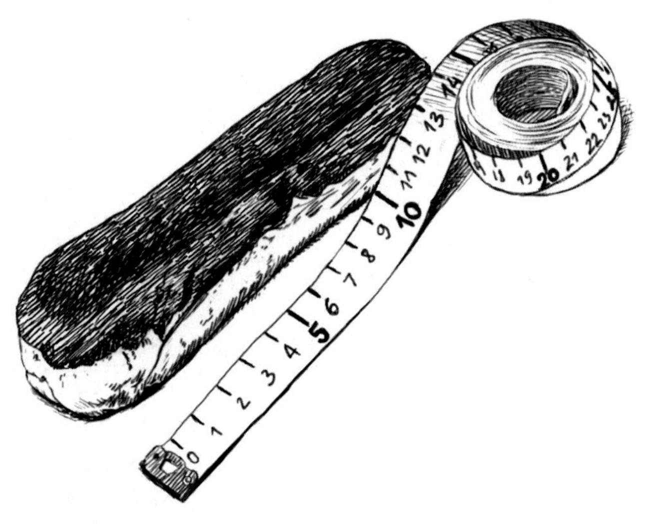

결론

훌륭한 냠냠학자라면 이미 알아챘겠지만 이 장은 서술적인 내용이 주를 이룬다. 파티스리의 주재료에 대해 좀 더 정확한, 새로운 생각을 제시하는 것이 이 장의 목표이기 때문이다. 이 글을 읽고 나면 그 흔한 밀가루, 매일 쓰던 분당, 누구나 다 아는 그 버터가 갑자기 정교한 재료, 미식적 잠재력을 가진 재료로 보이게 될 것이다. 게다가 큰 틀에서나마 재료의 성분이나 특성, 용도를 잘 이해하고 있으면 작업이 훨씬 수월해진다. 이러한 지식이 쌓이면 특별한 저녁 모임에 참석한 여러분의 존재는 더욱 돋보이게 될 것이고, 여러분은 그만큼 더 흥미를 느끼게 될 것이다. 이제 이 감사한 기회를 통해 몇 시간이고 아몬드의 성분이나 과일 펄프의 특성, 파티스리 내 유지의 역할과 같은 뜨거운 주제들을 꺼내 놓을 것이고, 모임에 참석한 이들은 그런 여러분을 우러러볼 것이다. 마치 쇼드론 교수님이 그랬던 것처럼 말이다. 날씨 관련 에피소드나 아이들의 학교생활, 물가 상승, 정부의 무능함과 같이 습관적으로 언급했던 진부한 주제들 대신 이런 참신한 화두를 제시할 수 있다는 사실에 감사하게 될 것이다.

재료의 혼재

믹싱

혼합, 젓기
그리고 또 다른 시간 때우기용 행동들

이 장은 이 책에서 가장 핵심적인 부분이다! 많은 예술 관련 직종들이 때로는 하나의 행동으로 대표되는 경우가 있다. 금은세공사는 광택을 내고, 현악기 제작자는 조율을 하고, 가구 세공인은 대패질을 하고, 지붕 기술자는 지붕을 만들고, 국회의원은 졸고, 전기기술자는 전기를 연결하는 식으로 말이다. 그러나 이러한 편견, 선입견과는 달리 파티시에인 냠냠학자들의 상징적인 행동은 가토 위에 체리를 올리거나 반죽을 미는 것이 아니라 믹싱을 하는 것이다! 그렇다, 믹싱. 여러분이 읽은 것이 맞다! 파티스리의 핵심을 요약(그것이 가능하다면)하면 잘 정립된 레시피에 이질적인 특별한 재료들을 넣고 믹싱, 젓기, 융합, 혼합하는 것으로 볼 수 있다. 초콜릿 무스를 파트 사블레처럼 만들거나 바바루아를 잼처럼 만들 수는 없다. 계량 실수를 제외하고는 파티스리 레시피가 '실패'하는 거의 모든 원인이 바로 이 믹싱에 있다. 그래서 아직도 의심하고 있을 여러분의 눈앞에 이 장 전체를 할애해서라도 믹싱 기술에 대해 자세히 소개하려는 대담한 시도를 하는 것이다. '무의미하고 비생산적인 어리석은 말'이라 생각하는 사람도 있을 것이다. 바로 지금이 쇼드론 교수님의 새로운 광기가 발현될 시간인가? 이런 분위기 속에서도 끈기를 가진 몇몇 냠냠학자들은 '특별하게 젓는 법' 페이지를 읽고, 나무숟가락이 만들어내는 예술을 목격하게 될 것이다. 또한 교수님은 한가한 독자들의 읽는 즐거움을 위해 겔화나 발효, 유리전이와 같은 파티시에로서는 다소 엉뚱한 생각들을 다룰 예정이다.

1

두 려 울 것 없 다!

두 가지 개체 믹싱법?

독자들이여, 그 지긋지긋한 휴대전화와 해로운 태블릿 PC 뒤로 숨지 말자. 도망가지도 말자! 그냥 쇼드론 교수님의 말씀을 있는 그대로 받아들이자. 여기에 쓰인 미지의 용어들을 보고 다른 데로 내뺄 생각은 말자. 아! 지금 이 순간은 이것이 최선이다. 이제 감정적 동요가 좀 가라앉았다면 얼음장 같은 서늘함 뒤에 파티스리가 꽁꽁 숨겨온 비밀을 찾아보자. 물론 당신이 간직해온 비밀 또한 조수한테 발각되고 말 것이다. 여러분은 이것을 시작으로 '스타워즈의 젊은 파다완'이라는 별명과 함께 냠냠학적 깨달음과 더없는 행복의 세계로 첫걸음을 내딛게 될 것이다.

I 특이한 '개체'라는 개념

초콜릿 무스, 제누아즈, 가나슈, 마시멜로, 크레이프 반죽 등의 제품들은 모두 (다소간 차이는 있으나) 달다는 공통점이 있다. 하지만 그 구성 성분에는 연관성이 없다. 초콜릿 무스는 마시멜로보다 기름지고, 크레이프 반죽보다 덜 조밀하다! 이 모든 레시피들은 개성 있는 입주자들이 모여 사는 번잡한 숙소만큼이나 이질적이다. 하지만 이 달콤한 음식에도 공통점이 존재하는데, 이것은 냠냠학자들이 마법의 주문처럼 기억해야 할 내용이다. 이 제품들은 모두 '여러 개체' 즉 각기 다른 재료 또는 부분의 합인 것이다. 따라서 파티스리를 섬세한 작업이라고 한다. 예를 들면 초콜릿 무스는 두 가지 개체로 이루어진다. 녹인 초콜릿(경우에 따라 달걀, 버터, 크림 등을 첨가)과 거품 낸 흰자 속의 공기라는 두 개체가 만나 무스를 만드는 것이다. 이번에는 크레이프 반죽을 떠올려보자. 이 또한 달걀, 밀가루, 설탕(경우에 따라 버터와 바닐라, 럼 등의 재료가 들어감)이 들어간 개체와 우유라는 개체로 구성된다. 이 두 개체가 합쳐져 크레이프 반죽이 되는 것이다.

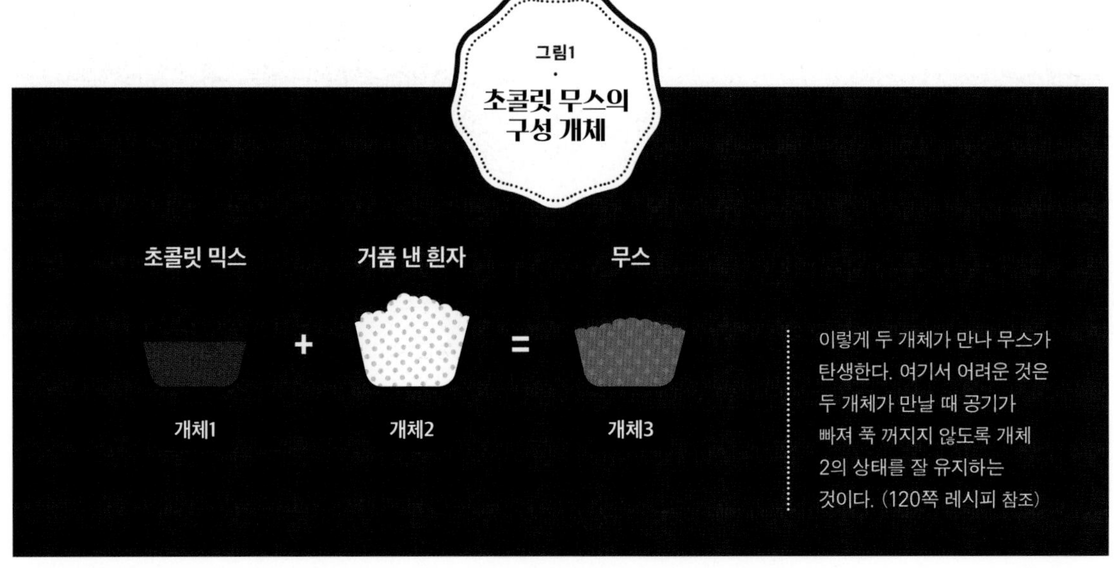

II. 그리 복잡하지 않은 두 개체 믹싱법

(쇼드론 교수님도 동의하신 내용)

자세히 보면 '두 개체로 구성된' 즉 두 단계로 나눠서 작업하는 파티스리 레시피들이 많이 있다. 사실 거의 모든 종류의 무스나 가토 반죽, 거품형 반죽이 해당한다(92쪽 참조). 지금 여기서 모든 제품을 일일이 언급하지 않아도 개념만 잘 이해하면 혼자서도 손쉽게 목록을 작성할 수 있을 것이다. 재미있는 사실은 개념만 이해하면 하나의 레시피에 들어있는 여러 '개체'를 이해하여 그 성격을 파악하고, 결과적으로 제품 제작을 위한 전 과정을 단순화할 수 있다는 것이다. 각각의 개체와 맞닥뜨리면서 느끼는 어려움도 있겠지만 그것은 차차 해결해나가면 된다. 이러한 접근방법의 또 다른 이점은 여러 개체를 하나로 결합하는 방식, 즉 믹싱이라는 섬세한 기술을 더욱 잘 이해할 수 있다는 것이다.

섬세하게 섞어야 하는 재료에 대해 알고 있다. 섬세하게 재료를 섞으라는 것은 최종 결과물이라는 목적을 위해서 한 개체가 가진 특성(주로 비중인 경우가 많다)을 유지하려는 욕심이 반영된 것일 뿐(밑줄 쫙!) 그 이상도 이하도 아니다. 레시피에 따라서 어떤 개체의 특성을 유지해야 할 수도 아닐 수도 있는 것이다. '두 개체로 나뉘는' 레시피들을 보면 이 두 가지 개체들이 갖는 지위가 서로 다르다는 것을 알 수 있다. 하나가 다른 하나를 맞이하고, 하나가 다른 하나에 섞이지만 절대 그 반대로는 섞지 않는다. 파티시에 제품 목록을 살펴보면 이러한 믹싱 순서가 뒤에 언급될 규칙에 의해 정해진다는 것을 알 수 있다. (물론 가뜩이나 화가 머리끝까지 나 있는 저자의 일을 복잡하게 만드는 예외는 늘 존재한다.)

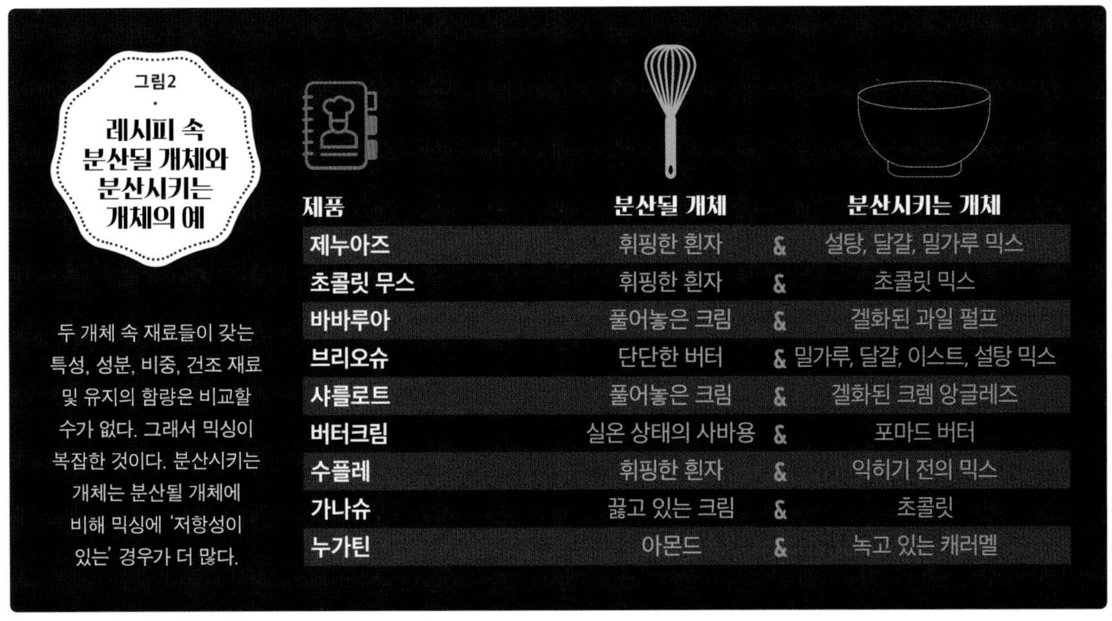

제품	분산될 개체		분산시키는 개체
제누아즈	휘핑한 흰자	&	설탕, 달걀, 밀가루 믹스
초콜릿 무스	휘핑한 흰자	&	초콜릿 믹스
바바루아	풀어놓은 크림	&	겔화된 과일 펄프
브리오슈	단단한 버터	&	밀가루, 달걀, 이스트, 설탕 믹스
샤를로트	풀어놓은 크림	&	겔화된 크렘 앙글레즈
버터크림	실온 상태의 사바용	&	포마드 버터
수플레	휘핑한 흰자	&	익히기 전의 믹스
가나슈	끓고 있는 크림	&	초콜릿
누가틴	아몬드	&	녹고 있는 캐러멜

두 개체 속 재료들이 갖는 특성, 성분, 비중, 건조 재료 및 유지의 함량은 비교할 수가 없다. 그래서 믹싱이 복잡한 것이다. 분산시키는 개체는 분산될 개체에 비해 믹싱에 '저항성이 있는' 경우가 더 많다.

II,*a* 원리

초콜릿 무스는 도넛 반죽(이것도 두 개체로 구성됨)처럼 막 휘젓지 않는다! '반죽을 위로 들어 섞는다.' '반죽에 공기를 넣으면서 섞는다.' '힘 있게 친다.' '8자 모양을 그리며 섞는다.' 등 파티시에들의 시적인 표현만 봐도 알 수 있듯이 파티시에들은 이미

❶ 비중이 낮은 개체는 항상 비중이 높은 개체 안으로 넣는다.

❷ 가장 액상에 가까운 개체는 항상 가장 고체에 가까운 개체 안으로 넣는다.

이 규칙들은 파티시에들의 노하우를 통해 탄생한 것이지만 여태껏 문서화된 적은 없었다. 이 규칙의 목표 두 가지다. 그중 하나는 가장 비중이 낮은 개체의 '가스배출'을 제한해 최종 레시피까지 어느 정도의 가벼움을 유지해주려는 것이다. 또 하나는 가능한 한 반죽 내의 입자들이 모여 응결된 상태, 즉 덩어리를 만들지 않게 하려는 것이다. 가장 고체에 가까운 개체(밀가루, 설탕, 달걀)에 우유를 조금씩 넣고 열심히 저어서 재료들이 완벽히 분산된, 덩어리 없는 상태로 만드는 것도 바로 이런 이유에서다.

따라서 하나의 레시피를 구성하는 두 가지 개체는 동일한 지위를 갖지 않기 때문에 명칭 또한 '분산의 주체가 되는' 개체(예 : 크레이프 반죽을 만들 때 밀가루, 설탕, 달걀을 섞어놓은 상태에 해당)와 '분산의 대상이 되는' 개체(우유)로 나뉘는 것이다.

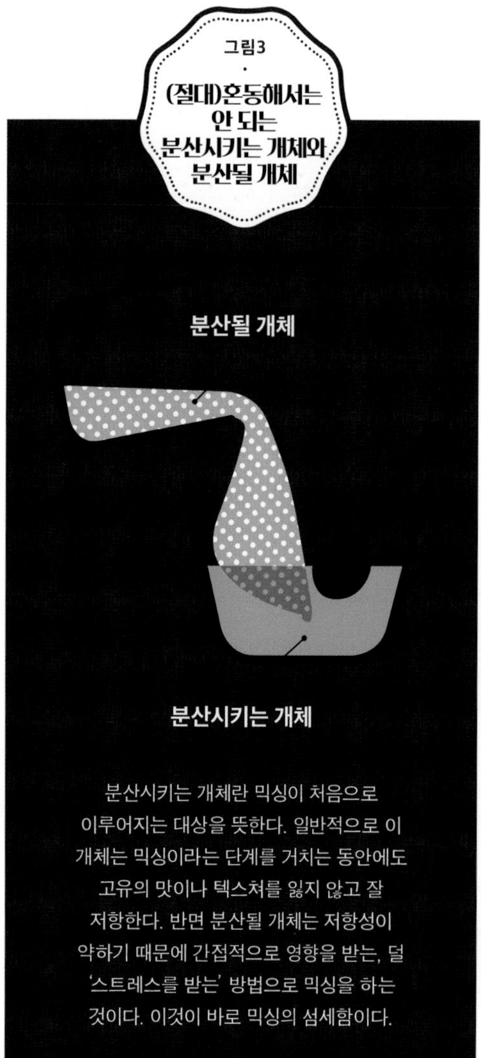

II,*b* 분산시키는 개체 또는 연속 개체

살짝 겔화된 과일 펄프, 달걀노른자나 버터를 첨가한 녹인 초콜릿, 아몬드가 들어오길 기다리며 녹는 중인 캐러멜, 사바용을 기다리는 마스카포네 치즈처럼 분산시키는 개체들은 분산될 개체들을 맞을 준비를 하고 있다! 이 알쏭달쏭한 이름만으로 예상할 수 있듯이 분산시키는 개체라는 것은 그 안에 다른 개체를 분산시킬(투입할) 예정인 개체를 의미한다. 반대로는 작업하지 않는다. 분산시키는 개체는 분산될 개체에게 일종의 착륙로 역할을 하는 셈이다. 물론 경우에 따라 그것을 투입하는 방식이 다소 거칠 수도, 부드러울 수도 있긴 하다.

II,*c* 분산될 개체

설탕(또는 안 넣고)을 넣고 휘핑한 생크림, 거품 낸 달걀흰자, (거의)녹인 버터, 과일 쿨리 이런 것들이 파티시에들의 레시피에서 '분산될 개체'로 분류될만한 것들이다. 캐러멜 속에 들어있는 누가틴 아몬드 또한 분산될 개체다. '달걀과 설탕'이라는 분산시키는 개체에 롤 비스킷에 쓰일 밀가루가 마지막으로 들어간 것과 같은 이치다.

II,*d* 분산될 개체와 분산시키는 개체의 차이

제누아즈를 예로 들어보자. 밀가루, 설탕, 달걀을 섞은 내용물과 거기에 넣을 흰자 거품은 아무런 연관성이 없다.

전자는 걸쭉한 반죽이고, 후자는 무스이다 보니 비중과 점성이 달라 믹싱이 어렵다. 그래서 그 두 요소를 가깝게 만들기 위한, 즉 쉽게 섞기 위한 냠냠학적인 측면의 해결책을 제시하고자 한다. 우상파괴론적인 생각일 수도 있겠지만 아주 흥미로운 해결책이 될 것임은 확실하다*(62쪽 거품내기 참조)*.

II,*e* 왜 결국 모든 것을 섞어야 하나요?

대부분 '분산될 개체가 분산시키는 개체에 투입되

는' 방식은 분산될 개체에 거품을 냈을 때(공기를 머금고 있는 경우, *63쪽과 115쪽 참조*) 가스가 빠지지 않도록 하기 위해 사용한다. 일반적으로 파티스리에서 만드는 무스들은 그 안에 들어있는 공기가 불안정하다보니 빠져나가려고만 해서 아주 쉽게 가라앉는다. 공기가 빠진 제품은 돌덩이처럼 단단해진다. 하지만 이 책에서는 기존 순서에 대해 재차 문제를 제기하고, 초콜릿 무스와 같은 대표적인 제품에 대해 새로운 해결책을 제시하고자 한다. 개체의 전도를 통해서 말이다('역순으로 만든' 다크 초콜릿 무스, *160쪽 참조*).

두 개체 믹싱법에 대한 무지로 인한 전설적인 실패담

폭 꺼진 무스

휘핑한 흰자와 초콜릿 믹스라는 두 개체의 상이한 특성을 파악하지 못했다.
그래서 분산될 개체와 분산시키는 개체의 특성에 대해 주의를 기울이거나
인지하지 못하고 그냥 섞은 것이다.
↦ *불시착이 예상된다.*

머랭 같지 않은 머랭

달걀흰자 속에 설탕이 골고루 분산되지 않았거나
흰자에 거품을 제대로 내지 않았다(또는 둘 다).
↦ *결과 : 달걀흰자가 가지고 있는 수분 내에서 설탕이 용해되지 않는다.*
또 한 번의 불시착이 예상된다.

엉망진창 건포도 팔레

마찬가지로 분산시키는 개체(분당, 버터, 밀가루)에 분산될 개체(전란)를 더한다.
↦ *이 두 개체는 섞이기 힘들다.*
파티시에가 이 둘을 결합시키려는 강한 의지를 보이지 않는 이상
아예 섞이지 않거나 잘 섞이지 않는다.

2

혼합에 대한 찬사

믹싱

믹싱은 파티스리의 기본이다. 숟가락을 들고 그냥 저으면 된다! 믹싱 때문에 책을 볼 필요는 없다. 그것이 쇼드론 교수님의 책일지라도 말이다. 달걀과 설탕, 밀가루와 버터, 레몬즙과 과일을 섞는 것보다 더 쉬운 건 없으니까. 사실 제스쳐 자체는 초보적이지만 제품이나 재료에 미치는 영향은 적지 않다. 커피 에클레르가 성공하느냐 일개 복제품에 머무느냐는 바로 여기서 결정되기 때문이다. 힘 빠진 달팽이가 뷔페의 디저트 코너로 질질 몸을 끌고 가는 것처럼 생긴 복제품 말이다.

I. 믹싱이란?

가나슈 섞기, 달걀노른자 섞기, 빨리 섞기, 천천히 섞기 등. 사실 섞는 것의 종류뿐 아니라 그것을 지칭하는 부사, 수식어가 많다보니 섞는다는 용어 자체는 크게 주목받지 못하는 것 같다. 재료들을 결합하려는 목적으로 취하는 행동들을 모두 묶어서 포괄적인 용어로 믹싱이라는 부른다. 이를 더 잘 이해하기 위해서는 그 행동과 그것이 갖는 효과를 분리해야 한다.

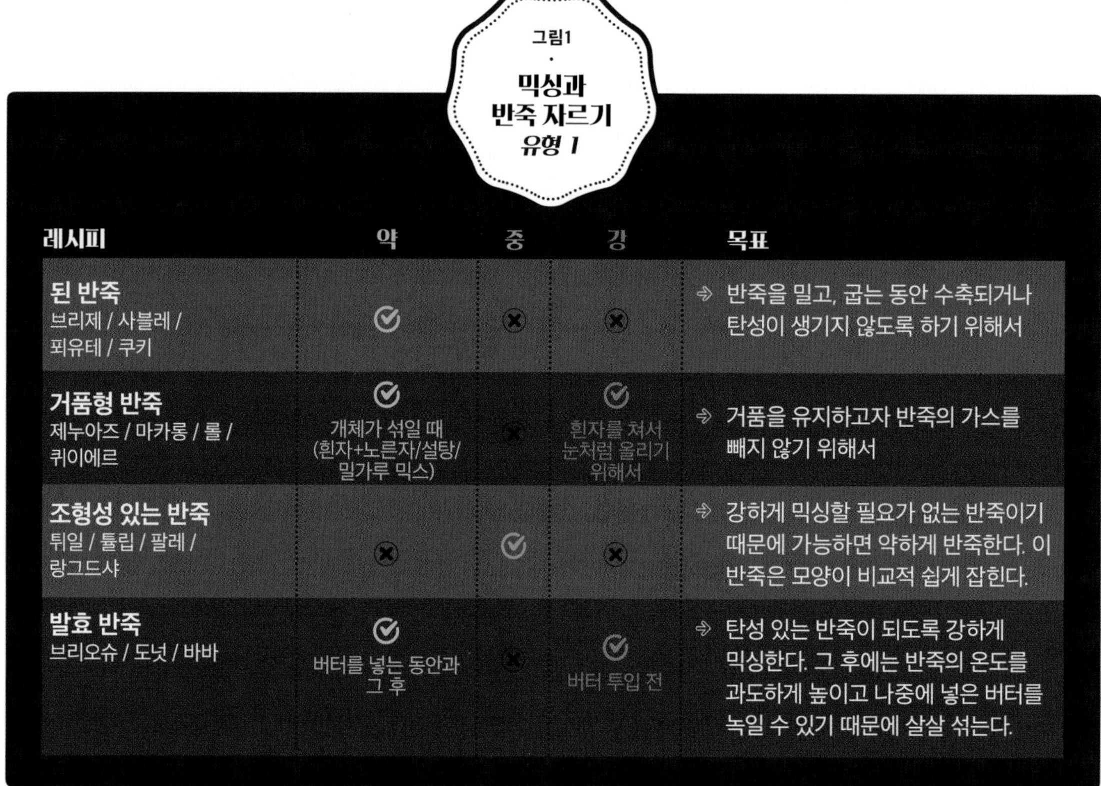

그림1 · 믹싱과 반죽 자르기 유형 1

레시피	약	중	강	목표
된 반죽 브리제 / 사블레 / 푀유테 / 쿠키	✓	✗	✗	반죽을 밀고, 굽는 동안 수축되거나 탄성이 생기지 않도록 하기 위해서
거품형 반죽 제누아즈 / 마카롱 / 롤 / 퀴이에르	✓ 개체가 섞일 때 (흰자+노른자/설탕/밀가루 믹스)	✗	✓ 흰자를 쳐서 눈처럼 올리기 위해서	거품을 유지하고자 반죽의 가스를 빼지 않기 위해서
조형성 있는 반죽 튀일 / 튤립 / 팔레 / 랑그드샤	✗	✓	✗	강하게 믹싱할 필요가 없는 반죽이기 때문에 가능하면 약하게 반죽한다. 이 반죽은 모양이 비교적 쉽게 잡힌다.
발효 반죽 브리오슈 / 도넛 / 바바	✓ 버터를 넣는 동안과 그 후	✗	✓ 버터 투입 전	탄성 있는 반죽이 되도록 강하게 믹싱한다. 그 후에는 반죽의 온도를 과도하게 높이고 나중에 넣은 버터를 녹일 수 있기 때문에 살살 섞는다.

레시피	약	중	강	목표
층난 발효 반죽 크루아상 / 쇼콜라틴 구움과자 반죽	✓	✗	✗	반죽을 밀거나 굽는 동안 수축되거나 탄성이 생기지 않도록 하기 위해서
구움과자 반죽 마들렌 / 파운드케이크 / 케이크 / 피낭시에	✓ 설탕 / 노른자 개체에 다른 재료를 넣기 위해서	✗	✓ 설탕 / 노른자 개체를 위해서	페트리사주 시간을 잘 못 맞췄을 때 만들어지는 '굴뚝'이 생기지 않고, 균일하고 가벼운 크림을 얻기 위해서
슈 반죽	✓ 밀가루 / 물 / 버터 / 소금 / 설탕을 넣고 익힌 개체에 달걀을 넣을 때	✗	✓ 밀가루 넣는 동안	'연속되는' 반죽을 얻기 위해서

그림2 · 믹싱과 반죽 자르기 *유형 2*

행동. 믹싱이란 반죽을 자름으로써 제품에 힘(바로 그거다!)을 주는 작업이다. 반죽을 자르는 힘을 통해 재료들은 서로 잘 혼합한다. 물론 경우에 따라 이 반죽 자르기의 강도는 약할 수도, 적당할 수도, 심지어 폭력적일 수도(또는 그래야 하는) 있다!

결과. 반죽 자르기에 대한 재료들의 반응은 제각각이다. 거의 무감각한 재료도 있고(과일 펄프 같은 경우), 아주 민감하게 반응하는 재료도 있다(반죽에 탄성이 생기거나 달걀흰자에 거품이 난다).

우리는 양질의 재료와 반죽 자르기의 수준(믹싱의 강도)을 잘 결합할 줄 아는 것이 바로 냠냠학자-파티시에의 기술이라는 것을 잘 알고 있다. 이것만 이해해도 파티스리에서 흔히 볼 수 있는 습관적인 실수들을 방지할 수 있다. 너무 오래 믹싱했거나 달걀흰자에 거품을 충분히 내지 않았거나 믹싱 강도를 과하게 높인 나머지 반죽이 상하는 등의 실수 말이다.

II. 믹싱을 지칭하는 용어

믹싱의 여러 유형을 의미하는 특별한 동사들이 몇 개 있다. 쇼드론 교수님의 말씀대로 샤워하면서 이 용어들을 머릿속에 떠올려보는 것이 좋겠다.

II,*a* 아상블레(assembler)

분당과 밀가루, 버터와 분당, 과일 조각과 알코올 등. 때로는 굉장히 정확한 의미로, 때로는 광범위한 의미로 쓰일 수 있는 용어다. '조합하다(아상블레)'라는 용어를 통해 냠냠학자들은 최소한의 노력(반죽을 자르듯이 믹싱하는 것을 의미)만으로 '결합하고' '하나로 만들고' '연결시키는 것'이 무엇인지 이해하게 될 것이다. 여기서 '조합한다'는 것은 재료를 함께 섞되 학대하지 말고 우아하게 다루라는 뜻이다!

II,*b* 프레제(fraiser) 또는 프라제(fraser)

파트 사블레에 들어가는 밀가루와 버터를 섞을 때 사용한다. 이 용어는 가루 재료(설탕, 밀가루, 아몬드 가루, 헤이즐넛 가루 등)와 유지를 섞을 때 손바닥에

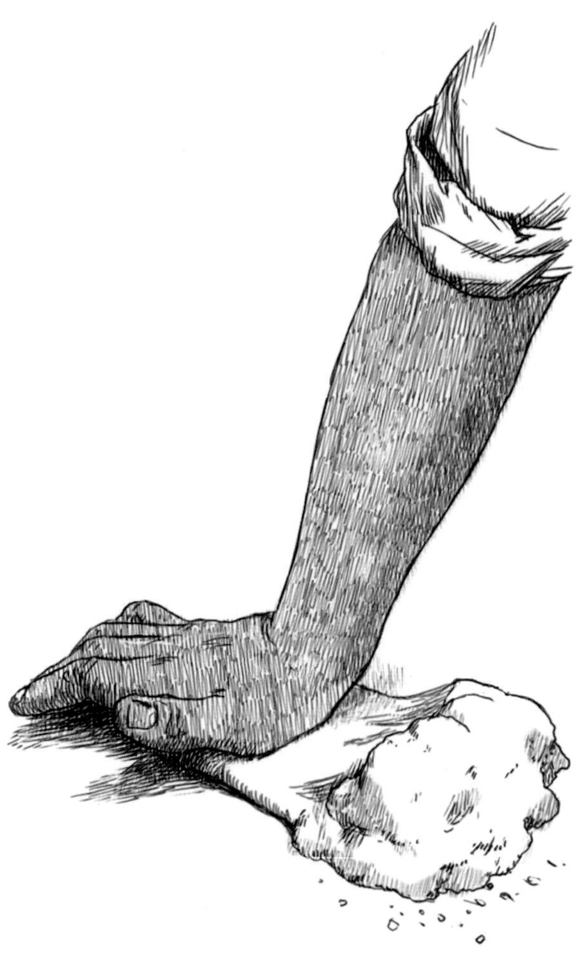

그림3 프레제 : 손바닥을 이용해 재료들을 하나로 뭉친다. 믹싱을 해서는 안 된다. 그렇지 않으면 쇼드론 교수님이 벌을 내리실 것이다.

부드럽게 힘을 주어 반죽을 납작하게 만들어줄 때와 같은 특수한 상황에 사용한다. 본격적인 반죽 단계를 거치지 않고 재료를 하나로 뭉치는 방법이기도 하다. 하지만 이 행동을 무분별하게 반복하는 것은 좋지 않다.

II,*c* 크레메(crémer)

분당(또는 설탕)과 버터를 섞을 때 사용한다. 냠냠학자에게 친근한 이 용어는 녹지 않은 상태의 말랑말랑한 유지(버터)와 설탕(분당을 쓰는 경우가 많다)을 숟가락(또는 포크)으로 세게 자르듯이 반죽하는 것을 의미한다. 그러면 설탕의 일부가 버터 속 수분과 결합해 녹고, 약간의 산소가 이 모든 것을 '부풀려' 하얗게 만든다. 크레메는 이 광범위한 과정을 포함한 용어다!

II,*d* 사블레(sabler)

파트 사블레에 쓰는 용어와 동일하다! 여기서 사블레란 밀가루와 버터를 두 손으로 비벼 모래와 같은 질감을 만드는 것을 의미한다. 밀가루의 전분 덩어리를 유지 속에 가두어서 우유와 (또는) 달걀노른자를 넣더라도 바로 수화되지 못하게 막아주는 것이다. 굽는 동안 전분 덩어리가 튀겨지면서(끓는 것이 아니라) 파트 사블레만의 독특한 특징을 만들어 낸다.

II,*e* 블랑쉬르(blanchir)

달걀노른자와 설탕, 이는 많은 레시피에서 흔히 볼 수 있는 조합이다. 여기서는 '거품내기*(62쪽 참조)*'에 대해 언급하려 한다. 설탕과 달걀노른자를 꽤 오랫동안 세게 저어주는 것을 의미하는데, 이때 설탕의 일부가 노른자 속 수분과 만나 녹으면서 그 혼합물이 걸쭉해진다. 이 텍스처 때문에 이 구조 속에 미세 공기방울이 자리를 잡게 되고, 반죽은 가볍고 하얗게 변한다*(92쪽 거품형 반죽 참조)*.

II,*f* 말락세(malaxer)

파트 브리제, 사블레, 쉬크레 등에 들어가는 버터에 주로 사용하는 용어다. 말랑말랑해질 때까지 말락세하여 마치 클레이처럼 모양 만들기 쉬운 상태로 만드는 작업이다.

II,*g* 트라바이에(travailler)

어떤 상황에든 사용할 수 있는 용어다. 간혹 오용되기도 하고 반대의 의미로 사용되기도 하지만 이 표현은 항상 '계속해서'라는 말과 함께 쓰인다. 즉 '앞에서 설명한 것처럼 계속해서 섞는다'는 의미로 이해하면 된다. 이것이 25년을 연구에 매진해온 쇼드론 교수님의 결론이다.

대충한 믹싱으로 인한 전설적인 실패담

수축되는 파트 브리제

실패 : 재료를 하나로 섞지 않은 상태에서 반죽을 자르듯이 너무 많이 치댄 경우,
너무 오래 반죽한 경우, 원하는 크기로 반죽을 밀어 펼 수 없고, 굽는 동안에도 수축된다.

↦ *해결 방법이 없다.*

땀 흘리는 파트 사블레

실패 : 믹싱을 너무 과도하게 해서 버터가 설탕, 밀가루와 분리된 경우.

↦ *이미 끝난 일이다!*

덩어리진 크렘 앙글레즈

이것도 실패!

↦ *불 온도가 너무 높았다. 특히 익는 동안 충분히 저어주지 않았다.*

너무 묽은 크렘 파티시에르

유감이다.

↦ *다 익었는데도 미친 사람처럼 크림을 계속 저어댔다. 이렇게 저어댄 탓에 크림의 농도를 높여주는 밀가루 속 전분이 구조를 상실한 것이다.*

3

둥근 빵 그리고 나머지 모양 빵들의

반죽

주의 깊은 독자라면 지금까지 파티스리 믹싱의 왕인 반죽, 페트리사주(pétrissage)에 대한 언급이 없었다는 점을 눈치 챘을 것이다. 잊어버린 것이 아니다. 단순히 재료들을 한데 모으고 혼합하는 작업이 아니기 때문에 개별적으로 다루려했던 것이다. 페트리사주를 통해 반죽의 성질이 바뀌고, 특성이나 품질이 발현된다는 것이 쇼드론 교수님의 생각이다.

I 페트리사주, 무엇을 위한 것인가?

브리오슈, 빵, 도넛을 비롯한 거의 모든 발효 반죽은 페트리사주로 만든다. 이 과정을 통해 탄성이 생기고, 이쪽에서 말하는 소위 '연속성'이 생긴다. 페트리사주가 끝나지 않은 반죽은 두 손으로 잡아당겼을 때 금방 찢어지는 반면, 페트리사주가 끝난 반죽은 추잉껌처럼 끊어지지 않고 늘어난다. 그렇다고 그 성분이 바뀌는 것은 아니다! 밀가루의 성분 중 하나인 글루텐이 기계적으로 연장되면서 반죽의 형태를 바꿔놓은 것에 불과하다.

II 글루텐의 정해진 역할

글루텐은 블랑제와 파티시에들에게는 매우 가치 있는 존재지만 사실 몇 년 전부터는 화의 근원인 양 원망과 비난의 대상이 되어왔다. 글루텐이란 밀가루에 들어있는 80~85%의 단백질, 더 정확히는 녹지 않는 '불용성' 단백질을 가리킨다. 물을 넣고 페트리사주를 하다보면 글루텐이 수화되면서 반죽에 점성과 탄성, 저항성이 생긴다. 글루텐에 의해 반죽에 '3차원' 망이 형성되는데, 이 연속성 있는 망이 외형이나 텍스처, 굽고 난 후의 맛과 같은 특성을 좌우한다.

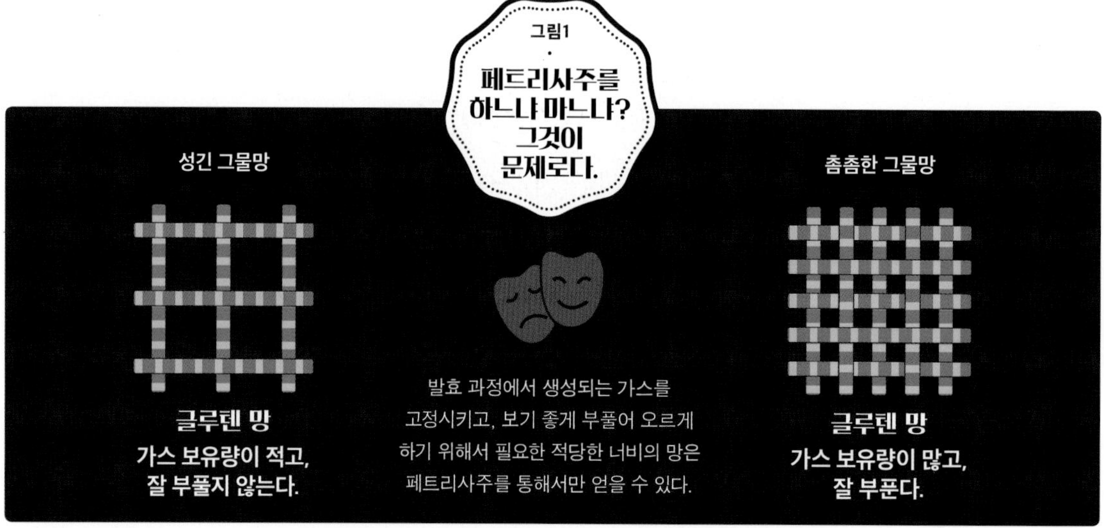

III 이 모든 것에 공기가? 그럼 발효는?

페트리사주 시간을 연장하거나 믹서를 고속으로 돌릴 경우, 믹서의 날개 같은 훅 또는 쇼드론 교수님의 여린 손가락에 의해 반죽에 공기가 약간(레시피에 따라 다소 차이가 있음) 주입된다. 이렇게 생긴 극소 기포들은 반죽 내에 분산되고, 산화(공기 중의 산소와 밀가루 속의 일부 성분이 만나 반응)되거나 단순히 반죽에 거품을 냄으로써 반죽에 맛이 더해지고, 반죽이 부푼다(62쪽 참조). 사실상 앞에서 언급한 글루텐 조직은 극소 기포들을 꼼짝 못하게 잡아주는 그물망과 같다. 생이스트를 넣었을 때 발효 단계에서 일어나는 현상도 이와 동일하다. 이스트는 반죽 속 당분을 먹고 CO_2를 만드는데, 이 가스는 반죽 속 글루텐에 의해 그 안에 머물게 된다. 반죽 밖으로 나올 출구를 찾지 못한 가스는 덫에 걸린 것처럼 내부에 머물며 내부 압력을 상승시키고 반죽을 부풀린다. 올 여름 여러분이 자녀에게 사준, 해변에서 공기를 불어넣느라 숨찼던 그 돌고래 풍선을 떠올리면 된다.

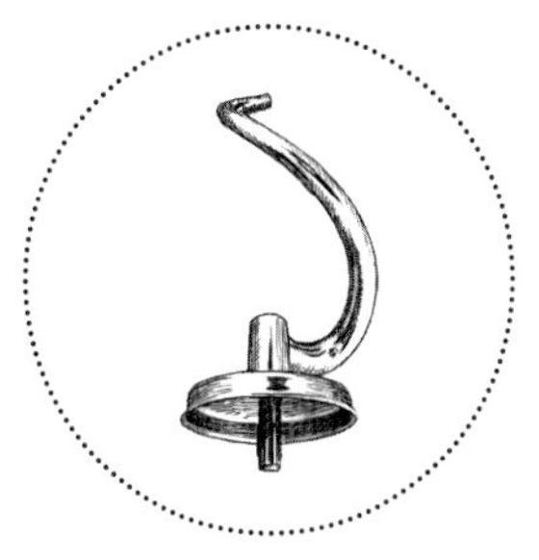

속도 또는 지속 시간?

반죽 시간이 길어질수록 글루텐 조직이 발달하고, 반죽에는 연속성이 생기며, 크럼은 '끈적한' 식감을 갖게 된다. 반죽 속도를 높일수록 작은 기포들이 많이 포집되면서 크럼이 가벼워지고, 작은 기공들이 생긴다. 따라서 크럼이 가볍고 작은 기공이 많은 브리오슈를 원한다면 고속으로 오래 페트리사주를 해야 한다. 크럼이 가볍고 입에서 녹는 듯한 식감을 가진 도넛을 만들고 싶다면 짧은 시간 동안 고속으로 페트리사주 한다. 페트리사주 속도도 느린데다 시간도 짧은(힘들어서) 수 반죽을 하게 되면 살살 녹는 식감과 기공이 잘 발달한 크럼을 갖게 된다! 조금만 익숙해지면 여러분은 차이점을 바로 이해하고, 완벽한 냠냠학자로서 이를 조절할 수 있을 것이다.

잘못된 페트리사주로 인한 전설적인 실패담

굽는 동안 수축되는 파트 사블레(기름도 많아 보이고…)

분명 앞에서 이야기했다. 파트 사블레는 페트리사주를 하는 것이 아니라 재료를 혼합하는 정도에서 끝내야 한다고. 그 이상은 안 된다. 여러분이 간절히 원했던 그 글루텐 때문에 다 구운 사블레가 원래 크기를 유지하지 못한 것이다.

↦ *이제 손 쓸 방법이 없다. 남은 반죽으로 아이들에게 기름진 음식이나 실컷 먹여라.*

부풀지 않는 브리오슈, 도넛, 빵

오래된 이스트를 쓴 것도 아니고, 계량이 잘못된 것도 아닌데 반죽이 부풀어 오르지 않는 경우. 물론 페트리사주가 부족했을 수도 있고, 발효 과정에서 나오는 CO_2가 글루텐 조직의 '그물망'에서 빠져나왔기 때문일 수도 있다.

↦ *교훈. 여러분의 브리오슈는 시멘트나 마찬가지다. 그걸로 정원에 임시 거처라도 만들어보라.*

4

빈둥빈둥...

거품내기, 휘핑하기

파티시에들은 사도마조히즘적인(sadomasochistes) 기호를 갖고 있는 것 같다. 만들기 힘든 디저트를 개발하려 애쓰고, 거품기를 물신으로 삼아 그것으로 달걀흰자와 달걀노른자를 쉼 없이 학대하는데다 강한 파벌주의적 특성을 과시하려 하기 때문이다. 지금까지 주의 깊게 책을 읽어 온 냠냠학자라면 이 정도의 엉뚱함은 대수롭지 않을 것이다. 앞으로 밝혀질 가장 신기한 제품 가운데 하나인 무스의 이면을 알면 더 놀랄 것이다.

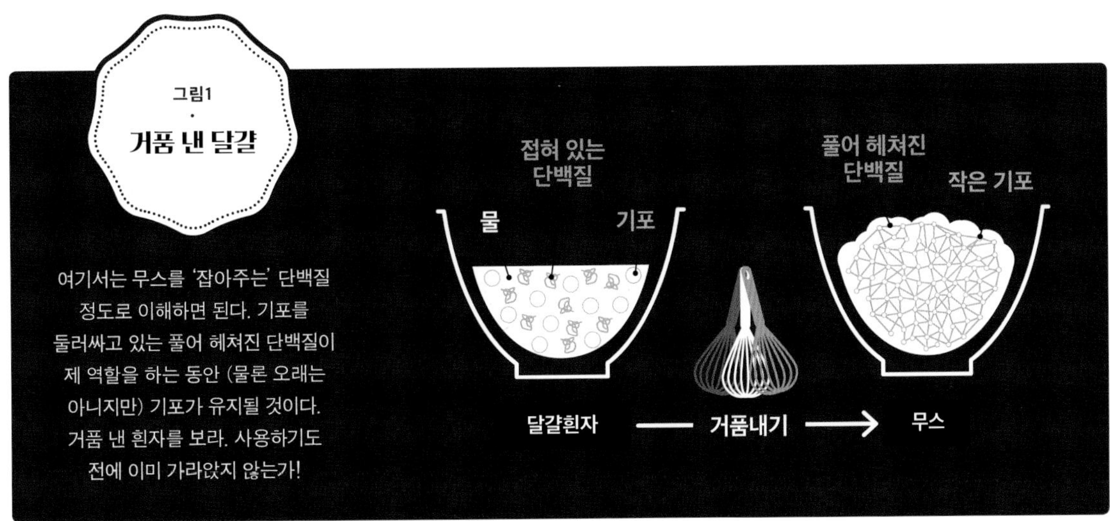

I. 무스?

초콜릿 무스, 제누아즈 반죽, 바바루아 등은 모두 서로 다른 제품이지만 무스라는 공통점을 갖고 있다. 공기를 머금고 있어 비중이 물(비중 측정 시 기준)보다 낮다. 익히지 않은 무스(거품 낸 흰자), 익힌 무스(비스퀴 롤), 겔화된 무스(샤를로트), 단백질에 의해 안정화된 무스(일 플로탕트), 지질에 의해 안정화된 무스(샹티이 크림)가 여기에 해당한다. 제품은 서로 다르지만 같은 물리적 법칙을 적용받기 때문에 같은 이유로 성공(실패할 경우에도!)하는 경우가 많다. 간략히 설명하면 무스는 (여전히) 두 개체 믹싱법으로 만든다(52쪽 참조). 예를 들면 초콜릿 무스는 분산시키는 개체인 초콜릿 믹스와 분산될 개체인 거품 낸 흰자를 합쳐서 만든다. 무스를 만드는 4가지 방법 가운데 레시피의 유형, 전통, 셰프의 기분에 따라 선택하면 된다.

I,*a* 직접 거품법 : 샹티이 크림, 달걀흰자, 사바용, 거품을 낸 가나슈 등

가장 간단한 방법이다. 반죽을 거품기로 저으면 공기가 그 안에 들어가서 지질이나 단백질에 의해 고정된다.

I,*b* 간접 거품법 : 초콜릿 무스, 바바루아, 샤를로트, 수플레, 봉브 글라세, 제누아즈 등

가장 많이 알려진 방법이다. 휘핑한 달걀흰자나 풀어놓은 크림의 형태를 하고 있는 '공기' 개체를 비중이 더 높은 개체(초콜릿, 겔화된 과일 펄프 등)에 섞어

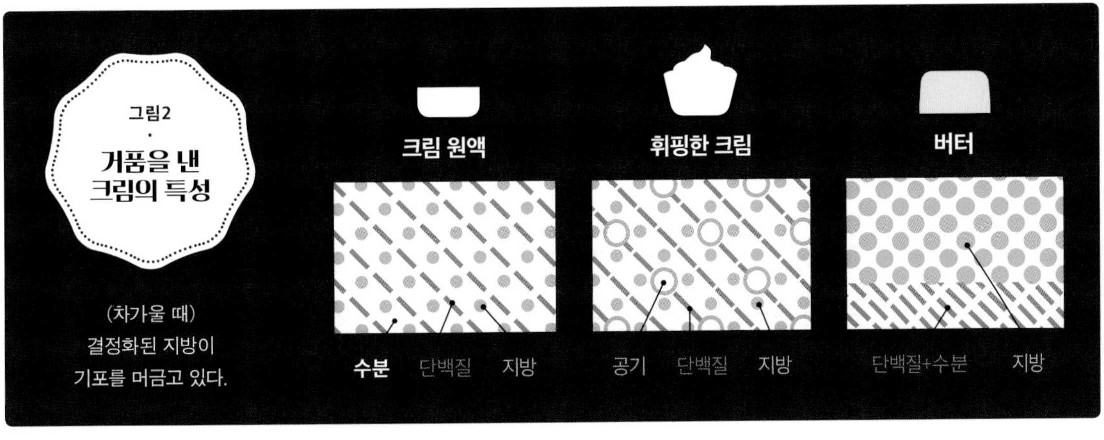

무스를 만드는 방식이다.

I,*c* 탈착을 통한 거품법 : 에스푸마, 무스 앙 봉브

가장 최근에 등장한 방법으로 사이펀(siphon, 휘핑기)으로 무스를 만드는 것이다. 사이펀에 내용물을 넣고 닫은 뒤, 가스를 주입하면 그 속의 공기압 때문에 가스가 내용물 안으로 용해된다. 이때 노즐을 누르면 내용물이 나오자마자 대기압과 접촉하면서 녹아있던 가스가 팽창되어 의도했던 무스의 형태가 만들어진다.

I,*d* 굽기를 통한 거품법 : 생선이나 채소로 만든 따뜻한 무스

가장 까다로운 방법이다. 주로 짭짤한 내용물에 많이 사용하는 방법이기 때문에 여기서는 자세히 설명하지 않겠다. 이 경우 내용물을 오븐에 넣고 익히기 시작하면 그 안의 수분이 증발하여 작은 기포들이 팽창한다. 결과적으로 매우 가볍고 공기가 가득한 텍스쳐가 만들어진다. 그만큼 이 음식은 뜨거울 때 먹어야 한다! 차가우면 다시 가라앉으니까.

II. 빠지지 않고 등장하는 이야기, 직접 거품법과 달걀흰자

거품을 낸 달걀흰자는 파티스리에 많이 사용하는 재료이므로 여기서도 어느 정도의 지면을 할애해서 설명하도록 하겠다. 거품을 낸 흰자에 관한 정보는 지나칠 정도로 많지만 사실상 우리가 할 일은 흰자를 휘핑하는 것이고 기다리면 꺼진다는 사실만 알고 있으면 된다. 그런데 이것은 너무도 뻔한 이야기여서 여러분은 작업에 필요한 추가 정보를 얻으려 할 것인데, 그러기 위해서는 수많은 정보들을 판별할 수 있는 기준이 필요하다. 이제 여기서 그 기준을 제시하려 한다.

II,*a* 거품내기와 그 원리

달걀흰자는 수분과 단백질로 구성되어 있으며, 그 가운데 일부 단백질은 '거품이 잘 난다'고 알려져 있다. 달걀흰자를 치다보면 '단백질 변성이 일어나면서' 기존의 구조가 사라진다. 자유의 몸이 된 일부 단백질들은 전하(電荷)와 전자친화도의 영향으로 '수분이 많은' 개체(이 용어가 또 등장한다!)쪽으로 붙고, 나머지는 '공기'라는 개체 쪽으로 붙는다.

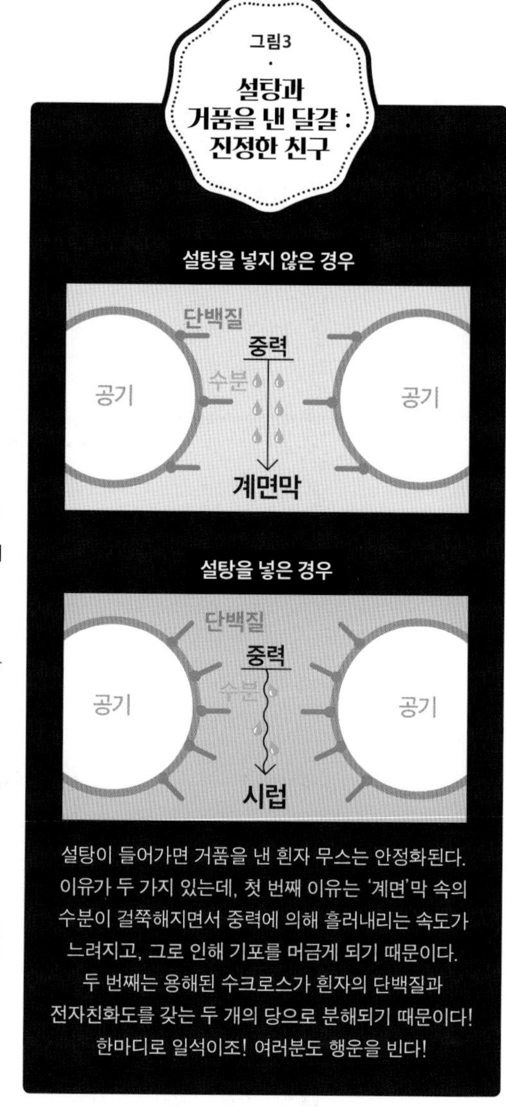

설탕이 들어가면 거품을 낸 흰자 무스는 안정화된다. 이유가 두 가지 있는데, 첫 번째 이유는 '계면'막 속의 수분이 걸쭉해지면서 중력에 의해 흘러내리는 속도가 느려지고, 그로 인해 기포를 머금게 되기 때문이다. 두 번째는 용해된 수크로스가 흰자의 단백질과 전자친화도를 갖는 두 개의 당으로 분해되기 때문이다! 한마디로 일석이조! 여러분도 행운을 빈다!

II,*b* 흰자 그 자체

어떤 이들은 아주 신선한 흰자를 사용하고, 또 어떤 이들은 숙성된 것을 사용한다. 그러나 실제 수치를 비교해보면 그 차이(거품이 더 잘 난다든지)가 너무나 미미해서 인식조차 하기 힘들다는 것을 알게 된다. 그러니 그냥 신선한 달걀을 사용하라. 신선해야 안심이라도 할 수 있으니까!

어느 정도까지 쳐야 하는 걸까?

흰자는 얼마나 쳐야 할까? 무스가 될 때까지만 하면 된다. 그 이상으로 칠 필요도 없고, 설탕 없이 흰자만 쳐서 만드는 무스의 경우에는 휘핑 시간이 긴 것이 오히려 해가 된다. 설탕을 넣은 흰자 무스의 경우에는 '계면'막이 강해져서 흰자를 치는 시간이 정확하지 않아도 결과에 미치는 부정적인 영향은 덜한 편이다.

II,*c* 온도

차가운 달걀흰자는 점착성이 강하고 달걀을 칠 때 저항성도 더 크다. 따라서 적어도 처음에는 공기를 더 잘 포집하는 것처럼 보인다. 하지만 달걀을 치는 시간을 세 부분으로 나눈다면 마지막 1/3에 해당하는 시간 동안 흰자는 서로 잘 결합한다. 따라서 차가운 흰자와 실온 보관한 흰자 사이에는 큰 차이가 없다. 물론 흰자에 주입된 공기가 부엌 온도(20℃ 이상인지 흰자의 온도를 높일 정도인지)의 영향을 받았는지는 확인해야 한다. 달걀을 치는 힘에 대해서는 여기서 언급하지 않겠다.

II,*d* 레몬

달걀을 칠 때 레몬을 넣는 것이 유리하다. 왜냐하면 레몬은 우리가 의도하는 바(단백질의 변성)에 도움을 주기 때문이다. 그렇다고 너무 많이 넣으면 안 된다. 여기서 말하는 적당량은 몇 방울 또는 '한 방울'을 의미한다.

II,*e* 소금

소금의 긍정적 효과에 대해서는 말할 필요도 없다. 당연한 이야기니까! 소금은 단백질이 물(양전하)과 공기(음전하)에 더욱 잘 고정될 수 있도록 단백질의 전압을 일정 부분 높이는 역할을 한다. 소금 한 자밤이면 좋은 일이 생길 것이다!

II,*f* 설탕

간혹 흰자에 설탕을 넣을 때 이유도 모른 채 조금 넣는 이도 있고, 머랭이나 마카롱에 쓸 목적으로 많이 넣는 이도 있다. 머랭이나 마카롱이야 레시피에 나와 있는 양대로 설탕을 넣지만(*96쪽, 116쪽 레시피 참조*) 전자의 경우 설탕량을 조절하는 과정이 복잡하고도 흥미롭다. 앞서 살펴본 바와 같이 흰자 무스는 기포로 구성되며, 이 기포들은 단백질과 수분이 이루는 '계면'막으로 둘러싸여 있다. 휘핑한 흰자에 설탕을 넣으면 설탕이 녹을까? 당연히 수분이 있어야만 녹는다! 기포를 둘러싸고 있는 '계면막'이 다소 농축된 시럽, 즉 끈적끈적한 제형으로 변한다. 이렇게 점성이 증가하면 무스가 무너지거나 변질되는 현상이 더뎌진다. (흰자 속) 설탕이 무스의 친구가 된다고도 볼 수 있다. 앞으로 이렇게 독특하면서도 실용적인 설탕의 특성이 다른 레시피에서도 활용되는 경우를 심심치 않게 볼 수 있을 것이다.

III 비장의 카드, 직접 거품법과 크림

휘핑한 크림, 플레인 샹티이 크림, 초콜릿 샹티이 크림, 바닐라 샹티이 크림 등은 거품을 내는 방식이 거의 동일하지만 냠냠학 규칙 측면에서는 전혀 다른 방식을 사용한다. 크림마다 단백질이 들어있기는 하지만 '거품을 내는' 단백질이 충분히 들어있지 않은 경우에는 완벽한 샹티이 크림을 만들기 힘들기 때문이다. 이 경우에는 크림 속의 유지가 기포를 고정하고 유지시킨다(아주 일시적이긴 하지만). 단백질과 그 장점이 무의미해지는 순간이다.

III,*a* 크림에 또 크림?

크림을 휘핑하려면 유지함량이 최소 30% 이상이어야 한다. 생크림일 수도 있고, 저온 살균 크림 또는 초고온 살균 크림일 수도 있다. 발효유 크림을 사용할 수도 있으나 이 제품은 발효가 되면서 산도가 높아지고, 거품이 덜 나는 데다 버터로도 쉽게 '변한다.' 제품(샤를로트, 초콜릿 무스 등)에 약간의 신맛을 첨가하고자 할 때 사용할 수 있다.

어느 정도까지 쳐야 하는 걸까?

크림은 너무 오래 치면 구 형태의 지방 입자가 서로 결합해 버터가 된다. 쇼드론 교수님의 말씀을 받들어 이 부분에 유의하자!

III,*b* 온도?

온도에 있어서는 관용도, 의심도 필요 없다. 크림은 차가워야(10℃ 이하) 하며 최적의 온도는 1~3℃다. 최적의 결과물을 얻기 위해서는 크림을 휘핑할 때 사용하는 볼도 아주 차가워야 한다. 아직 온기가 남아있는, 방금 씻은 거품기나 샐러드 그릇 때문에 샹티이 크림을 망친 게 어디 한 두 번이던가. 왜 온도를 낮춰야 하나? 작은 구 형태의 지방 입자들이 결정화된 상태를 유지하고, 작은 기포들을 머금어야 하기 때문이다.

IV. 무스의 아킬레스 건 '계면'막

부풀지 않은 휘핑한 흰자, 주저앉은 무스, 볼륨 없는 수플레 이 모든 것들은 '계면'막 때문이다! 두려워 할 건 없다. '계면'은 욕도 아니고, 만남 주선 사이트의 이름도 아니다. 좀 전에 언급했던 초콜릿 무스를 다시 예로 들어보자. 현미경으로 보면 초콜릿 무스 안에는 다소 일정한 크기의 수많은 작은 기포들과 그것을 둘러싸고 있는 초콜릿으로 만들어진 연속적인 얇은 막이 있을 것이다. 기포를 덮고 있는 이 '얇은 막'은 믹싱을 거치면서 잡아당겨진 것이다. 여러분은 여기서 이 막의 품질(연속적인지 두꺼운지 여부)과 기포의 성질(크기나 균일성 여부)이 무스의 품질을 좌우한다는 사실을 알아야 한다! 무스는 '선천적으로' 불안정한 구조를 갖고 있다. 그래서 기포를 둘러싸고 있는 막이 최대한 '당겨'지면 수축되고 찢어지며 애처롭게도 기포가 터지는 것이다.

거품내기로 인한 전설적인 실패담

납작한 초콜릿 무스

두 개체를 섞을 때 전혀 신경을 쓰지 않아 휘핑한 흰자의 '가스가 빠졌다'.

↦ *공기가 없거나 부족한 상태. 냠냠학자들에게 있어서 이 무스는 무용지물이나 마찬가지다. 흰자를 과도하게 또는 불충분하게 칠 경우, 무스가 쉽게 무너져 두 개체를 섞는 것이 현실적으로 불가능해진다. 이제 무스가 하나로 섞일 일은 없다.*

부풀지 않는 샹티이 크림

크림의 온도가 높고, 볼과 거품기도 따뜻한데 작업장의 온도가 높고, 유지가 부족한 '가벼운' 크림을 사용한 경우.

↦ *실패한 샹티이 크림은 밤에 얼굴에 바르거나 냉장고에 넣고 온도를 낮춰 다시 친다.*

사바용 같지 않은 사바용

거품을 낸 시간에 비해 익히는 시간이 너무 짧았던 경우.

↦ *이 두 과정은 동시에 이루어져야 한다. (119쪽 레시피와 테크닉 참조)*

가라앉은 수플레

'계면막'이 파괴되어 흰자 무스를 제어할 수 없는 상황에서 두 개체를 너무 갑자기 섞어 가스가 많이 빠져나가고, 충분히 공기가 들어가지 않은 경우.

↦ *쇼드론 교수님이 당신에게 동정을 표하고 있다.*

결론

'우연이란 바보들의 신이다'. 이 책을 읽고 몇 쪽이라도 비슷하게 따라 해본 사람이라면 이제는 믹싱의 달인이 되었을 것이고, 레시피의 성공 여부가 운에 의해 좌우되는 일도 없어졌을 것이라 믿는다! 처음에는 새로운 방식이 이상해 보이는 게 당연하다. 여기에 사족은 붙이지 않겠다. 하지만 이 방식을 익힌 당신은 이제 다른 사람보다 더 높은 자리로 갈 수 있을 것이다. 왜냐하면 동료들이 에클레르와 마들렌을 만드는데 실패할 때 여러분은 별 것 아니라는 듯 그 어려움을 극복할 것이기 때문이다. 바로 그때 여러분이 갖게 된 이 새로운 능력에 진심으로 감사하게 될 것이다. 파트 사블레를 열정적으로 반죽하고, 크렘 파티시에르 같이 달걀이 들어간 크림을 학대하고, 브리오슈나 마들렌, 포레 누아를 짓누르는 것은 신성모독 행위다. 어설픈 요리사들이 암흑과 무지의 세계에서 빠져나오지 못하고 있을 때 쇼드론 교수님의 애제자이자 이미 깨달음을 얻은 여러분은 우아한 몸짓으로 달걀흰자를 휘핑하게 될 것이다.

이로운 불

굽고 또 굽고

그래요!
하지만 제대로 해야죠

크렘 브륄레는 브륄레되었고(타버렸고), 브리오슈는 모양이 무너졌고, 콤포트는 고유의 맛을 잃었고, 크렘 파티시에르에는 거무스름한 작은 덩어리들이 생겼다. 이런 문제들은 익히는(굽는) 것과 직접적으로 연관되어 있으며, 냠냠학자들이 자신의 미식 천국에서 완전히 추방시켜야 할 문제들이다. 냠냠학개론 1권에서는 익히는 것이 요리사에게 있어서 성배나 마찬가지라 부르짖었다. 하지만 파티시에에게는 이어질 작업에 대해 생각할 수 있는 휴식 시간이나 마찬가지다. 그만큼 파티스리에서 익힘(굽기)은 오븐에 넣고 잊어버리는 것을 의미하는 경우가 많다. 열기가 나머지 작업을 맡는 것이다. 물론 반죽이나 과일, 크림을 굽는 동안 생기는 변화는 매우 복잡하지만 핵심 내용만이라도 이해하면 제품을 굽는 온도와 굽는 방식을 결정하는데 도움이 된다. 이 장에서는 일반적으로 전분(수분 다음으로 가장 많이 쓰이는 재료이므로)을 굽는 과정에 대한 기본적인 지식을 배우고 반죽, 크림 등의 제품을 구울 때 발생하는 기이한 일들에 대해 알아볼 것이다. 그래야 숯 타르트, 냄비에 검게 눌어붙은 크림 같은 기괴한 상황을 만들지 않을 수 있다.

1

두려워 할 필요 없는

호화와 유리전이

여러분이라면 매번 같은 소리를 하는, 허튼 소리나 해대는 파티스리 책들을 사겠는가? 그럴 일은 없을 것이다! 하지만 냠냠학과 함께라면 요리 예술의 가장 놀라운 부분, 누구도 언급하지 않았던 부분을 탐험할 수 있다. 냠냠학개론 1권에서는 '물'이라는 주제에 4쪽씩이나 할애하기도 했다! 여기서도 어느 정도 반복은 하겠지만 다른 책에서는 다루지 않은, 하지만 핵심적인 내용을 다루겠다! 왜 어떤 비스킈는 잘 부서지고, 어떤 브리오슈는 부드럽고, 어떤 반죽은 온도가 높아야 다루기 쉽고, 또 어떤 반죽은 그렇지 않은지 여러분이 만들 제품에 발생할 수 있는 모든 가능성에 대해 이야기해보겠다.

I. 수분함량이 높은 재료의 호화 (발효 반죽, 구움과자 반죽, 거품형 반죽, 액상 반죽)

브리오슈, 마들렌, 제누아즈, 크레이프 등의 반죽은 구운 후의 맛은 제각각이지만 수분과 전분 함량이 높다는 공통점이 있다. 구운 후의 변화(그리고 텍스처)는 대부분 특정 재료의 상대적인 비율에 의해 좌우된다. 제품 속의 전분은 자신을 수화시킬 수 있을 만큼 충분한 수분을 '찾는다'. 그리고 반죽 온도가 상승하면서 전분은 '호화'되거나 겔화된다. 문외한을 위해 설명하자면 단순히 '구워진다'는 뜻으로 이해하면 된다. 이 과정에서 전분 덩어리는 팽창하고, 터지고, 걸쭉해져서 반죽의 텍스처를 만든다. 크레이프는 부드럽게, 브리오슈나 마들렌은 더 되직하게, 제누아즈는 더 가볍게 만든다. 텍스처는 다르지만 동일한 현상이 일어난다.

II. 수분함량이 낮은 재료의 유리전이 (된 반죽, 조형성 있는 반죽)

비스킈, 사블레, 타르트지, 퓌유테, 아몬드 튀일, 튤립, 건포도 팔레 등의 반죽은 전분함량이 낮지는 않으나 수분이 '결핍된' 상태다. 수분이 설탕과 유지로 대체되었기 때문이다. 이 경우 전분 덩어리는 수분이 없거나 너무 적기 때문에 수화될 수 없다. 따라서 부풀지 않거나 부풀더라도 미미하게 부풀고, '건조한 상태로' 익는다. 그 주변에 있는 지방이 튀기 시작하고(그렇다!) 설탕은 전부 또는 일부 녹는다. 결과적으로 호화가 이루어지지 않으며 부드러운 텍스처를 가진 다른 제품들처럼 높이 부풀지도 않는다. 그러나 앞으로 'Tv(Transition vitreuse)'라고 부를 '유리전이' 즉 온도의 변화와 함께 재료가 변형되는 현상이 발생한다. 이것이 냠냠학자에게 주는 이점은 무엇일까? 배움의 즐거움, 그리고 미식적인 측면에서의 여러 장점들을 이해하게 될 것이다. 튀일 반죽을 예로 들어보자. 굽기 전 튀일 반죽은 점성이 있는 액체 상태다. 약 120도의 오븐에 들어가면서 반죽은 Tv 또는 그 이상의 온도에 이르게 된다. 이때 튀일은 굽히고 나서도 여전히 유연한 상태를 유지하기 때문에 반죽을 꼬거나 안쪽으로 휘는 등 변형시킬 수 있다. 그러나 얼마 후 비스킈의 온도가 Tv 아래로 떨어지면 이 반죽은 유리처럼 딱딱하고 부서지기 쉬운 상태가 된다. 마법 같지 않은가? 또 다른 예를 들어보자. 오븐에서 있던 작은 사블레는 이미

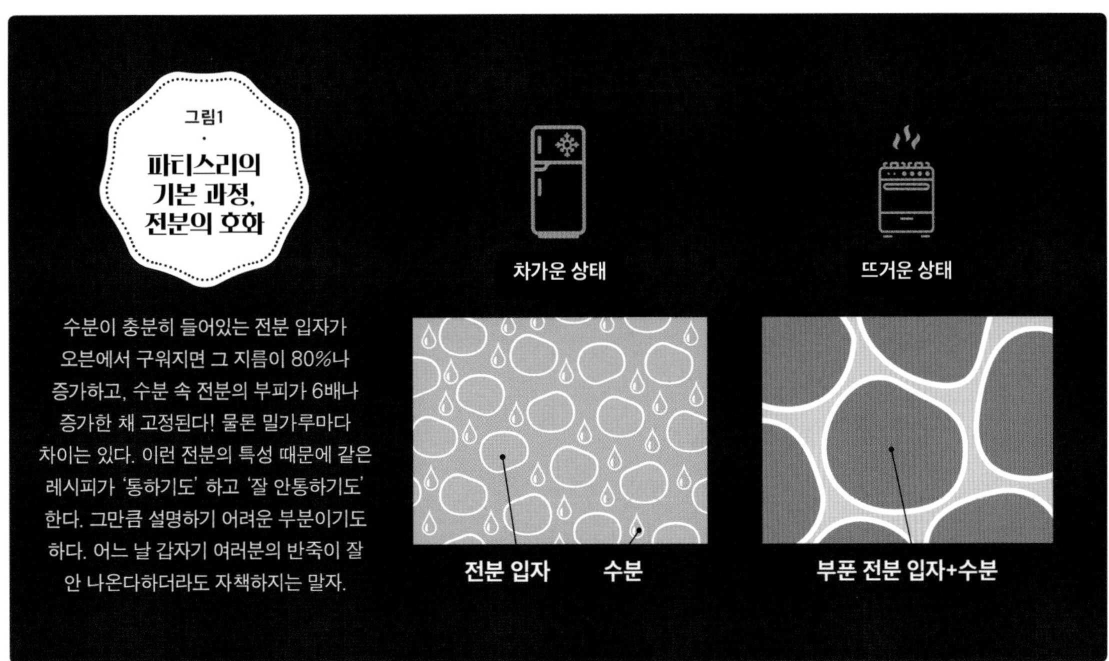

Tv 이상의 온도에 다다른 것이기 때문에 이 단계에서 오븐팬을 꺼낼 때는 아주 조심해야 한다. 제품이 변형될 위험이 있기 때문이다. 접시에 사블레를 옮겨놓으면 Tv 아래로 온도가 내려가면서 바삭한 식감이 생길 것이다.

유리전이에 대한 쇼드론 교수님의 시각

굽지 않은 반죽에는 전분과 지방, 설탕 입자들(이스트, 소금, 아로마 등의 다른 재료도)이 분산되어 있다. 구우면서 설탕과 유지는 녹기 시작하고, 설탕은 반죽 내에서 더 연속적인 망을 형성한다. Tv 아래로 온도가 내려가면 설탕의 이 연속적인 막이 굳는다. '된' 반죽의 대부분은 이렇게 해서 텍스처가 만들어지고, 그 덕분에 수많은 응용제품들도 탄생할 수 있었던 것이다.

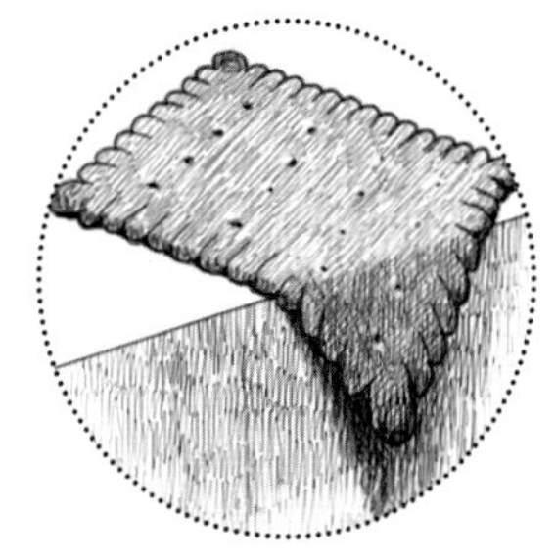

수분함량이 낮은 반죽의 노화

바삭한 비스퀴나 미리 만들어둔 타르트지가 축 쳐지고, 아름답던 아몬드 튀일이 우울한 모습으로 변한다. 시간이 지나면 피해가 막심해진다. 노화는 진정한 파멸의 길이다! 도대체 무슨 일이 일어난 걸까? 놀랄 건 없다. 제품이 눅눅해지는 것은 앞서 언급한 유리전이 때문이 아니라 수분을 머금었기 때문이다.

사실 여러분이 만든 비스퀴는 대기의 습도보다 수분함량이 낮기 때문에 수분의 균형을 맞추기 위해 비스퀴에서 이런 현상이 일어나는 것이다. 비스퀴는 보이지 않는 수증기 형태의 수분을 '잡으려고' 한다. 밀폐용기에 보관하면 이런 상황을 방지할 수 있다. 아니면 여러 사람에게 한주먹씩 나눠줄 필요 없이 한꺼번에 비스퀴를 풀어놓는 것이다. 그러면 우리 모두가 겪고 있는 노화 공포를 겪을 일도 없을 테니까.

'냠냠학자는 개미가 아니라 베짱이다.'

이것이 쇼드론 교수님이 가장 좋아하는 테크닉이자 입이 마르도록 설명하는 방법이다. 내 말대로 하는 것이 이로울 걸!

Tv에 대한 무지로 인한 전설적인 실패담

축 쳐진 타르트지

구운 타르트지의 온도가 Tv 이상이었다가 이하가 되는 동안 깜빡하고 그릴 위에서 식히지 않은 경우

↦ *수증기가 밖으로 배출되지 못하고 틀 안에 남아있어서 그 안에 들어있는 설탕의 일부가 녹은 상태로 유지되는 것이다. 그러면 눅눅해지지!*

표면이 매끄럽지 못한 마카롱

입자의 크기가 일정하지 못한 설탕을 사용하여 Tv 위로 온도가 상승하지 못한 경우

↦ *마카롱 맛은 괜찮지만 크랙이 생긴다.*

폐기해야 할 마들렌

아주 뜨거운 상태일 때 틀에서 빼면 봉긋하게 솟아오른 부분이 무너진 경우

↦ *Tv 아래로 온도가 떨어져 약간 굳을 때까지 기다린다. 그래봐야 1분이다. 급하기는!*

덩어리진 크림

제대로 저어주지 않거나 너무 빨리 익혔을 때 전분의 호화를 제어하지 못해 생기는 덩어리들

↦ *불을 줄이고 열심히 저어주며 옆에서 계속 지켜봐야 제대로 익는다.*

2

어려울 것 하나 없는

반죽 굽기

파티시에에게 반죽 굽기는 전사의 휴식과 같다. 귀금속 공예에서나 볼 법한 세심함을 발휘해 계량이나 믹싱, 즉 가장 힘든 일은 이미 겪었으니 굽기는 쉬는 시간이나 마찬가지다! 하지만 냠냠학자들은 대담한 이들인 만큼 식사 자리에서 손님들과 지적 즐거움을 위한 주제로 대화하며 이해시키기를 좋아한다. 아주 적당히 바삭한 튀일, 딱 적당히 부드러운 슈, 이 모든 것은 굽기 기술이다.

I,*a* 복합적인 방식, 오븐 굽기

오븐 굽기는 대류, 복사, 전도를 통해 열이 전달되기 때문에 복합적인 방식이라 할 수 있다. 이 방식에 대해 얼마나 인식하고 있는지에 따라 굽기의 성공 여부가 결정된다. 예를 들면 전도열이 심하면 틀 바닥 부분의 반죽이 너무 많이 구워지고 표면은 제대로 색이 나지 않을 수 있다거나 복사열이 심하면 내부는 익지 않았어도 표면은 타고, 대류열이 심하면 표면이 마르는 경우가 있다.

I,*b* 자연적인 대류 방식 굽기

움직임 없는 오븐 굽기를 의미한다. 이때 오븐 바닥에 있는 작은 송풍기는 작동하지 않는다. 이 경우 열기는 '정체'되거나 거의 움직이지 않고 오븐 내 공기의 움직임이 줄어든다. 한 번에 구워지는 것이 아니라 점진적으로 큰 말썽 없이 구워지며 표면이 잘 마르지 않는다.

I,*c* 인공적인 대류 방식 굽기

위에서 언급한 아래에 있는 작은 송풍기가 돌아가며 타들어 가는 듯한 지중해의 동남풍이 오븐 전체에 불어온다. 오븐 내의 공기와 구울 제품 간의 열 교환이 더 활발히 이루어진다! 인공적인 대류 방식이 갖는 가장 큰 단점은 표면이 심하게 마르고 크러스트가 생긴다는 것이다.

I,*d* 복사

오븐의 측면에서 나오는 적외선 복사열로 굽는 방식이다. 오븐에 넣은 제품의 표면에 직접적으로 영향을 주기 때문에 색이 잘 나고 원하는 효과를 확실히 얻을 수 있다. 어떤 경우에는 색깔을 내기 위해 복사열을 사용하기도 한다. 과일 그라탱 위에 사바용을 얹고 '그릴' 모드로 오븐을 조절한 뒤 색을 내면 된다.

I,*e* 전도

전도란 고체들 간의 열 교환이나 이동을 의미한다. 외형은 그렇지 않지만 가토 반죽은 '고체'로 볼 수 있다. 반죽 속 수분 덕분에 열기가 조금씩 중심까지 전달된다. 반죽 속 수분량이 많을수록 잘 구워지는데 그럴수록 표면이 마르지 않는지 계속해서 잘 살펴봐야 한다. 제누아즈, 비스퀴 롤, 마들렌 등은 이렇게 굽는다.

윗불 굽기? 밑불 굽기?

전문가용 오븐이나 고급 사양의 가정용 오븐은 '바닥'(열기가 오븐팬을 통과하여 전도 방식으로 구움)과 '천장'(복사와 대류 방식)의 열 분산을 조절할 수 있다. 이 기능을 사용하면 열기를 골고루 보낼 수 있어 전도, 대류, 복사를 통해 구울 때 열의 양을 잘 분산시키고, 그 '분량을 정할' 수 있다. 이는 매우 소중한 기능이기 때문에 다른 오븐으로는 상상 못할 제품을 만들 수도 있다. 부드러우면서도 바삭하고 섬세한 맛의 마카롱, 가볍고 부드러운 비스퀴 롤, 완벽한 머랭 등은 이런 방식으로 구운 것이다.

오븐 온도를 높여야 하나요 말아야 하나요?

그건 성분에 따라 다르죠. 구성 성분에 대한 언급 없이 굽기에 대해 말할 수는 없다. 그게 모든 문제의 근본이니까! 수분이 많은 반죽(바바 반죽)을 그 보다 수분이 적은 반죽(마카롱)처럼 굽지 않는다. 전자는 굽는 동안 증기를 많이 배출하므로 약불에서 점차적으로 구워야 하고, 후자는 더 높은 온도에서 더 짧은 시간 동안 '일사병'을 일으킬만한 강한 열기를 원한다.

잘못 구운 반죽으로 인한 전설적인 실패담

축 처진 튀일

제대로 굽지 않아 수분이 충분히 증발하지 않은 경우

↦ *다시 굽기*

잘 잘라지지도 않는, 끈적이는 제누아즈

충분히 굽지 않은 경우, 크럼은 구워진 듯 보이나 전분은 충분히 익지 않은 경우

↦ *다시 만들기*

아래는 갈색이고 위는 흰색인 타르트지

오븐의 온도가 너무 높은 경우, 틀과 직접 닿은 반죽은 열의 전도에 의해 타고 윗부분의 반죽은 복사열로 익다보니 덜 익은 경우

↦ *오븐의 온도를 다시 조절한다.*

3

덩어리 없이

크림 익히기

크렘 앙글레즈와 크렘 파티시에르를 젓고, 슈 반죽의 '수분을 날리고'*(136쪽 참조)***, 사바용을 열심히 '올린다'. 이 난해한 용어들 속에는 분명히 믹싱만이 아니라 익힌다는 의미가 내포되어 있다. 바로 그것이 문제다. 왜냐하면 플랑(플랑도 크림이긴 하지만,** *126쪽 참조***)을 제외한 거의 모든 크림을 익힐 경우 강도는 다르지만 저어주기 때문이다. 게다가 크림이 걸쭉해지면서 '대류에 의한' 굽기가 힘들어지는 경우가 많기 때문이다.**

I. 대류 방식 굽기 : 상기시키기

크렘 파티시에르는 좀 걸쭉하지만 크렘 앙글레즈는 유동성이 있기 때문에 대류방식으로 익힌다*(냠냠학 개론 1권 67쪽 참조)*. 대류에 의해 아래에서 데워진 액체는 냄비 위쪽으로 올라가고 표면에 있던 액체는 온도가 내려가면서 다시 아래로 내려간다. 이렇게 대류에 의한 움직임이 지속되면 자연적으로 내용물이 섞인다. 그러나 농도가 짙어지고 점성이 커지면 이러한 움직임이 더뎌지면서 온도가 높은 부분(바닥)과 낮은 부분(표면) 사이의 익힘의 정도가 불규칙해지기 때문에 물과 우유에는 이 원리가 적용되지만 걸쭉한 내용물에는 적용되지 않는다.

II. 익히기. 그런데 뭘 익히지?

II,*a* 크렘 앙글레즈

크렘 앙글레즈를 익힌다는 것은 달걀노른자 속 단

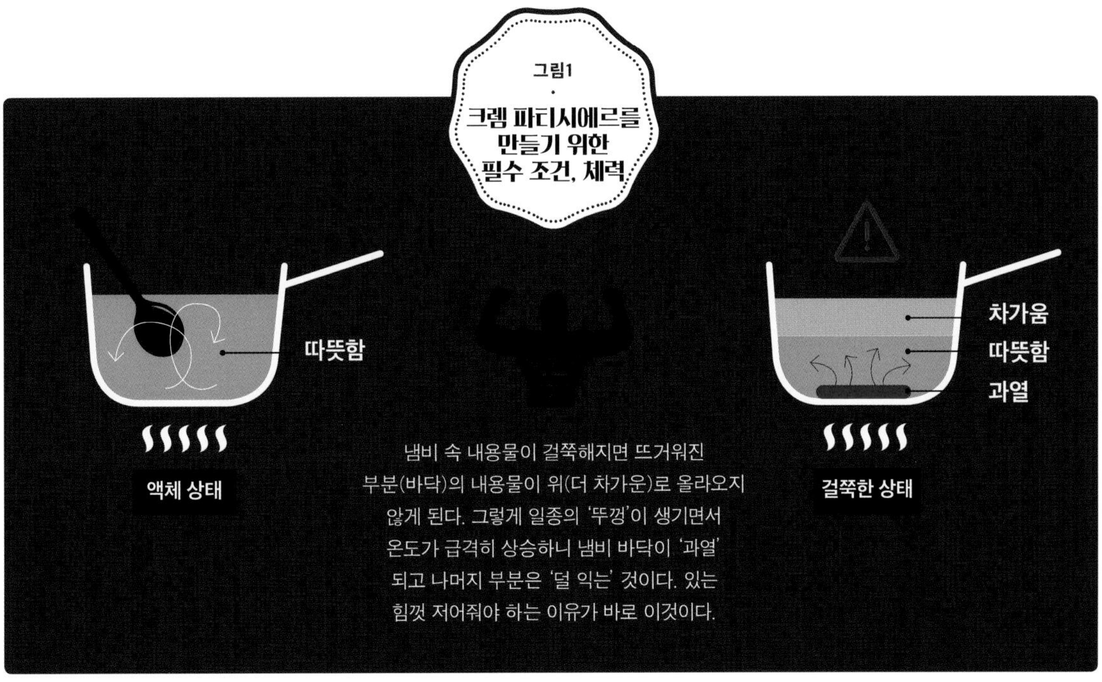

백질을 익혀 변성시키는 것을 의미한다. 이 단백질이 부분 응고되면 내용물이 걸쭉해지면서 원하는 텍스처가 만들어진다. 다른 재료들(우유, 설탕, 바닐라)도 익히지만 요리 용어로서의 변성은 일어나지 않는다. 다시 말해 크렘 앙글레즈를 익히는 것은 설탕을 넣은 우유 속에 떠다니는 노른자를 부분적으로 익히는 작업이다. *134쪽 레시피 참조.*

II,*b* 크렘 파티시에르

크렘 파티시에르에서는 가장 먼저 달걀노른자가 익고(65℃부터) 그 다음에 밀가루 속 전분이 익는다(80~85℃). 결과적으로 크림의 텍스처를 맞춰주는 것은 전분이다. 크렘 파티시에르 속 노른자는 텍스처를 맞추는데 보조적인 역할만 하는 것이다. 크렘 파티시에르를 잘 익히는 것은 우유에 분포되어 있는 전분을 잘 익힌다는 뜻이다. *130쪽 레시피 참조.*

III 점성과 온도의 확산

앞에서 설명한대로 자연 대류 방식의 움직임은 내용물의 점성에 따라 느려지거나 심지어 정지될 수 있다. L당 밀가루 10~15g이 든 액상 크림처럼 농도가 낮다면 대류에 의한 움직임은 자유롭지만, L당 밀가루가 40g 이상 함유된 크림의 경우에는 대류에 의한 움직임이 거의 불가능해진다. 그래서 크렘 파티시에르 레시피에는 반드시 '열심히' 또는 '힘껏' 저어라든가 '쉬지 말고 바닥을 잘 저어'라고 쓰여 있는 것이다. 이제 '인공적인 대류 방식' 굽기로 넘어가 보자. 이것은 (점도가 높으면 불가능해지는) 자연 대류 방식 대신에 냄비 바닥에만 머무르려는 열기를 분산시키고 표면까지 이르도록 사람의 힘으로 도와주는 것이다.

IV 전분 : 익히기와 젓기

크렘 파티시에르를 익혀보면 처음에는 잘되는 듯하다가도 마지막에 수분이 배어나오는 경우가 있다. 자주 발생하는 실수로 아주 간단한 현상만으로도

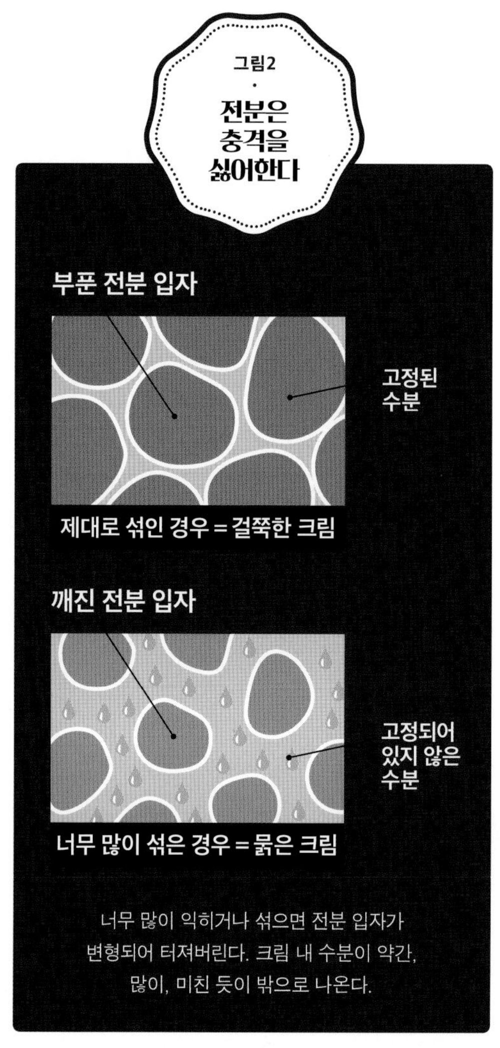

너무 많이 익히거나 섞으면 전분 입자가 변형되어 터져버린다. 크림 내 수분이 약간, 많이, 미친 듯이 밖으로 나온다.

설명이 가능하다. 밀가루 속 전분은 움직임(젓기)에 민감하기 때문이다. 다시 말하면 한 번 호화되고 나면(*70쪽*) 걸쭉해지고 믹싱을 잘 견디지 못해 농후제로서의 제 능력을 발휘하지 못하게 된다. 이것이 이 레시피의 역설이다. 세게 저어주지 않으면 크림이 제대로 익지 않고, (너무 많이) 섞으면 액체처럼 묽어진다는 것이다! 마이제나(Maïzena®)나 감자전분 같은 저항성이 강한 전분을 넣어 이런 현상을 방지한다. *18쪽 참조.*

잘못 익힌 크림으로 인한 전설적인 실패담

탄맛 나는 크렘 파티시에르

제대로 저어주지 않아 바닥이 과열되면서 캐러멜화되다 못해 탔다.

↦ *불을 낮추고 잘 저어줘야 한다!*

덩어리진 크렘 앙글레즈

온도를 너무 높여 노른자가 응고되었다.

↦ *약불로 하면 성공할 수 있을 것이다.*

무너지는 크렘 시부스트

크렘 시부스트의 기본이 되는 크렘 파티시에르를 익히면서
너무 많이 저어서 전분이 농후제로서의 임무를 수행하지 못한 것이다.

↦ *크림 속 기포들이 빠져나갔다.*

생각보다 심각하게 맛없는 프랑지판

크렘 파티시에르가 필요하다는 것을 분명히 확인했으나
시간이 걸린다는 이유로 크렘 파티시에르를 슬그머니 뺀 경우. 시간 절약을 위해서였겠지만
프랑지판은 이제 너무 달고, 수분이 없는 상태가 되었다.

↦ *쇼드론 교수님의 노여움이 당신에게 향한다.*
오, 교수님의 서면 허가증도 없이 이 신성한 레시피에 속임수를 쓴 나태한 자여.
그 벌로 당신은 쇼드론 교수님의 47번째 격언을 세 번 낭송해야 한다.
'크렘 파티시에르가 없는 프랑지판은 영혼의 파멸을 의미한다.' 이것으로 선언을 마친다.

4

겔화시키기

캐러멜 크림, 샤를로트, 판나코타, 마시멜로, 바바루아 등 이 작고 달달한 경이로운 제품들의 텍스쳐와 맛을 완성하기 위해서는 겔화가 이루어져야 한다. 좋을 때나 나쁠 때나 고락을 함께 해야 한다! 호기심이 강한 이들을 위해서 말하자면, 이 주제에 대해 매우 기술적으로 접근한 서적이나 인터넷상의 정보들도 많은데 이를 읽다보면 정신이 번쩍 들면서 머리가 지끈거릴 수도 있다. 그래서 우리는 파티시에들에게 이 귀하고 놀라운 정보들 가운데 젤라틴 겔과 달걀 겔처럼 냠냠학자가 실질적으로 활용할 수 있는, 가장 많이 사용하게 될 내용을 다뤄보기로 한다.

본래 형태로 돌아가는 겔인가? 아닌가?

파티스리에서 사용하는 모든 겔은 '히드로겔(물을 용매로 하는 겔)'이어서 수분함량이 높고 물과 닿으면 반응한다. 수분 속에 분산된 겔화제는 온도를 높이거나(달걀 겔처럼 응고를 통해 겔이 되는 경우) 낮춤으로써(젤라틴 겔처럼 냉각시킴으로써 겔이 형성되는 경우) 그 속의 수분을 굳힌다. 젤라틴 겔은 온도에 따라 변형(겔화되기도 하고 액상으로 돌아오기도 한다)되는데 반해, 달걀 겔은 온도에 따른 변화가 없다(가열 후에도 고체 형태를 유지한다).

I 달걀 겔

캐러멜 크림과 그 파생 제품들에 사용하는 겔이다. 수많은 파티스리 레시피에서 달걀을 사용하지만 모든 레시피에서 달걀이 '겔'이 되지는 않는다. 여기서 말하는 달걀 겔이란 다른 요인 없이 달걀의 응고만으로 디저트의 텍스쳐가 만들어진 경우를 의미한다. 만드는 과정은 간단하다. 우유에 설탕과 달걀을 넣고 섞어 거른 내용물을 틀에 넣어 익힌 뒤 식혀서 틀에서 꺼낸다(꺼낼 수 있으면!). 따뜻한 상태에서의 달걀 겔은 틀과 분리할 때 모양이 흐트러지기 쉽기 때문에 반드시 식힌 뒤에 꺼내야 한다.

I,*a* 응고점

육안으로는 잘 보이지 않지만 풀어놓은 전란은 57~60℃에서 응고되기 시작한다. 이 온도가 '진짜' 익기 시작하는 시점이라고 볼 수 있다. 알아두어야 할 또 하나의 온도 범위는 60~85℃다. 이 시점이 되면 달걀이 점점 응고되어 원하는 텍스쳐를 맞출 수 있다. 하지만 90℃ 이상이 되면 너무 많이 익힌 나머지 달걀 단백질의 변성이 확연히 눈에 띄게 된다. 이 (안 좋은) 경우, 단백질은 자신이 녹아있던 수분에 더 이상 붙어 있을 수가 없다. 단백질이 모이면서 덩어리진 텍스쳐가 만들어지고, (공기) 구멍이 만들어

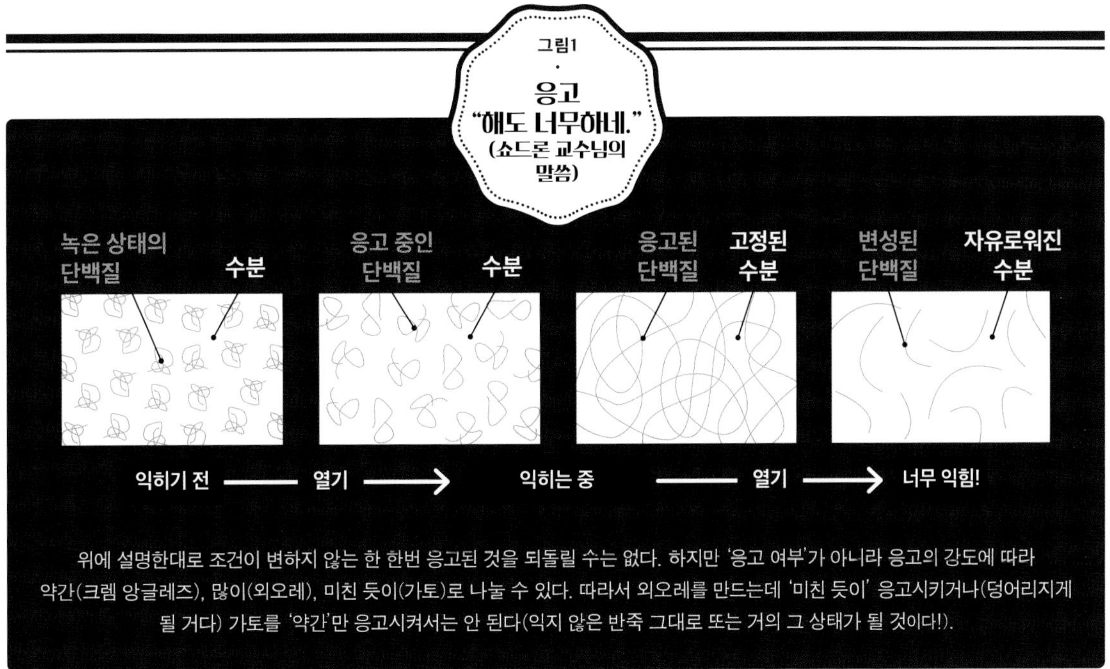

위에 설명한대로 조건이 변하지 않는 한 한번 응고된 것을 되돌릴 수는 없다. 하지만 '응고 여부'가 아니라 응고의 강도에 따라 약간(크렘 앙글레즈), 많이(외오레), 미친 듯이(가토)로 나눌 수 있다. 따라서 외오레를 만드는데 '미친 듯이' 응고시키거나(덩어리지게 될 거다) 가토를 '약간'만 응고시켜서는 안 된다(익지 않은 반죽 그대로 또는 거의 그 상태가 될 것이다!).

지면서 그곳으로 수분이 증발한다. 온도가 100℃에 이르면 이보다 더 안 좋은 일이 생긴다.

I,*b* 역동적인 겔화 : 두려워 할 건 없다

달걀 겔은 왜 무를 수도, 적절할 수도, 너무 단단할 수도 또는 완전히 망칠 수도 있는 걸까? 이유는 익히는 시간과 온도에 의한 차이 때문이다. '역동적인' 응고란 '날 것'과 '익힌 것' 이 극단적인 상태 사이에 존재할 수 있는 수많은 텍스처들이 점차적으로 만들어진다는 뜻이다. 다음의 내용을 가정해보자. 여러분의 캐러멜 크림 안에 든 달걀이

❶ 날 것 그대로의 액체 상태라면 크림은 '굳지 않는다'.

↦ 익히는 온도나 시간이 부족한 경우

❷ '부드러운' 상태 또는 그 이상이라면 크림은 완벽한 상태다.

↦ 익히는 온도나 시간이 적절한 경우

❸ '단단한' 상태라면 크림은 덩어리진다.

↦ 너무 오래 익혔거나 너무 센불에서 익힌 경우(또는 둘 다)

다시 말해 달걀이 완벽히 익지 않은 상태여야 훌륭한 캐러멜 크림을 만들 수 있는 것이다.

알아두면 유용한 시너레시스 (synérèsis)

이 현상은 달걀이 들어간 크림이나 외오레(œufs au lait), 특히 내용물을 너무 많이 익혔을 때 발생한다. 과도하게 응고된 단백질이 자신을 둘러싼 수분을 잡지 못해 수분이 밖으로 빠져나가면서 단단해진 크림이 물 위를 떠다니게 되는 것이다. 이러한 결점을 보완하기 위해서는 달걀을 완벽히 익히면 안 된다는 사실을 이해하고 적절한 익힘의 정도를 파악해야 한다(126쪽 레시피 및 위 그림 참조).

II. 젤라틴 겔

샤를로트, 바바루아, 겔화된 나파주, 마시멜로 등에 사용한다. 젤라틴은 파티스리에서 밀가루 또는 그에 준하는 정도로 사용빈도가 높은 재료다. 앞에서 언급한 단백질 겔과 달리 젤라틴 겔은 25℃(차가운 상태) 이하에서부터 형태가 만들어지며, 그 온도가 넘으면 겔이 만들어지지 않는다. 원리는 비교적 간단하다. 젤라틴을 액상 반죽이나 연속된 개체(크렘 앙글레즈, 과일 쿨리)에 넣고 용해시킨 뒤 풀어놓은 크림을 넣어(크림을 추가하는 경우가 많다) 냉기가 제 역할을 할 때까지 기다린다*(196쪽 레시피 참조)*. 그러면 온도가 낮아지면서 젤라틴이 3차원 그물망을 만들어 우유, 크렘 앙글레즈, 과일 쿨리 속에 들어있던 수분을 그 안에 가두게 된다. 따라서 이때 내용물을 섞으면 그물망이 제대로 형성되지 못하고 덩어리가 생긴다. 내용물이 액체에서 고체가 되는 순간인 '겔 포인트'까지 살살 섞을 수는 있다. 그러나 그 이후로는 안 된다. 정말 섬세한 작업 아닌가?

II,*a* 알코올, 산, 효소

크렘 앙글레즈에 럼을 너무 많이 넣거나 라즈베리 펄프의 산도가 너무 높은 경우, 파인애플처럼 '단백질을 가수분해하는(변성시키는)' 효소를 가진 과일을 사용할 경우, 여러분이 만든 내용물은 너무 묽은

액체 상태 그대로의 멀건 수프처럼 될 것이다. 젤라틴을 더 넣을 필요도 없다. 환경이 맞지 않는 것뿐이니까.

II,*b* 냉동?

겔화시킨 디저트는 수분함량이 높기 때문에 잘 얼지 않는다. 이 수분은 냉동되면서 큰 결정이 되고, 해동될 때는 디저트의 구조를 아무렇게나 마치 이로 깨문 듯 잘라지게 만든다. 그래서 겔화시킨 디저트는 모두 (거의) 바로 섭취하거나 급속 냉동시켜야 한다. 급속 냉동과 일반 냉동은 전혀 다른 개념이다.

역동적인 겔화

젤라틴은 시간이 지나면서 계속 단단해진다. 만든지 2시간 후에는 약간 말랑말랑했던 샤를로트도 다음날이면 완벽한 상태가 된다. 1~2일 후에는 너무 단단해져 있을지 모른다. 교훈 : 젤라틴을 넣은 디저트는 우리를 기다려주지 않는다.

II,*c* 자주 하는 실수들

샤를로트와 바바루아에 덩어리가 생긴다. 이것은 비전문가인 냠냠학자들이 자주 저지르는 실수다. 내용물(크렘 앙글레즈나 과일 쿨리)이 겔화되도록 '젤라틴과 붙여두면' 고체처럼 굳어버린다. 나중에 크림을 넣고 저으면 겔화된 내용물은 무수히 많은 작은 조각들로 잘라진다. 이걸 본 서투른 요리사는 문제를 해결하기 위해 더 열심히 젓겠지만 이렇게 하면 더 작고 더 많은 입자들로 나뉜다. 결국은 일을 더 키우는 셈이다. '젤라틴과 붙어버린' 내용물이 굳으면 다시 녹여서 작업하는 편이 낫다.

겔화로 인한 전설적인 실패담

덩어리진 샤를로트

겔화되는 도중에 과일을 섞은 경우 = 덩어리! 부끄러운 줄 알아라!

↦ *온도에 주의하자!*

고무 같은 식감의 판나코타

부적절한 레시피

↦ *젤라틴이 너무 많고, 크림이 적은 경우다.*

완벽한, 그러나 구멍 난 캐러멜 크림

끓는 물에서 중탕을 한다든지 너무 높은 온도에서 익힌 경우

↦ *다시 익혀보라.*

축 쳐지는 외오레

충분히 익히지 않은데다 달걀의 양이 부족하고 충분히 겔화가 되지 않은 경우

↦ *레시피를 다시 보고 익히는 온도를 조절하라.*

결론

파티스리에서는 우연만으로 상대를 납득시킬 수 없다. 이해하려는 최소한의 노력 없이는 위험한 모험이 될 뿐이다. 얼마나 많은 크림 슈가 납작해지면서 위독한 상태가 되었는데! 얼마나 많은 제누아즈가 눈물을 흘리고, 얼마나 많은 머랭이 가슴 아픈 모양이 되고, 얼마나 많은 크림이 탔는데. 잘못 구운 파티스리 제품들의 신전이 간직한 이 슬픔을 언제쯤, 누가 말해줄 수 있을까? 이제 이 절망적인 이야기에서 벗어나 쇼드론 교수님과 함께 크렘 파티시에르 아래에서 펼쳐지는 파티스리 예술의 황홀경에 빠져보자. 익힘과 관련된 이 짧은 글 몇 페이지를 읽고 나면 이해가 쉬워져서 반죽과 젤, 크림의 수많은 섬세한 부분들을 더욱 잘 조절할 수 있을 것이다.

또는 그 많은 정보들을 조합하면 더 세심하게 신경 쓸 수 있다. 누군가 팔미에(palmier) 한 판을 오븐에 넣는다 해도 반죽이나 설탕의 익힘 정도를 잘 파악하고 의도했던 맛을 낼 수 있는 사람은 별로 없다! 익힘은 요리사의 '궁극적인' 기술이라고 말하지만 놀랍게도 파티스리에서는 그것을 '당연한 것'으로 여긴다. 익힘을 통해 밀가루, 설탕, 버터, 과일 등 흔히 사용하는 재료에 근본적인 변화가 일어날 것이라고 생각하는 경우가 흔치 않기 때문이다. 그러나 여러분이 그에 관한 교양과 지식을 쌓는 순간 그 무게에 짓눌리고 말 것이다. 이제 쇼드론 교수님과 함께 가장 기초적인 실전에 들어가야 할 때다. 달걀흰자에 설탕을 넣어 피크를 세우는 방법과 도무지 고치기 힘든 파티시에 제품에 대한 잘못된 습관을 바로잡을 때가 왔다.

기본적이지만 훌륭한 레시피
Farine
Lait

기초적이지 않은 기본 레시피

근본적이고 기본적인

익히 알려진 것처럼 **파티스리**는 러시아 인형과도 같다. '진짜' 레시피를 시작하기 전에 반드시 할 일이 생기기 때문이다. 심지어 두 개, 세 개 또는 그 이상이 될 수도 있다. 다형도착(多形倒錯)적 성향을 가진 파티시에는 레시피 7~8개를 만들어 결국 하나의 제품으로 완성시킨다! 크림 슈를 보면 복잡한 격식 없이도 입에서 살살 녹는다. 하지만 먼저 반죽을 만들고, 크림을 만들어야 한 입에 넣을 수 있는 것이다. 슈거파우더나 퐁당, 초콜릿 버미셀리 등을 뿌리는 것은 말할 것도 없다. 218쪽에 소개한 바닐라 아이스크림을 곁들인 이상한 튀일을 한번 보자. 이것도 마찬가지다. 반죽을 만들어 튀일 모양을 만들고 구워 크렘 앙글레즈로 만들어 아이스크림까지 만들어야 한다. 다시 말하면 아무리 용기 있는 사람이라도 이 모든 과정에서 전투를 치르다보면 낙담하기 마련이다. 열정적이고 믿음이 깊은 냠냠학자가 많아지도록, 그들이 원활한 작업을 할 수 있도록 이 책에서는 62쪽을 할애하여 '기본' 레시피들을 다룰 것이다. 부지런한 냠냠학자는 열린 마음으로 최정상에 있는 가장 까다로운, 그러나 가장 화려한 파티시에처럼 올라갈 수 있도록 도와주려 한다.

1

되긴 하지만 그렇게 되지는 않은, **된 반죽**

모든 타르트, 작은 가토, 팔미에, 타르틀레트 등의 반죽이다. '된' 반죽은 파티스리의 단골손님이다(요리에서는 파트 브리제). 이 반죽들이 '되다'고 하는 것은 파티시에의 발 위에 떨어뜨렸을 때 크레이프 반죽(액상)이나 제누아즈 반죽(가벼운 제형)보다 더 아프기 때문이다. 어떤 이들은 마른 반죽이라 부르기도 한다.

파트 브리제 PÂTE BRISÉE

그림1 우물 기법 : 고전적인 파티스리 작업 방식의 하나

구조

파트 브리제란 물, 밀가루, 유지, 약간의 소금을 페트리사주 없이 그냥 섞은 것을 말한다. 이 반죽 속의 전분 덩어리와 글루텐을 레시피상의 물과 섞은 뒤 버터와 섞으면 된다. 굽는 과정에서 반죽 속의 수분은 증발하고, 전분의 일부는 호화된다. 그 결과 수분이 아예 없는 것은 아니지만 잘 부서지는, 가루가 되기 쉬운 텍스처가 된다.

여기서 부분적으로 수화된 전분 입자는 물, 지방, 글루텐으로 구성된 덩어리 내에 '담겨' 있다. 탄성이 전혀 없는, '글루텐이 짧은' 반죽을 얻기 위해 고의적으로 이렇게 만든 것이다! 그래서 이 반죽에 주는 힘과 믹싱 시간을 제한한다. 사실상 이것은 불완전한 믹싱이다.

기본 원리

'우물' 기법을 쓰거나 샐러드 그릇 또는 믹서에 넣고 한꺼번에 모든 재료를 섞는다. 덩어리로 뭉쳐지면 그 이후에는 절대 페트리사주를 하지 않는다*(18쪽 글루텐 부분 참조)*.

레시피 450g 반죽 1개 분량

T55 또는 T45 260g
버터 160g(미식가용) 또는 120g(일반인용)

달걀노른자 1개
물 또는 우유 1~3T
(밀가루 종류에 따라 가감)

소금 4g
설탕 5g

❶ **재료의 조합은 신중하게** 지름 20~25cm인 밀가루 우물을 만든다. 우물에 노른자와 물(또는 우유)을 넣고 소금, 설탕을 뿌린 뒤 큐브모양으로 썬 버터를 넣는다. 손가락 끝으로 모든 재료를 섞는다. 버터 조각을 손으로 으깨 버터를 아프게 한다.

❷ **프레제(fraise)방식으로 섞기?** 손바닥으로 반죽을 납작하게 누르는 프레제 단계를 반복하면 시간이 지나면서 반죽의 형태가 만들어진다. 하지만 '프레제'는 한두 번이면 충분하다. 이 단계가 되면 대부분의 재료는 다 섞이지만 만약 섞이지 않았으면 뜨개질하듯이 반죽을 만져줘야 한다.

❸ **휴지가 필요한 반죽** 이제 한 덩어리가 된 반죽을 납작하게 만든 뒤 덧가루를 뿌려 랩을 씌운다. 접시 위에 얹어 한 시간 정도 냉장고에 넣고 잊어버린다.

❹ **성형 및 굽기** 랩을 벗기고 작업대 위에 적당량의 덧가루를 뿌린다. 반죽을 3~5mm 두께로 민다. 130℃ 예열한 오븐에서 20~25분 동안 '초벌' 굽기 한다. 이때 예열 온도는 지름과 무관하다. 그리고 180℃에서 '본격적으로' 굽는다. 굽는 시간과 두께는 레시피와 오븐에 따라 다르다.

☞ **왜?** 우물 모양을 만든다? 더 멋지니까! 게다가 재료가 점진적으로 섞일 수 있게 해주니까. 우물 중간에 고인 물이 밖을 향해 점점 퍼지면서 밀가루와 균일하게 섞는 것인데, 이 방식을 사용하면 이 반죽에는 필요치 않은 '과도한' 페트리사주와 같은 실수를 방지할 수 있다.

☞ **왜?** 이 작업을 반복한다? 최소한의 작업으로 밀가루와 버터가 완벽히 결합해야 하기 때문이다. '프레제'를 하는 이유는? 페트리사주는 하지 않으면서 아직 남아있을지 모르는 버터 조각들은 없애야 하기 때문이다.

☞ **왜?** 반죽을 납작하게 만든다? 나중에 밀기 편하게 하기 위함이다. 차가워진 원형의 반죽을 밀어보면 그 이유를 알게 될 것이다!

☞ **왜?** 두께를 3~5mm로 민다? 너무 얇으면 반죽의 표면이 말라 깨지기 쉽고 또 너무 두꺼우면 무거워 보이기 때문이다. 130℃로 예열한다? 수다 떨 시간을 주기 위해서다. 반죽의 수분을 증발시키고 전분을 익힐 정도는 되지만 그 안의 당분을 캐러멜화시킬 만큼 높은 온도는 아니기 때문이다. 따라서 이것은 색깔을 거의 내지 않는 또는 아주 조금 내는 '초벌' 구이라고 볼 수 있다.

정말 어마어마한 사실 **a/** 모든 재료의 이상적인 온도는 10~15℃다. 버터는 아주 단단하지도 무르지도 않을 것이고, 반죽을 만지는 동안 온도가 많이 높아지지도 않을 테니 말이다.
b/ 반죽을 밀어 펼 때는 작업대에 덧가루 10kg을 뿌리거나 있는 힘껏 작업을 해서도 안 된다. 반죽의 온도(10~15℃)만 적당히 맞춰주면 된다. 그렇다고 반죽 밀기 전에 몇 시간 동안 냉장할 필요는 없다.

파트 사블레 PÂTE SABLÉE

구조

파트 사블레는 밀가루, 버터, 설탕, 달걀노른자에 경우에 따라서는 약간의 소금과 바닐라, '화학적' 효모(베이킹파우더), 아몬드, 물을 넣고 페트리사주 단계 없이 그냥 섞은 것이다. 이 레시피에서는 먼저 밀가루와 버터가 섞이면서 전분 입자가 버터 옷을 입게 된다. 거기에 달걀노른자와(또는) 우유를 넣으면 한 덩어리로 뭉쳐지기는 하지만 그렇다고 전분이 충분히 수화되지는 않는다. 그렇기 때문에 굽고 난 파트 사블레 반죽이 가는 모래*처럼 부서지기 쉬운 제형을 갖게 되는 것이다. 파테용으로 쓸 수 있을 정도가 된다.

* 모래는 sable이고 이 반죽의 이름이 sablée이기 때문에 이렇게 연관 지어 설명함.

그림1
·
파트 사블레의 구조

파트 브리제와 마찬가지로 이것 또한 불완전한 믹싱을 의미한다. 수분이 '부족한' 전분 입자들은 버터로 한 겹의 옷을 입게 된다. 글루텐 조직이 발달해 탄성이 생기면 안 되는 반죽이기 때문에 많이 치대지 않고 짧게 반죽한다(60쪽 반죽 참조).

기본 원리

밀가루, 설탕, 소금, 버터를 단순히 섞고, 이 신성한 '모래'에 나머지 재료(달걀노른자와 우유 또는 둘 중 하나)를 넣는다. 이 반죽은 절대 페트리사주를 하지 않는다.

레시피 500g 반죽 2개 분량

T55 또는 T45 500g
약간 말랑해진 버터 280g
(가능하다면 '부드러워진' 버터)

달걀노른자 2개
슈거파우더 200g
고운 소금 3g

바닐라빈 1개 안의 씨
물 35g(밀가루에 따라 가감)

---

❶ **힘이 필요한 조합** 작업대나 타일 위에 놓인 샐러드 그릇에 약간 말랑해진 버터(18~25℃)와 슈거파우더, 밀가루, 바닐라, 소금을 넣고 섞는다. 이 모든 재료를 거칠게 합쳐서 모래처럼 만든다. 전체를 하나로 뭉치기보다는 모래알 같이 따로 떨어지는 제형을 만든다. 이 단계가 너무 오래 지속되면 버터가 녹아 제품이 제대로 나오지 않으니 주의하자. 섞고가 아니라 모래의 질감이 되어야 한다! 이 정도 양이면 3분이 적당하다.

❷ **보이지 않는 믹싱** 버터와 밀가루가 섞인 내용물에 달걀노른자와 물을 넣고 손으로 섞는다. 큰 실수만 없다면 반죽은 만들어질 것이다. 이제 하던 일을 모두 멈춘다. 다 된 것이다. 반죽이 손에 붙는다고? 그럼 다음 단계로 넘어가라.

❸ **매우 일시적인 휴지** 반죽에 밀가루 한 줌(작은 손 기준)을 뿌리면 손에 달라붙지 않아 작업이 수월해질 것이다. 반죽을 둘로 나눠 지름 10cm인 납작한 원형의 반죽으로 만든다. 덧가루를 뿌리고 랩을 씌운 뒤 25~40분 동안 냉장한다. 반죽 온도가 15~20℃가 되면 밀어 펴는 것이 수월해진다.

❹ **성형 및 굽기** 파트 사블레는 파트 브리제보다 더 단단하다(같은 온도에서). 그만큼 느긋하고 우아하게 밀어야 하는 반죽이다. 힘을 주거나 애를 쓰는 것이 무의미하다는 뜻이다. 하지만 반죽 온도를 15~20℃로 맞춰주기만 하면 저절로 밀린다. 굽기? 그건 파트 브리제(*84쪽*)의 내용을 참조하라. 하지만 색이 더 빨리 나므로 주의해야 한다.

☞ **왜?** 초반에 물을 넣지 않는 이유는? 수분이 없는(또는 거의 없는) 반죽 속의 전분 입자들은 버터에 둘러싸여 수화될 기회를 잃는다. 그 상태에서 이 '건조한'(또는 수분이 거의 남아있지 않은) 반죽을 구워야 전형적인 파트 사블레의 텍스쳐가 된다. 버터가 녹는 것이 그렇게 심각한 일인가? 그렇다. 버터의 수분(15%나 되는)이 배출되기 때문이다. 이렇게 원치 않은 도움은 여러분에게 애써서 묘사하고자 했던 그 섬세한 균형을 변화시킨다.

☞ **왜?** 반죽이 만들어졌나요? 소량이지만 수분을 첨가하면 일부 전분 입자들의 갈증이 해소되어 반죽 응집력이 강해지고, 반죽의 텍스쳐가 맞춰진다. 하던 일을 멈추라고 한 이유는? 글루텐 조직을 계속해서 자극할 필요가 없기 때문이다(*18쪽 참조*). 지금 필요한 건 나태함이다.

☞ **왜?** 랩을 씌운다? 그렇지 않으면 표면이 마르고 크러스트가 생겨 여러분이 다시 심부름꾼의 자리로 돌아가야 하기 때문이다. 25~40분 동안 냉장한다? 지방이 굳음으로써 반죽이 더 단단해지도록 하기 위함이다. 하지만 너무 오래 냉장할 경우 파트 사블레가 돌덩이가 되므로 주의해야 한다.

☞ **왜?** 반죽이 더 단단하다? 그렇다. 수분이 적고 지방이 많기 때문이다. 반죽이 (너무) 차가워지면 단단해지는 건 당연한 일이다. 색이 더 빨리 난다? 설탕이 더 많이 들어갔기 때문이다.

정말 어마어마한 사실 슈거파우더는 입자가 매우 곱기 때문에 육안으로 확인할 수는 없지만 녹지 않고도(녹기에는 수분이 충분치 않다) 반죽 내에 잘 분산된다. 그 덕분에 제품 전체가 균일한 텍스쳐를 가질 수 있는 것이다. 멋지지 않은가! 더 바삭한 반죽을 원한다면 일반 정제당이나 크리스털 슈거를 넣으면 된다.

파트 푀유테 PÂTE FEUILLETÉE

구조

두 개체 믹싱법(52쪽 참조)을 통해 만든 반죽으로 버터와 데트랑프를 함께 눌러 민 것이다. 이 반죽은 $(2+1)^6 = 1459$겹, 즉 729겹의 버터와 730겹(만만치 않다!)의 반죽으로 구성된다. 파트 푀유테 속의 전분 입자들은 잘 수화되어 있으며, 접고 눌러 미는 작업을 반복하다보니 글루텐도 잘 잡혀 있다. 버터는 얇은 겹으로 나뉘긴 했지만 반죽 개체와는 독립적인 지위를 갖는다. 이런 이유로 굽고 나면 신기한 텍스쳐가 만들어진다.

파트 푀유테는 이전의 반죽과는 전혀 다르다. 전분과 글루텐이 완전히 수화되어 여러 개의 버터 층을 내포할 수 있을 만큼 충분히 견고하고 글루텐이 발달된, 신장성 있는 반죽이다. 바로 이것이 앞에 나온 두 가지 반죽과 다른 점이다!

기본 원리

데트랑프(밀가루+물+소금+식초)를 만들고 안에 버터를 넣어 함께 접는다. 이 작업은 모스크바 붉은 광장의 근위병 교대식처럼 엄격히 진행해야 한다.

레시피 반죽 무게 약 1.2kg 분량(필요한 경우 굽기 전의 상태로 얼린다)

차가운 T45, T55 500g	차가운 버터 400g 차가운 물 300g	와인식초 1T 고운 소금 5g

밀가루, 버터, 물을 3시간 동안 냉장한 뒤 반죽을 만들 것.

❶ **그렇게 축축하지만은 않은 '데트랑프'** 물, 소금, 식초를 섞는다. 작업대 위에 샐러드 그릇이나 스탠드 믹서를 놓고 (버터를 제외한) 모든 재료를 넣고 섞는다. 균일한 텍스쳐로 만들되 반죽을 들었을 때 아래로 '흘러내릴' 정도로 말랑말랑해야 한다. 페트리사주는 하지 않은 채로 '데트랑프(이 반죽의 결혼 전 이름)'를 둥글리기 한 뒤 덧가루를 뿌려 1시간을 꼬박 냉장한다.

❷ **버터 성형** 유산지 두 장 사이에 버터를 놓고 밀대로 손을 좀 봐준다. 10×12×3cm 크기의 직사각형으로 만든다. 제발 부탁이다, 이 크기로. 1시간 동안 냉장한다.

❸ **버터/데트랑프 조합** 작업대에 덧가루를 뿌리고 둥글리기 한 반죽을 얹어 중간에 십자 홈을 만든다. 밀대로 반죽의 네 군데를 길이 10cm로 밀어 별 모양을 만든다. 중간에 버터를 올려놓고 반죽을 버터 위로 덮어 잘 눌러준다.

❹ **투라주(tourage)** 약 45~50×15cm의 띠 형태로 민다. 3절 접기를 한 뒤 오른쪽으로 90도 회전시켜 다시 45~50cm 띠 형태로 민다. 덧가루를 뿌리고 랩을 씌운 뒤 1시간 동안 냉장 휴지한다. 위의 과정을 똑같이 2번 반복한다. 모든 과정이 끝난 뒤 2시간 동안 냉장 휴지한다. 반죽을 밀 때는 반죽의 온도가 8~15℃를 넘지 않아야 한다. 여러분의 이 모든 노고에 반죽을 대신해서 감사의 인사를 전한다.

☞ **왜?** 소금을 넣는다? 소금이 없으면 반죽 맛이 밋밋해지기 때문이다. 식초를 넣는다? 데트랑프의 텍스쳐를 제대로 맞추는데 도움을 주기 위함이다. 페트리사주를 하지 않는 이유는? 반죽 내에는 글루텐 조직을 형성하여 탄성을 만들 수 있을 만큼 충분한 수분이 들어있기 때문에 반죽을 밀어 펼 때 반죽이 수축하여 (거의) 초반의 크기로 돌아갈 수 있다. 아주 짜증나는 일이다. 재료를 차갑게 보관한다? 데트랑프의 텍스쳐를 잘 맞추기 위해서다.

☞ **왜?** 버터를 손봐준다? 이렇게 해야 텍스쳐가 더 균일해지고 모양 만들기가 쉬워진다. 여러 겹으로 밀기 위해서 또 그 다음 단계를 위해서라도 버터 손봐주기는 핵심 작업이다. 이 정도 분량의 버터를 몇 십 미터쯤 되는 얇은 막으로 밀 생각을 해보라. 계산이 된다면!

☞ **왜?** 위 방법대로 제대로 작업을 했다면 버터의 위, 아래, 그 주위로 버터만큼의 반죽이 둘러싸이게 된다. 버터와 데트랑프가 골고루 분포되어있는 반죽을 만드는 것이 비법이다. 시작부터 균형이 맞지 않으면 '투라주(접기)' 할 때마다 그 불균형이 심화되기 때문이다! 그러면 가벼운 푀유타주 반죽은 영원히 안녕이다.

☞ **왜?** 일정한 크기를 유지한다? 버터와 데트랑프의 두께를 늘 동일하게 유지하기 위해서다. 1시간 휴지한다? 이 휴지시간은 반죽 노조의 규정에 따른 것이다. 또한 '글루텐 조직'이 이완되고 버터가 다시 단단해져서 여러 겹의 데트랑프에 구멍이 나거나 버터가 그 사이로 나오는 일 없이 밀기 위함이다. 이 모든 것은 기술이 필요한 작업이다. 8~15℃에서 반죽을 민다? 그 이상의 온도가 되면 버터가 여러 겹의 데트랑프를 통과해 밖으로 나올 수 있고, 그 때문에 반죽이 제대로 부풀지 않기 때문이다.

›

> ❺ **성형 및 굽기** 반죽이 아주 차가울 때만 밀거나 만질 수 있다. 구울 때는 경우에 따라 180~200℃ 정도의 높은 온도가 좋다.

왜? 반죽은 차가워야 한다? 반죽의 온도가 올라가면 버터가 물러지고 반죽을 밀 때, 밀대의 힘을 견디지 못하게 된다. 그래서 여러 겹의 반죽이 뭉개져 더 이상 부풀지 않게 된다. 잘 가요 베르트(Adieu Berthe)*. 180~200℃에서 굽는다? 데트랑프 속 수분이 증발하고, 얇은 데트랑프 층들이 버터로 튀겨지기에 알맞은 온도이기 때문이다. 이것이 바로 반죽이 부푸는 비법이다.

* 할머니의 장례식을 준비하는 과정을 유쾌하게 그린 영화 제목. 반죽이 부풀지 않아 쓸 수 없다는 의미로 사용

반죽에 십자 홈을 낸다.

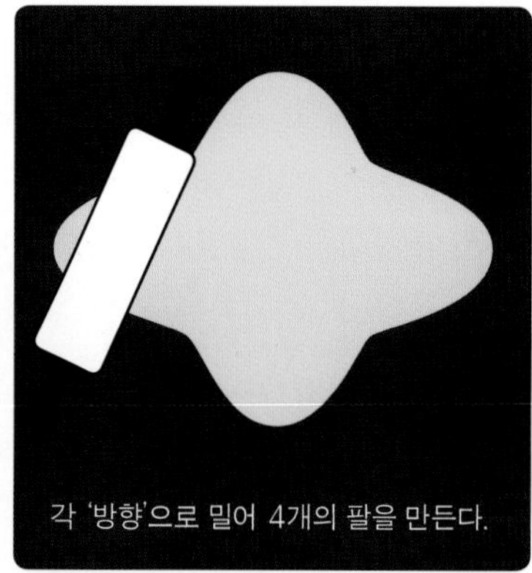
각 '방향'으로 밀어 4개의 팔을 만든다.

중간에 버터를 얹고 4개의 반죽을 그 위에 덮는다.

평온한 상태에서 차분함을 유지하며 반죽을 민다.

반죽의 1/3을 중간을 향해 접는다.

나머지 한쪽도 접으면 끝이다. 휴!

정말 어마어마한 사실 여기는 없다! 어쩌면 너무 많을 수도! 이 반죽은 만만치 않은 상대라서 하나가 아니라 여러 개의 사실을 알아야 성공할 수 있다. 그렇지 않으면 매 단계마다 '왜?' 라는 질문이 따라 붙게 될 것이다.

된 반죽의 전설적인 실패담

수축된 파트 브리제

반죽을 너무 치대면 글루텐 조직이 형성된다, 이런 제길!

↦ *이미 설명했지 않은가. 이 반죽은 너무 치대면 안 된다.*

밀어 펼 수 없는 파트 사블레

유분이 많고 '밀어 펼 수 없는' 상태

↦ *이미 설명했지 않은가. 이 반죽도 너무 치대면 안 된다.*

말랑해진 버터와 가루재료를 그냥 하나로 섞는 정도에서 만족해야 한다.

갈레트처럼 평평한 파트 푀유테

여기에 나오는 지시사항, 특히 온도나 휴지시간을 준수하지 않을 경우,

버터와 데트랑프 층이 달라붙는 것은 당연한 결과다.

↦ *다시 만들어보길.*

2

기포를 위한 시, **거품형 반죽**

짧지만 제대로 설명해보겠다. 거품형 반죽은 기포를 포함하고 있는 모든 반죽을 의미하는 것으로 반죽 속에 기포가 많다는 것은 신만이 알 것이다. 이 반죽을 다뤄보지 않고서는 파티스리를 한다고 말할 수 없다! 여기서는 간단한 제품을 예로 들어보겠다. 거품형 반죽 가운데는 예로 든 제품과 비슷한 것도 있고, 많이 다른 것도 있을 것이다. 호기심 많은 이들에게 화제 거리가 될 만한 주제다. 그럼 여기에 제시된 제품과 많이 다른 제품은? 146~233쪽에 소개한 레시피를 참조하자.

비스퀴 드 사부아 BISCUIT DE SAVOIE

구조

비스퀴 드 사부아는 거품을 낸 반죽을 오븐에 구운 것이라 할 수 있다! 치즈가 들어가지 않으니 어려울 것도 없다*. 두 개체 믹싱법으로 만든다. 달걀과 설탕을 섞어 거품을 낸 첫 번째 개체에 두 번째 개체인 밀가루(가끔 카카오파우더를 넣기도 함)를 넣고 골고루 분산시켜준다. 특별히 어려울 것도 없지만 마냥 쉽지만은 않은, 그 이상도 이하도 아닌 난이도를 가진 작업이다.

* 사부아 지역의 치즈가 유명하니 비스퀴 드 사부아에도 당연히 치즈를 넣을 것이라고 생각하는 독자를 위한 설명.

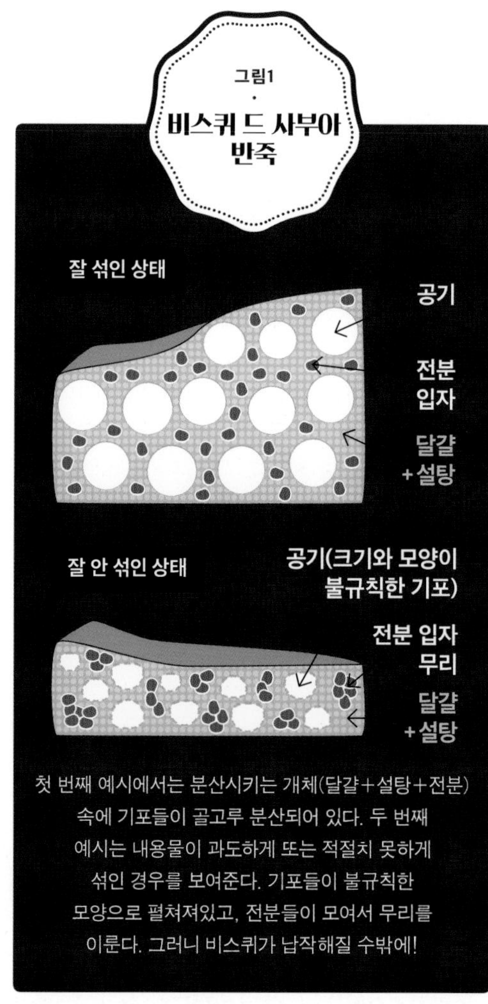

첫 번째 예시에서는 분산시키는 개체(달걀+설탕+전분) 속에 기포들이 골고루 분산되어 있다. 두 번째 예시는 내용물이 과도하게 또는 적절치 못하게 섞인 경우를 보여준다. 기포들이 불규칙한 모양으로 펼쳐져있고, 전분들이 모여서 무리를 이룬다. 그러니 비스퀴가 납작해질 수밖에!

기본 원리

달걀노른자와 달걀흰자를 같이 저어준 뒤 설탕을 넣는다. 부피가 4배 정도 증가할 때까지 가열하지 않고 거품을 낸다. 제누아즈도 같은 방식으로 만들지만 가열을 한다는 것이 다르다. 가열을 하면 거품내기와 응고가 동시에 진행되기 때문에 비스퀴 드 사부아에는 다른 방식을 적용하는 것이다. 미리 체 쳐 놓은 밀가루를 위 내용물에 넣고 덩어리가 생기지 않도록 분산시킨다. 반죽을 가장 흔한 틀인 원형 틀에 넣고 굽는다.

레시피 25cm 또는 28cm 지름의 틀 1개 분량

달걀 250g 또는 달걀 5개 (그럼! 양이 꽤 된다)
설탕 160g
밀가루 150g
카카오파우더 20g(옵션)

❶ **달걀** 샐러드 그릇에 달걀을 깨고 흰자와 노른자가 잘 섞이도록 젓는다. 오븐을 180℃로 예열한다.

☞ **왜?** 달걀을 깬다? 껍데기가 같이 들어가는 것보다는 나으니까. 흰자와 노른자가 잘 섞이도록 젓는다? 제대로 작업하겠다는 의지를 보여주기 위해서다. 사실 이 단계를 생략해도 제품을 완성할 수는 있다. 오븐을 예열한다? 거품형 반죽을 '낮은 온도에서부터' 굽는다고 해서 좋을 것이 없기 때문에 온도를 높여 놓는 것이다.

❷ **달걀과 설탕을 섞어 거품을 낸 개체** 설탕을 넣고 전기믹서에서 5~6분 동안 맹렬히 섞어준다. 매우 가볍고, 매력적인 옅은 노란색의 내용물을 얻을 수 있다. 이 단계에서 먹으면 소화가 몹시 안 되므로 주의하자!

☞ **왜?** 달걀+설탕을 넣고 '맹렬히' 섞는다? 달걀과 설탕이 섞였을 때 1이었던 비중이(물의 비중도 1) 0.5 정도로 가벼워져야 하기 때문에 힘이 아주 많이, 많이, 많이 필요하다. 전기믹서를 쓰는 이유는? 여러분의 팔로는 힘이 부족하기 때문이다.

❸ **분산되는 개체 : 밀가루(원할 경우 카카오파우더 첨가)** 달걀+설탕을 섞어 거품이 일고 가벼운 제형이 되면 노예를 시켜 체 친 밀가루를 넣는다(필요할 경우 카카오파우더까지 넣고 섞는다). 고무주걱으로 용기의 바닥에서부터 위로 내용물을 들어 올리면 된다. 이때 섬세함은 잃지 않으면서 힘 있게 섞는다.

☞ **왜?** 밀가루를 체에 친다? 비스퀴 드 사부아에 덩어리가 생기지 않도록 하기 위함이다. 노예를 시켜서 밀가루를 넣는다? 달걀+설탕 개체 안에 밀가루를 적절히 분산시키기 위해서는 넣고 섞는 작업이 동시에 진행되어야 하기 때문이다. 시바(Shiva)신이 아닌 이상 2명이 해야 하는 작업이다. 너무 세게도 안 되고 너무 살살 섞어도 안 된다? 그렇다. 이를 지키지 않으면 달걀이 가라앉거나 밀가루가 잘 섞이지 않는다. 여기서 남남학적인 비법은 없다. 그저 해보는 수밖에!

❹ **틀에 붓기 및 굽기** 높이가 5.5cm인 원형 틀(지름 25cm)에 버터칠과 밀가루 옷을 입힌 후 반죽을 붓는다. 170℃ 오븐에서 20~25분 동안 굽는다. 오븐에서 꺼내면 바로 틀과 분리하여 식힌다.

☞ **왜?** 반죽을 바로 틀에 붓는다? 이 반죽은 상태가 불안정해서 시간이 지날수록 '가스가 빠지기' 때문에 바로 구워야 한다. 굽고 난 뒤 틀과 내용물을 바로 분리한다? 뜨거워진 가토 속 수분의 상당부분은 증기로 변한다. 틀에서 꺼내지 않으면 반죽이 압축되어 가토가 눅눅해지고 굽기 전의 반죽과 같은 상태로 돌아가기 때문이다.

정말 어마어마한 사실 달걀을 풀다보면 저 별 볼일 없는 작은 달걀 5개에 저렇게 많은 공기가 들어갈 수 있다는 사실에 놀라게 된다! 이 공기가 작은 기포로 쪼개져 가벼운 비스퀴 식감을 만들어주는 것이다. 달걀을 힘 있게 칠수록 기포는 잘게 쪼개지고, 가토의 속은 부드러워진다. 그래서 전기믹서를 쓰는 것이다.

비스퀴 퀴이에르 BISCUITS CUILLÈRE

구조

비스퀴 퀴이에르는 식용 무스를 구운 것으로, 그 안에 숟가락*은 넣지 않는다. 두 개체 믹싱법으로 만들며 첫 번째 개체는 달걀노른자, 설탕, 밀가루를 섞은 무스이고 그 안에 두 번째 개체인 설탕 넣고, 친 달걀흰자를 넣어 분산시킨다. 이것은 비스퀴 드 사부아와 비슷하면서도 다른 점이다.

* 퀴이에르에 숟가락이라는 뜻도 있음.

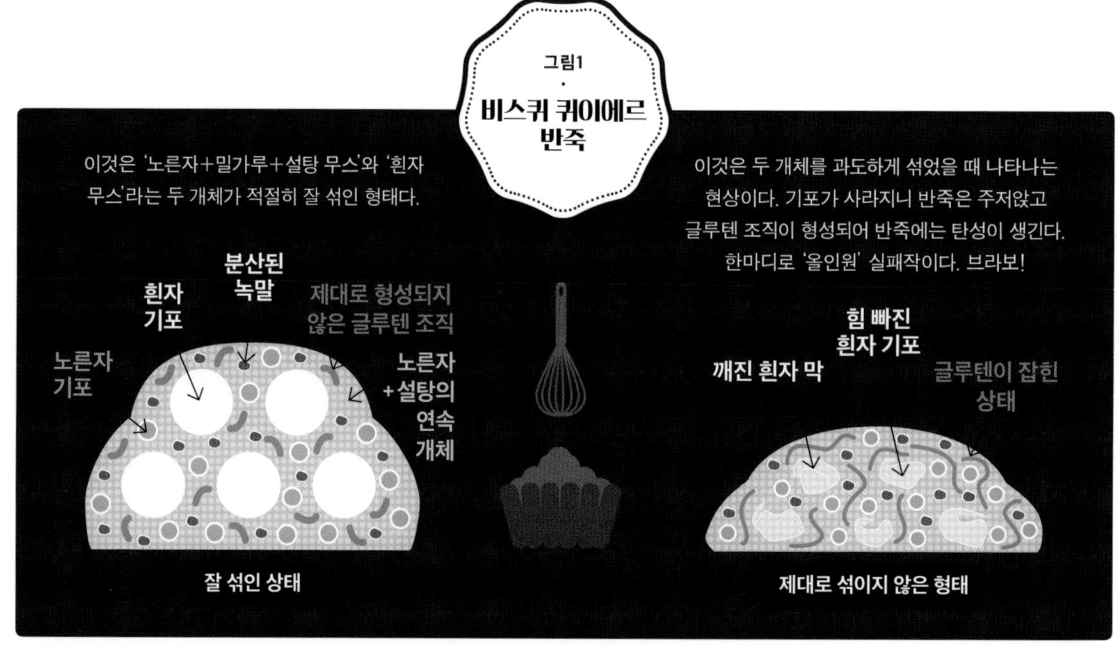

기본 원리

달걀노른자와 설탕을 쳐서 무스를 만든다. 여기에 밀가루를 넣고 섞은 뒤 또 다른 무스를 넣는다.
이 모든 과정을 거치면 기포가 발생할 것이다!

레시피 비스퀴 약 15~25개 분량(원하는 비스퀴 크기에 따라 굽는 시간 조절)

왕란 5개(개당 50g)
밀가루 125g, 덩어리지지 않게 준비
설탕 145g
슈거파우더

❶ 소소한 준비 과정 오븐을 160~170℃로 예열하고 오븐팬 위에 유산지를 깐다.

☞ **왜?** 온도를 준수해야 하는 이유는? 전통 방식으로 만든 비스퀴 퀴이에르는 색이 많이 나기 때문에 이를 방지하기 위해 온도를 낮춘 것이다. 그리고 유산지는 여러분 대신 그 많은, 진절머리 나는 설거지를 하고 있을 여러분의 배우자를 위한 배려다.

---

❷ 성스러운 파티스리 삼형제, 노른자+설탕+밀가루 샐러드 그릇에 전동거품기를 넣고 노른자와 설탕 120g이 죽음을 맞이할 때까지 저어준다. 옅은 노란색 거품이 가득한 내용물이 완성되면 밀가루를 넣고 손으로 젓는다. 덩어리도 없고, 비난도 받지 않으려면 완벽히 섞어야 한다.

☞ **왜?** 노른자와 설탕을 전동거품기로 저어준다? 그야 물론 최대한 많은 공기를 포집하기 위해서다! 밀가루를 손으로 젓는다? 페트리사주가 아니라 재료가 섞일 정도로만 작업하기 위함이다. 그렇지 않으면 반죽에 원치 않는 탄성이 생긴다. 덩어리 없이 섞어야 한다? 그리고 또 뭐였더라.

---

❸ 천상의 파티시에 듀오, 흰자와 설탕 샐러드 그릇이나 볼에 흰자를 넣고 전기믹서로 풀어준다. 이때 소금이나 레몬즙을 약간 넣기도 하는데, 이것은 선택사항이다*(65쪽 참조)*. 약 2분 동안 흰자를 단단히 친 뒤 설탕 25g을 넣고 30초 정도 더 돌린다.

☞ **왜?** 흰자를 치다가 마지막에 설탕을 넣는다? 늘 이유는 같다. 마카롱 레시피의 3번 '왜'를 참조하라*(96쪽)*. 소금이나 레몬즙은 넣을 수도 있고 안 넣을 수도 있다는 의미인가? 그렇다. 아주 소량의 소금과 레몬즙을 넣으면 흰자 거품내기가 더 수월해지지만, 넣지 않아도 거품은 난다. 그래서 소금과 레몬즙 첨가에 대한 정답 여부는 아무도 확실히 알지 못한다.

---

❹ 긴장해야 하는 단계, 두 개체 믹싱법 노른자+설탕+밀가루로 구성된 분산의 주체가 되는 개체에 휘핑한 달걀흰자를 1~2T 넣는다. 아주 조심스럽게 섞을 필요는 없다. 남은 흰자를 다 넣고 내용물을 '들어 올리면서' 섞는다. 그래야 여러분의 영혼이 창조자에게 다다르기 수월해질 것이다. 특히 신경 쓰지 않고 섞을 때보다는 반죽의 가스가 덜 빠지게 된다. 평소에 만들던 것보다는 말이다.

☞ **왜?** 긴장해야 한다? 이 레시피 가운데 가장 주의를 기울여야 하는 단계이기 때문이다. 과도하게 섞으면 반죽이 시멘트가 되고, 충분히 섞지 않으면 재료가 제대로 어우러지지 않는다. 초반에 흰자의 일부를 먼저 넣는다? 개체 1의 비중(가장 비중이 강한 개체)과 개체 2의 비중(가장 비중이 약한 개체)을 비슷하게 맞춰야 공기가 덜 빠지기 때문이다. 남은 흰자까지 다 넣고 들어 올리면서 섞는다? 흰자는 금방 꺼져버리기 때문에 서둘러야 하는데다 '위로 들어 올리면' 공기를 머금고 있는 반죽을 덜 자극할 수 있기 때문이다. 물론 쉽지는 않다. 영혼이 창조자에게 이르도록 한다는 것은 무슨 의미인가? 냠냠학자는 어떤 면에서는 수플레와 같다. 저 높은 곳을 향해 가기 때문에(쇼드론 교수님의 말씀).

---

❺ 굽기 짤주머니에 지름 2cm 깍지를 끼우거나 숟가락을 사용해서 9~10cm 길이의 원통 모양을 만든다. 이때 힘을 주어 모양을 만들 필요는 없다. 그 위에 슈거파우더를 뿌린 뒤 10~12분 정도 오븐에서 굽고 식은 다음 부러뜨려 먹으면 된다.

☞ **왜?** 원통형으로 만들되 힘을 주면 안 된다? 유감스럽게도 이 반죽은 온도가 올라가면 부풀어 오르는 성질을 갖고 있다. 이 문제를 해결하기 위해서는 부풀 수 있을만한 공간을 확보해두어야 한다.

정말 어마어마한 사실 여러분도 느꼈겠지만 이 레시피는 비스퀴 드 사부아와 매우 유사하다. 하지만 재료를 조합하는 방식이나 설탕을 녹이고 전분을 분산시키는 방식은 다르다. 이렇게 만드는 방법만 좀 달리했을 뿐인데 전혀 다른 결과물이 나온 것이다! 그만큼 냠냠학자가 곰곰이 생각해봐야 할 문제라는 의미다.

마카롱 MACARONS

구조

마카롱은 음식으로서 매우 복잡한 구조를 가지고 있다. 하지만 마카롱을 잘 만들었다고 해서 우쭐해 한다면 그건 유치한 일이다. 왜냐하면 결국 마카롱은 기본적으로 무스이기 때문이다. 요약하면 마카롱은 흰자 무스 속에 분산된 포화당분이 녹아있는 상태인 것이다. 그 안에는 아몬드와 설탕 입자들이 떠다니고 있다. 설탕을 다 녹일 만큼 충분한 수분이 없기 때문에 설탕의 형태가 유지되는 것이다. 물론 약간의 전분이나 색소, 향료도 들어있긴 하다.

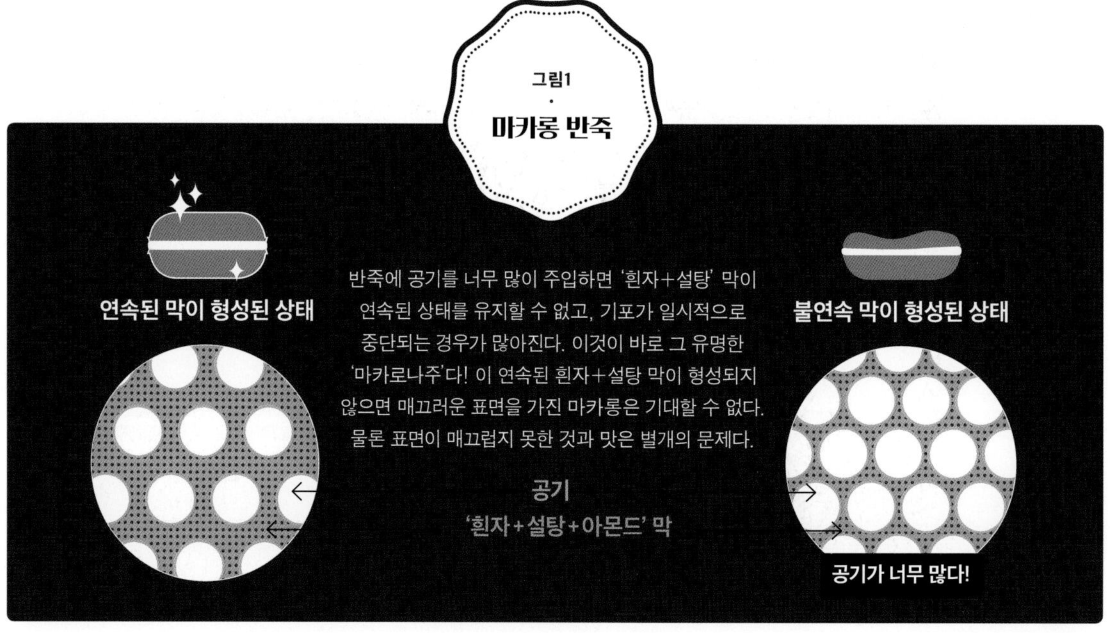

기본 원리

흰자와 설탕을 섞어 무스를 만들고 아몬드/설탕 믹스를 넣는다. 내용물을 섞은 뒤 '마카로나주'(힘차게 섞어 반죽의 가스를 빼는 작업)를 하여 작은 돔 형태로 반죽을 짜서 오븐에 넣고 굽는다. 식힌 뒤 두 개의 꼬끄 사이에 충전물(가나슈 등)을 넣어 그 유명한 마카롱을 완성하면 끝이다.

레시피 꼬끄 30여 개 분량

달걀흰자 115g 슈거파우더 200g	아몬드파우더 125g 설탕 50g

❶ 아몬드와 슈거파우더 일반적인 책에 쓰인 내용과는 반대로 아몬드와 슈거파우더를 체에 치거나 섞을 필요는 없다. 선택 사항이지 의무 사항이 아니다. 지금 단계에서는 그냥 이 재료를 한 곳에 모아 놓는 것으로 만족하자.

☞ **왜?** 섞을 필요가 없다? 섞다보면 입자의 크기가 작아지는데 마카롱의 성공 여부는 설탕 입자의 크기에 달려있기 때문이다. 재료의 대부분을 차지하는 슈거파우더의 입자 크기는 작은 편이고, 아몬드 입자는 마카롱이 성공하는데 크게 영향을 미치지 않는다. 체에 칠 필요가 없다? 체에 치는 것은 무언가와 분리해내기 위해 사용하는 테크닉이니 분리할 것이 없으면 안 하면 되는 것이다.

❷ 별 것 아닌 것 같지만 중대한 결과를 초래하는 준비 오븐을 160~170℃로 예열하고, 오븐팬에 유산지를 깐다.

☞ **왜?** 160~170℃로 예열한다? 마카롱의 색은 많이 나지 않지만 반죽에 흩어져있는 미세한 크기의 설탕 결정이 녹기 시작하는 온도이기 때문이다. 녹고 나면 연속적인 막(설탕과 약간의 수분으로 구성되어 있으며 수분은 빨리 증발한)을 형성하여 완벽하게 매끄러운 마카롱 표면이 된다.

❸ 앞에서 봤던 달걀흰자와 설탕 전기믹서에 흰자를 넣고 소금이나 레몬즙(선택 사항)을 약간 넣는다*(65쪽 참조)*. 흰자를 약 2분 동안 쳐서 단단히 올린 뒤 설탕을 넣고 30초 간 더 돌린다. 흰자를 단단하게 잘 올렸다면 자랑해도 좋다. 쇼드론 교수님의 표현을 빌리자면 이것은 마치 보기 좋은 면도크림 같지만 '화장품이 가질 수 있는 궁극적인 장점' 즉 식용이라는 점이다.

☞ **왜?** 전기믹서를 사용한다? 수작업을 하기에는 힘이 많이 부족하기 때문에 믹서는 필수다. 흰자를 단단하게 올린다? 공기가 많이 주입되어야 흰자가 단단하게 유지되는데, 그 공기의 대부분은 얼마 안 되어서 사라지기 때문에 초반에 올려놓는 것이다. 설탕을 넣고 다시 돌린다? 설탕이 각각의 기포를 둘러싸고 있는 계면막 안에서 녹기 시작하기 때문이다*(65쪽 참조)*. 설탕을 추가함으로써 시럽이 꽤 걸쭉해지고(보이지는 않지만), 올린 흰자 반죽이 조금이나마 단단하게 만들어진다. 마치 잘리는 듯한 힘을 겪게 될 테니 우리가 할 수 있는 최소한의 작업인 것이다.

❹ 아몬드/설탕 믹스 넣기 아몬드/설탕 믹스를 휘핑한 흰자에 넣고 완전히 섞은 뒤 반죽이 윤기가 날 때까지 저어준다. 그 다음으로 전문가들이 하는 작업은 마카로나주, 즉 반죽을 더 저어주는 과정이다. 반죽을 저을수록 흰자 속에 참을성 있게 숨어있던 공기가 반죽 밖으로 나오고, 시간이 지나면서 윤기가 더해지기 때문이다! 한번 해보면 알게 될 것이다. 프로들은 이 윤기를 보고 마카롱 반죽의 완성 여부를 결정한다.

☞ **왜?** 아몬드/설탕 믹스를 흰자에 바로 넣는다? 그렇다! 비중이 낮은 무스(0.2)에 비중이 매우 높은 가루를 넣고 저으면 힘들게 포집한 무스 속의 공기가 빠져나간다! 정신 나간 소리 같지만 실제로 그렇다. 마카로나주? 반죽에 윤기가 생길 때까지 약간의 공기를 빼내면서 섞는 작업이라고 볼 수 있다! 쇼드론 교수님은 반죽의 비중이 0.65 정도 되어야 완벽한 마카롱이 될 수 있다고 하셨다. 왜? 그림 1을 보라.

›

> ❺ **굽기** 짤주머니를 사용해 작은 돔 형태로 반죽을 짠 뒤 10~12분 동안 오븐에서 굽는다. 오븐에서 꺼내 식히면 이제 여러분의 역할은 끝난 것이다!

☞ **왜?** 돔 모양으로 만든다? '왜'라는 질문에 답하는 게 너무 힘들다. 이번 한번만 머리로 이해하려 하지 말고 그냥 따라 해보자. 가끔은 머리를 쉬게 해주자.

정말 어마어마한 사실 마카롱의 성공 여부는 레시피의 균형점을 얼마나 잘 찾느냐에 달려있다. 특히 설탕 입자의 크기(녹은 설탕이 결정 상태냐 비결정 상태냐에 따라)와 반죽의 비중에 따라 성공 여부가 갈린다. 다시 말하면, 효과 없는 모든 것들은 찬장으로 다시 집어넣으란 뜻이다. 믹싱, 아몬드파우더 체 치기, 마카롱에 '크러스트' 만들기, 마카롱 반죽 '마카로네' 하기, 오븐팬을 두세 개씩 겹쳐 쓰기, 숙성된 흰자 사용하기 등 이 신비한 마술 같은 일은 유용한 행동이다.

비스퀴 롤 BISCUIT ROULÉ

구조

기본적으로 비스퀴 롤은 거품형 반죽이다. 차이점이라면 반죽을 '펑펑'하게 틀에 넣기 때문에 표면에서의 상호교환 영역이 매우 넓어져서 수분 증발이 활발히 일어나고, 굽는 시간이 짧다는 것이다.

기본 원리 & 레시피 *206쪽 참조*

거품형 반죽의 전설적인 실패담

사부아 지역 용사들에게 보여주기 부끄러울 만큼 납작한 비스퀴 드 사부아

달걀노른자와 설탕을 충분히 풀어주지 않아 거품이 충분히 생기지 않은 상태에서 밀가루를 넣고 섞으니 무너진 것이다.

↦ *미리 얘기했지 않은가!*

숟가락(퀴이에르)이 아니라 국자를 닮은 비스퀴 퀴이에르

눈대중으로 만들기에 실패했거나 짤주머니 사용하는 법을 잘 모르는 경우다. 비스퀴에 적합한 크기를 생각하지 않고 만든 것이다.

↦ *대식가들은 좋아할 것이다. 어쨌든 배는 부를 테니까.*

주름진 마카롱

반죽의 비중이 적절하지 않고 반죽에 공기가 너무 많으면 제대로 섞이지 않는다 (마카로나주가 제대로 되지 않은 것이다!).

↦ *여러분이 만든 마카롱은 여러분 자신과 닮아있다. 형태가 일정하지 않고 내보이기 부끄러울 정도라면 여러분과 후손은 이를 매우 불명예스럽게 생각하게 될 것이다.*

말리지 않는 비스퀴 롤(206쪽 레시피)

앞에 언급한 조언을 귀담아 듣지 않아 냠냠학적 측면에서의 섬세함이 많이 부족했거나 권고한 굽기 시간을 넘기는 바람에 반죽 속 수분이 매우 많이 증발해 양피지처럼 된 경우다.

↦ *발 매트로 사용해라.*

3

수수께끼 같은 **조형성 있는 반죽**

튀일, 튤립, 랑그드샤, 건포도 팔레 등의 반죽이 여기에 해당한다. 조형성 있는, 변형 가능한 상태로 만든다는 점에서 다른 반죽들과 다르다고 볼 수 있다. 튀일이나 튤립의 경우에는 구운 다음에, 랑그드샤나 팔레의 경우에는 굽는 동안 모양을 만든다. 이렇게 혼란스러운 상황에 직면해 봐야 우리는 비로소 우리가 누구인지 알게 되는 것이다. 비록 많이 알게 되지는 못하더라도.

튀일 & 튤립 TUILES & TULIPES

구조

이 반죽은 물과 버터가 유화된 연속적인 개체에 여러 재료(설탕과 전분 입자, 글루텐)가 '부유하고' 있는 현탁액이다. 달걀흰자는 수분을 배출하고, 유화에 필요한 단백질을 공급한다. 이러한 종류의 반죽에는 당분이 풍부한데 그 일부는 바닥에, 나머지는 결정 형태로 떠다닌다. 풍부한 당분 덕분에 설탕의 용해 여부와 관계없이 반죽을 가열하면 '조형성'이 생기는 것이다.

그림1 · 튀일과 튤립 반죽

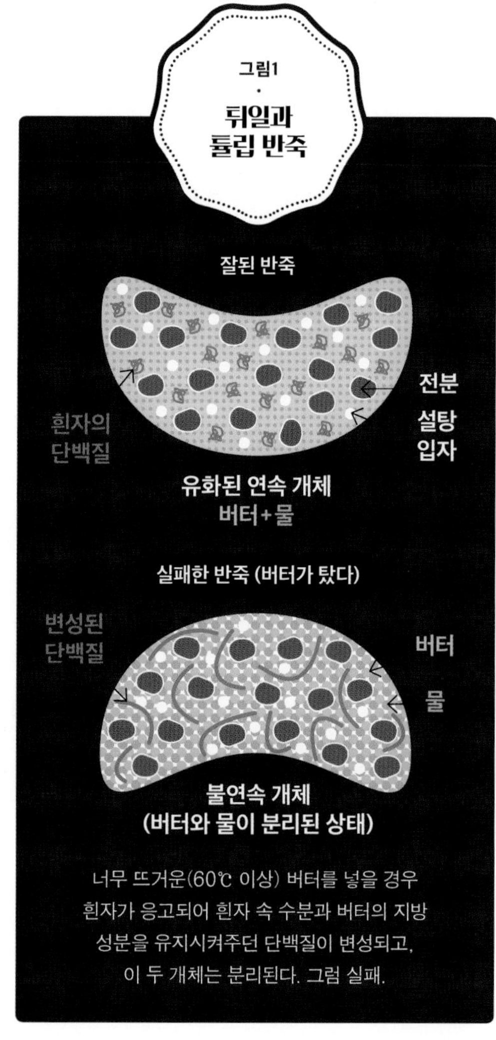

너무 뜨거운(60℃ 이상) 버터를 넣을 경우 흰자가 응고되어 흰자 속 수분과 버터의 지방 성분을 유지시켜주던 단백질이 변성되고, 이 두 개체는 분리된다. 그럼 실패.

기본 원리

달걀흰자에 슈거파우더를 넣고 섞은 뒤(거품을 내는 것이 아니라!) 밀가루를 넣는다. 거품을 내지 않은 상태에서 분산시키는 개체에 분산될 개체를 넣는 것이다. 이때 녹인 버터는 미지근한 상태로 사용한다.

레시피 튀일 20여 개 분량

달걀흰자 120g(약 3개)
밀가루 130g

미온의 녹인 버터 110g
슈거파우더 130g
아몬드 또는 말린 과일

❶ **설탕과 흰자** 덩어리가 나오지 않게 슈거파우더를 체에 친다. 그렇지 않으면 열심히 일하고 있는 파티시에의 화를 돋울 수도 있다. 이 재주 많은 하얀 가루를 샐러드 그릇에 넣고 그 위에 흰자를 붓는다. 자신이 가진 모든 요령을 동원해서 거품기로 저으면 낯선 느낌의 순백색 내용물이 탄생할 것이다. 이것은 머랭이 아니며, 몇 시간 동안 저어서는 안 된다는 것을 주의하자! 마지막으로 밀가루를 넣는다.

왜? 흰자를 설탕 위에 붓는다? 반대로 해도 되니 걱정 마시길. 거품을 내지 않고 섞는다? 달걀흰자 속에 설탕을 분산시키기 위해 섞는 것이기 때문이다. 괜히 기포를 만들어 부풀게 해서는 절대 안 된다. 굽는 동안에도 가능한 한 납작한 형태를 유지해야 한다.

❷ **버터 녹이기** 잘게 자른 버터를 냄비에 넣고 약불('끓이'거나 '태워'서는 안 된다)에서 녹인다. 물론 이 레시피에 헤이즐넛 버터, 즉 끓인 버터를 사용하는 경우에는 얘기가 달라진다. 그렇다면 흉내 낼 수 없는 그 맛과 아름다운 황금빛이 나올 때까지 끓일 수 있고, 또한 끓여야 하기 때문이다. 녹인 버터가 좀 식으면 위의 맑은 부분만이 아니라 전체를 흰자+설탕+밀가루 개체에 붓는다. 그리고 거품기로 저어주면 희한하게도 버터가 다른 내용물들과 유화되어 '사라진다'. 몇 시간 동안 냉장보관한다.

왜? 버터를 잘게 자른다? 더 쉽게 녹이기 위해서다. 버터를 끓이는 것과 끓이지 않는 것은 무슨 차이인가? 더 진한 맛을 원할 때 버터를 끓인다. 그렇지 않을 경우에는 맛의 특색이 사라지기 때문에 아몬드를 미리 넣는다. 버터를 부을 때 위의 맑은 부분만 넣으면 안 된다? 유청을 넣어야 수분이 더해져서 설탕이 더 잘 녹고, 결과적으로 이 제품을 성공적으로 만들 수 있기 때문이다. 반죽을 냉장보관한다? 2가지 이유가 있는데 하나는 반죽이 차가우면 더 단단해지기 때문에 튀일이나 튤립 모양을 만들기가 쉽기 때문이고, 또 하나는 튀일 속 설탕(수크로스)이 가수분해되어 글루코스와 프럭토스로 나뉘면서 굽는 동안 튀일에 색이 더 잘 나기 때문이다*(22쪽 참조)*.

❸ **벽돌공을 위한 튀일*과 플로리스트를 위한 튤립 만들기**
튀일 오븐팬 위에 유산지를 깔고 반죽을 약 1t 얹는다. 스패출러를 사용해 원형으로 아주 얇게 편다. 그 위에 아몬드 슬라이스나 다른 견과류를 뿌려 마무리한다.
튤립 위와 같은 과정으로 하되 반죽의 양을 1T 정도로 한다. 지름이 4.5~10cm 정도 되도록 한다! 튤립은 튀일보다 더 두껍게 만들 수 있다.

* 기와라는 뜻도 있음.

왜? 유산지를 깐다? 압지나 성경책 종이보다는 유산지가 튀일이나 튤립에 덜 달라붙기 때문이다. 버터를 살짝 칠한 뒤 밀가루를 뿌려 철판 위에 바로 구워도 된다! 반죽 안에 넣는 것이 아니라 위에 아몬드 슬라이스를 뿌린다? 이 방식이 더 쉬우니까. 튤립은 더 두껍게 만들어도 된다? 크기가 더 크면 외부 힘에 대한 저항력도 더 커진다. 따라서 반죽의 두께를 잘 조절하여 좀 더 단단하게 만들어야 한다.

> ❹ **대망의 굽기** 160~170℃ 오븐에 넣은 뒤 튀일과 튤립의 색이 어느 정도 났을 때 뺀다(10~12분). 빼자마자 스패출러로 떼 내고 **튀일**은 밀대 위에 얹어 모양을 만든 뒤 그 상태에서 식히고, **튤립**은 뜨거운 볼에 넣고 몇 분간 식힌다.

☞ **왜?** 오븐에서 '꺼내자마자' 반죽을 떼어 튀일과 튤립 '모양으로 만든다'? 유리전이 온도*(70쪽 참조)* 이상이면 아직 모양을 만들고 변형시킬 수도 있기 때문이다. 그러나 이 상태가 지속되는 것은 겨우 몇 초이기 때문에 아주 신속히 작업해야 한다.

건포도 팔레 PALETS AUX RAISINS

구조

건포도 팔레는 한마디로 말해 실패할 줄 알아야 얻을 수 있는 반죽이다! 사실 불연속 반죽이다. 달걀을 넣으면 버터라는 유화 물질이 분리되는데, 이 불규칙적인 구조에 밀가루를 추가하면 재료가 다시 혼합되면서 달걀 속 수분에 고정되어 반죽 전체가 긴밀히 결합하게 된다. 한마디로 이 제품의 특별한 텍스처는 반죽의 불연속적인 특성에서 온 것이다.

기본 원리

버터가 말랑말랑해지면 슈거파우더를 넣고 힘차게 저어준다. 이것이 거품내기의 시작이다. 전란을 조금씩 넣어 버터가 '분리되도록' 한다. 이렇게 만들어진 불연속적인, 분산시키는 개체에 밀가루를 넣는다.

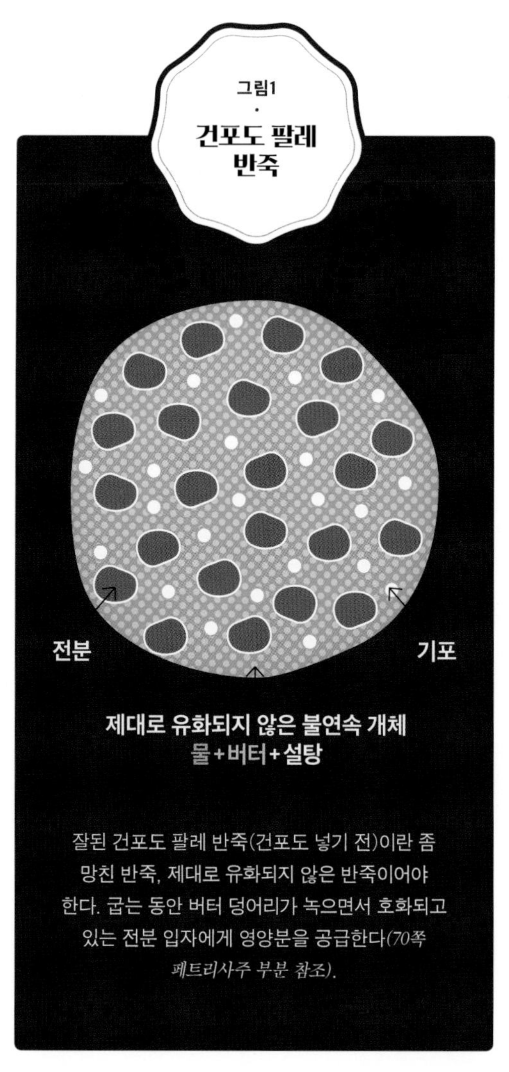

잘된 건포도 팔레 반죽(건포도 넣기 전)이란 좀 망친 반죽, 제대로 유화되지 않은 반죽이어야 한다. 굽는 동안 버터 덩어리가 녹으면서 호화되고 있는 전분 입자에게 영양분을 공급한다*(70쪽 페트리사주 부분 참조)*.

레시피 팔레 50여 개 분량!

포마드 상태의 버터 200g
실온 상태의 달걀 2개(100g)
밀가루 170g

슈거파우더 160g
바닐라빈 안의 씨(원하는 만큼)
건포도 한두 주먹(손이 큰 사람 기준)

❶ **말랑한 상태의 버터 : 이야기하자면 길다** 버터를 조각낸 뒤 말랑말랑해질 때까지 잠시 실온 보관한다. 주의할 것은 버터가 녹으면 안 된다는 점이다. 이미 언급한 바 있지만, 쇼드론 교수님은 겨울철에는 벽난로 옆에, 여름철에는 지하 창고에 버터를 두고 말랑해질 때까지 기다린다. 알다시피 '실온'의 의미는 매우 상대적이다. 북극에서라면 오븐에 넣어야 할 것도 사하라 사막이라면 냉동실에 넣어야 하는 것처럼 말이다. 교수님은 버터를 주무르거나 얇게 잘라 말랑한 상태로 만들기도 한다. 그것도 안 되면 버터에 입김을 불어서라도.

❷ **파티시에의 성배, '크림법'** 버터와 슈거파우더를 4분간 힘차게(기계사용 환영) 섞는다. 이 과정에서 주입된 공기 때문에 내용물의 색은 하얗게 변하고, 미미하지만 부피가 증가한다. 이것이 바로 그 유명한 '크림법'이다. 버터가 절대 녹아서는 안 된다는 것을 주의하자!

❸ **달걀, 모두 이 작업을 위한 것** 달걀을 하나씩 넣으면서 거품기로 젓는다. 초반에는 문제가 없지만 마지막이 되면 내용물이 분리되고 품위 없는 외계인의 배설물 같은 모양이 된다. 버터의 유화는 깨졌지만 그렇다고 녹은 것은 아니다. 그만큼 굉장히 섬세한 작업이라 할 수 있다. 결국에는 버터 조각과 설탕이 달걀 바다에서 헤엄치게 되는데, 의도한 바다.

❹ **밀가루** 밀가루를 넣고 섞되 숟가락이나 스패출러보다 속도가 빠른 거품기를 사용한다. 밀가루가 내용물과 섞이면 더 이상 젓지 않아도 된다. 이제 여러분은 쉬면 된다. 쇼드론 교수님의 가르침처럼 '적게 만질수록 좋다'. 복잡한 방식의 불필요한 행동으로 파티스리 작업을 하는 남남학자라면 이를 최대한 줄였으면 한다. 이 작업이 끝나면 이제 여러분의 일도 끝이다!

☞ **왜?** 버터를 말랑말랑한 상태로 만든다? 버터 속의 일부 지질(약 20℃ 정도의 낮은 온도에서 녹는 지질로 나머지는 약 35℃가 되어야 녹는다)을 녹이기 위해서다. 이렇게 말랑해진 버터는 아이들이 갖고 노는 지점토처럼 변하지만 그렇다고 해서 유화된 상태가 깨지는 것은 아니다. 우리가 원하는 것은 바로 그 상태다. 녹이면 안 된다? 버터가 녹으면 유화 상태가 흐트러져 버터와 타 재료 간의 조합이 불가능해지기 때문이다. 결론적으로 말하면 말랑말랑한 버터와 녹인 버터는 같으면서도 다르다! 이 작업의 경우 유화된 상태는 유지하되 너무 딱딱하지 않아야(너무 차갑지 않아야) 한다.

☞ **왜?** 크림법을 사용하는 이유는? 굽고 난 뒤 약간 부푼 모양, 감히 흉내 낼 수 없는 그 텍스처를 만들기 위해서다. 버터가 녹아서는 안 된다? 그렇다. 녹은 버터는 여러 개체로 분리되기 때문이다. 그러면 거품내기는 물 건너간다.

☞ **왜?** 버터의 유화가 깨진다? (달걀 속) 수분 때문에 유화가 불안정해지면서 되돌릴 수 없는 상태가 된다. 이것은 물리학적으로 정상적인 현상이고 심지어 의도한 바이기도 하다! 품위 없는 외계인의 배설물? 그렇다. 비유가 거의 정확하다. 그럼 '실패한' 반죽을 만들고자 하는가? 그렇다고 볼 수 있다. 부분적으로 균질한 성질을 가진 반죽을 구우면 독특한 향이 만들어진다. 왜냐하면 어떤 부분은 좀 기름지고, 또 어떤 부분은 좀 더 달기 때문이다. 어떻게 보면 이것을 굉장히 섬세한 작업으로 볼 수 있지만 원래 그런 제품이다.

☞ **왜?** 조금만 섞는다? 버터가 많이 들어가는 제품은 '저절로 윤기가 나기' 때문이다. 굽기 시작하면 유지가 녹으면서 버터가 여기저기 분산되고, 전분이 익으면 버터가 단단해진다(70쪽). 너무 힘차게, 열정적으로, 확신에 차서 저으면 '글루텐 조직'이 형성되는데. 이것은 우리가 의도한 바와는 거리가 멀다. 게다가 글루텐에 의해 내부 구조가 만들어진 반죽은 더 이상 밀어 펼 수가 없다. 원하는 바가 무엇인지 잘 파악해야 한다! 이쯤에서 쇼드론 교수님의 한마디. "남남학에서는 어떤 것이든 공존할 수 없는 것을 동시에 가지려 해서는 안 된다."

> ❺ **굽기** 오븐팬에 유산지를 깔고 짤주머니나 작은 숟가락으로 작은 돔 모양의 반죽을 팬닝한다. 건포도(럼에 절인 것이 더 맛있다!)로 장식한 뒤 140~150℃에서 10~12분 동안 굽는다. 오븐에서 꺼내 식힌 뒤 스패출러로 떼어 낸다. 가능하면 구운 뒤 하루 안에 다 먹는다.

☞ **왜?** 건포도를 반죽에 직접 넣지 않는다? 넣어도 되지만 덜 예쁠 것이다. 140~150℃로? 버터는 녹지만 전분 입자는 익어서 호화되지 않을 정도의 온도다. 팔레의 가장자리는 금색, 중간은 밝은 색이 유지될 수 있도록 해주는 온도이기도 하다. '균일한 굽기'가 아닌 '차등적 굽기'를 통해 결과적으로는 모든 부분을 골고루 똑같이 구울 수 있기 때문에 보기에 더 나은 제품을 만들어낼 수 있다.

조형성 있는 반죽의 전설적인 실패담

너무 못생긴 튀일, 튤립 반죽

우리의 조언과 달리 아주 아주 아주 뜨거운 상태의 녹인 버터를 넣은 경우, 달걀흰자 속 단백질이 응고되어 반죽의 연속성이 사라진다. 실패.

↦ *쌤통이다!*

구부러지지 않는 튀일

내가 인내심을 가지고 조언했음에도 불구하고 오븐에서 꺼낼 때 꾸물거리면 튀일이 유리전이 온도(70쪽 참조) 아래로 떨어져 단단해진다.

↦ *부끄러운 일이다!*

엉겅퀴를 닮은 튤립

앞서 설명했음에도 불구하고, 여러분은 차가운 볼 안에 또는 그 위에 튤립을 놓고 모양을 만들었다. 튤립은 유리전이 온도(70쪽 참조) 아래로 식어버리고 몇 천개의 조각으로 부서진다.

↦ *저쪽 구석에서 나 좀 보자!*

밀어 펴지지 않는 랑그드샤(220쪽 레시피)

내 의견(상식)을 무시하고 이 옅은 노란색의 예쁜 반죽을 있는 힘껏 저으면 글루텐 조직이 형성되어 연속성이 사라진다. 그리고 굽는 동안 반죽은 수축된다.

↦ *(공부 안하는 학생에게 씌우던) 당나귀 모자를 여러분에게 주겠다.*

4

가스를 내뿜는 발효 반죽

브리오슈, 도넛, 쿠글로프, 우유빵 등이 발효 반죽에 해당한다. 멋진 파티시에 제품들 가운데 발효 과정을 통해 맛과 텍스쳐를 얻게 되는 제품이 얼마나 될까? 질문은 던져졌다. 아무도 대답할 생각을 하지 않고 있는 이 질문의 대답을 기다리는 동안 가스와 당분, 박테리아로 이루어진 이 멋진 세계를 탐험해보자. (무모한 사람들은 아마 이 챕터를 읽어보지도 않고 이 레시피를 시도할 것이다!)

브리오슈 BRIOCHE

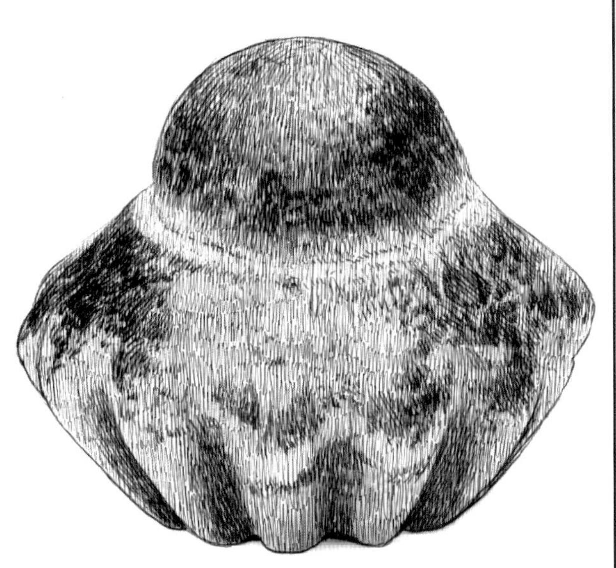

구조

브리오슈는 밀가루, 우유(경우에 따라), 달걀, 설탕, 소금(약간), 버터가 들어간 연속적인 반죽으로 그 속의 이스트가 '단당'을 발효시키는 역할을 한다. 발효 과정에서 생성된 CO_2는 페트리사주 과정에서 형성된 글루텐 조직에 의해 반죽 내에 머문다.

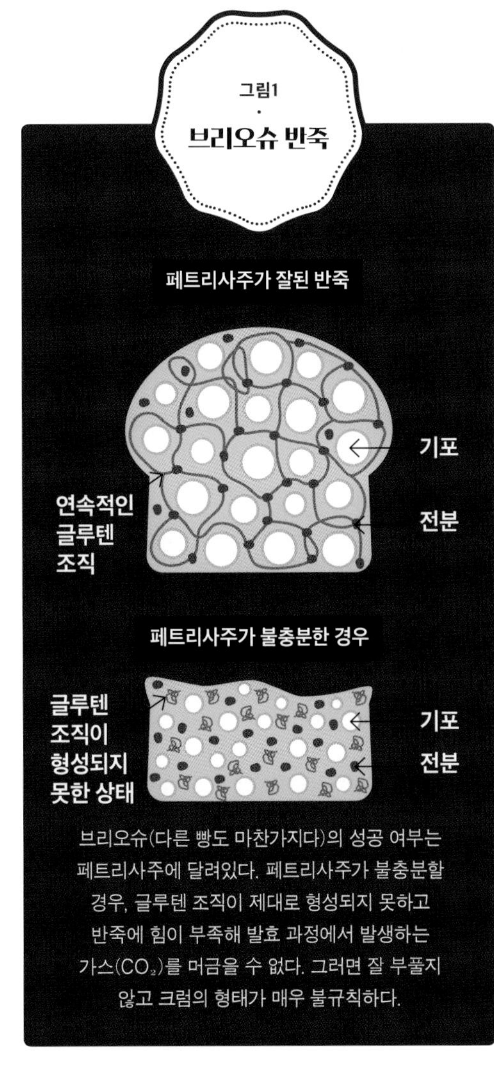

브리오슈(다른 빵도 마찬가지다)의 성공 여부는 페트리사주에 달려있다. 페트리사주가 불충분할 경우, 글루텐 조직이 제대로 형성되지 못하고 반죽에 힘이 부족해 발효 과정에서 발생하는 가스(CO_2)를 머금을 수 없다. 그러면 잘 부풀지 않고 크럼의 형태가 매우 불규칙하다.

기본 원리

밀가루, 소금, 설탕에 이스트(우유나 물에 넣어 미리 용해시키거나 직접 넣을 수 있음), 달걀, 우유를 넣는다. 내용물을 섞고 페트리사주를 해서 발효에 필수적인 글루텐 조직을 형성한다. 페트리사주 이후에 믹서를 계속 돌리면서 버터를 조금씩 넣는다. 반죽이 끝나면 냉장보관하거나 바로 이어서 성형한다.

레시피 반죽 1.2kg에 해당하는 분량, 오븐 하나는 꽉 채울만한 분량

밀가루 500g
신선한 달걀 300g
무르지도 단단하지도 않은 상태의 버터 300g(이만큼이나)
설탕 30g
우유(전지든 아니든 무관) 30g
생이스트 20g
소금 10g

❶ **시작** 전기믹서에 밀가루, 소금, 설탕을 넣고 잠깐 돌려 재료를 골고루 분산시킨다. 달걀(깨서 넣는다. 쇼드론 교수님 말씀에 따르면 남남학 브리오슈 레시피에 달걀 껍데기는 들어가지 않는다)과 우유를 넣는다. 그 위에 생이스트를 으깨서 뿌린다. 우유에 이스트를 넣고 미리 풀어 준 뒤 넣어도 된다. 하지만 이 말을 어기고 반대로 넣으면 작업이 힘들어질 뿐만 아니라 쇼드론 교수님이 지체 없이 잘 가라고 할 것이 뻔하다.

❷ **믹싱과 페트리사주** 전기믹서에 훅을 끼우고 2분 동안 저속으로 돌려 재료를 잘 섞는다. 믹서 내벽에 붙은 내용물들은 잘 긁어서 본 반죽에 섞이게 한다. 2분이 지나면 처음처럼 벽에 그렇게 붙지는 않을 것이다. 믹서의 속도를 높여 약 7~8분 동안 본격적으로 페트리사주 한다. 이 단계가 끝나면 한 덩어리의 단단한 반죽이 된다.

❸ **버터 추가** 버터를 호두 크기 정도로 자른다. '냉장고에서 바로 꺼낸' 단단한 버터나 아예 녹은 버터는 사용하기 곤란하니 약간 무른 상태로 사용하는 것이 좋다. 버터 조각은 두세 번에 걸쳐 넣는다. 이 단계가 끝나면 반죽은 하나의 덩어리가 되어 믹서 내벽에서도 깔끔하게 떨어질 것이다. 평균 믹싱 시간은 5분 정도다.

☞ **왜?** 설탕, 소금, 밀가루를 섞는다? 소금이나 설탕이 이스트와 직접적으로 닿지 않게 하기 위해서다. 여기저기서 이로 인한 실수를 볼 수 있다. 사실 이스트는 소금이나 설탕이 많이 밀집되어 있는 곳에서는 활동을 하지 못할 수도 있다. 그래서 소금과 설탕을 밀가루에 넣고 '용해'시키는 것이다. 놀랍지 않은가? 반죽에 달걀 껍데기는 넣지 않는다? 그렇다. 넣지 않는 게 낫다. 이스트를 으깬다? 사실 으깨지 않아도 다른 재료와 잘 섞일 것이기 때문에 결과에 크게 영향을 미치지는 않을 것이다. 으깨느냐 마느냐는 큰 문제가 아니다.

☞ **왜?** 거품기나 비터가 아니라 훅을 사용한다? 반죽을 상하지 않게 하면서 페트리사주(반죽을 자르듯이 하여 치대는 작업) 하기에 가장 적합한 도구가 훅이다. 2분 동안 저속으로 믹싱? 페트리사주를 하기 전에 재료가 골고루 잘 섞이고, 특히 달걀 속 수분으로 인해 전분과 글루텐을 잘 수화시키도록 하기 위함이다. 수화 과정이 없으면 페트리사주의 효과가 떨어진다.

☞ **왜?** 너무 단단하거나 그렇다고 녹은 것도 아닌 약간 무른 버터? 조금 무른 상태여야 반죽과 잘 섞인다. 단단하거나 녹은 상태에서는 섞이기가 매우 힘들다. 물론 섞이지 않는 이유는 서로 다르다. 버터 조각들을 여러 번 나눠 넣는다? 유화 때문이다. 마요네즈를 만들 때 한 번에 모든 기름을 넣지 않는 것처럼.

❹ **냉장 발효** 반죽을 냉장고에 넣어두고 적어도 3~4시간 동안은 잊고 있어라(최대 24시간).

❺ **성형 및 따뜻한 온도에서의 2차 발효** 덧가루를 사용해 손으로 반죽 모양을 만들거나 틀에 넣어 만든다. 투르트 모양이든 시스티나 성당 모양이든 장화신은 고양이든, 원하는 모양으로 만든다. 2시간 이상 발효시킨 뒤 달걀물을 칠하고 150~170℃에서 적당히 굽는다. 여기서 '적당히'란 맛있어 질 때까지다.

☞ **왜?** 냉장고에? 1차 발효가 더 길어지면 일반적으로 향이 더 많이 우러난다. 게다가 냉기가 반죽을 단단하게 만들어서 차후 성형이 쉽다.

☞ **왜?** 2시간 이상 발효? 20~25℃를 기준으로 했을 때 단시간 발효에 적합한 시간이다. 더 오래 발효시키면 풍미는 더 좋을 것이다. 달걀물을 칠한다? 당연히 더 예쁘게 만들기 위함이다. 틀에 버터를 칠하는 것도 잊지 말자.

정말 어마어마한 사실 굽지 않은 소량의 브리오슈 반죽 안에 얼마나 많은 미생물이 살고 있는지 여러분이 알게 된다면 질겁할 것이다. 이 반죽은 살아 있다. 말을 시켜봐라, 대답할 테니.

도넛 DONUTS

구조

브리오슈와 매우 흡사하다. 기공이 있지만 기포가 아주 작고, 발효 시간이 매우 짧다.

기본 원리

도넛 반죽은 브리오슈나 바바 반죽과 만드는 방법이 유사하나 재료 배합비나 (냉장)휴지시간, 발효 시간에는 약간의 차이가 있다.

레시피 도넛 15~20개 분량

밀가루 500g	버터 70g	소금 3g
달걀 100g(2개 분량)	설탕 50g	식용유
우유 200g	생이스트 20g	

> **❶ 사실 크게 다를 것 없다** 스탠드 믹서에 밀가루, 설탕, 소금을 넣고 손으로 섞는다. 달걀, 우유, 생이스트를 으깨 넣고 중속으로 약 5~6분 동안 페트리사주 한다. 큐브 모양으로 썬 버터를 넣고 믹서를 4~5분 동안 더 돌린다.

☞ **왜?** 5~6분 동안 페트리사주? '글루텐 조직'을 발달시켜 발효 과정에서 발생하는 이산화탄소를 작은 기포 형태로 반죽 내에 머물게 하면서 과도한 탄성이 생기지 않도록 하기 위함이다. 그렇지 않으면 예쁜 원형 도넛이 아니라 상상할 수 있는 모든 모양으로 변형될지도 모른다.

---

❷ 아, 이 부분은 다르다 반죽을 40분간 냉장 휴지시킨다. 잠깐 눈을 붙인 뒤, 작업대 위에 덧가루를 뿌리고 반죽을 놓는다. 이때 반죽이 얼마나 예쁜지. 약 2cm 두께의 띠 모양으로 반죽을 밀어 도넛 모양 틀로 반죽을 자른다. 덧가루를 충분히 뿌린 뒤 작업대에서 1시간 남짓(그 이상은 안 됨) 발효시킨다.

☞ **왜?** 반죽을 냉장 휴지한다? 버터 속 유지가 굳어서 반죽이 단단해지면 나중에 밀기 편하다. 도넛 모양으로 자른 뒤 1시간 정도만 발효시킨다? 그렇지 않으면 너무 많이 부풀어서 오일을 다 흡수해버린다. 자른 뒤에 발효한다? 그렇지 않으면 균일한 도넛 모양이 나오지 않는다.

---

❸ 이거 괜찮은데 큰 팬(지름 28~30cm)에 4~5cm 높이로 기름을 붓고 예열한다. 기름 온도가 140℃(±5℃) 정도 되면 도넛 3~4개를 살짝 올려놓는다. 1분(또는 조금 더) 동안 익힌 뒤 포크로 도넛을 뒤집어 1분 동안 더 익힌다. 키친타월로 남은 기름을 뺀 뒤 슈거파우더를 뿌려 바로 입에 넣는다.

☞ **왜?** 140℃? 온도가 너무 높으면 도넛이 반죽의 중간까지 익기도 전에 탄다. 여기서 쇼드론 교수님의 조언. 온도계가 없다면 기름에 손가락을 넣어보라. '치지직' 하는 귀에 거슬리는 소리도 없이 은근히 튀겨줄 것이다. 여러분의 손가락 말고 반죽을 조금 떼어 넣어보길!

정말 어마어마한 사실 앞서 언급한 지시사항들을 잘 지키고 더 나아가 잘 이해한다면 여러분에게 잘 맞는, 기가 막힌 도넛을 만들 수 있다. 여러분이 익히 알고 있는 양산된 도넛과 이 개성 있는 도넛은 전혀 다른 제품이다.

발효 반죽의 전설적인 실패담

부풀지 않아 예쁘지 않은 브리오슈

여러분도 예상하다시피, 이 브리오슈 반죽은 발효가 안 되었다.
혹시 이스트를 안 넣었는가? 아니면 설탕, 소금과 이스트가 직접적으로 닿았는가?
또는 계량 실수?
그것도 아니라면 수수께끼 같은 일이다.
↦ *이제 당신은 너무 낙담한 나머지 숨어 지내게 될 것이다. 하지만 죄 값은 치러야 한다.*

비참한 모양의 도넛

튀김기름 안에 반죽을 넣을 때 조심스레 넣지 않고 당신의 그 큰 손가락으로 반죽을 누른 것이다.
↦ *쇼드론 교수님의 은총을 바라는 수밖에.*

5

드디어 조금 간단! 하지만…

구움과자 반죽

발효 반죽, 푀유테, 된 반죽, 거품형 반죽을 거쳐 이제 진정한 가토라 할 수 있는 구움과자 반죽(케이크, 피낭시에, 파운드케이크 등)에 이르렀다! 사실 이 반죽은 저절로 만들어지는 것이나 마찬가지다. 그럼에도 불구하고 실패했다면 본인의 실력을 더 키워야 한다. 이 반죽의 장점은 그 전에 다뤘던 반죽들에 비해 수분이 아주 많다는 것이다. 수분함량이 높으면 반죽이 잘 섞이고, 글루텐을 많이 자극하지 않기 때문에 믹싱 시간에도 신경을 덜 쓸 수 있다. 이스트도 대부분의 할 일을 알아서 해결한다. 자, 이제 좀 쉬자!

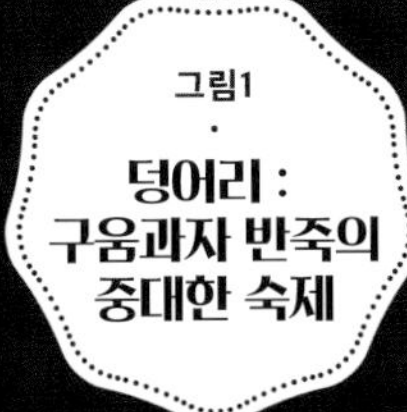

덩어리에는 장점이 두 개 있다. 텍스처뿐 아니라 재료의 배합비를 변질시킨다는 장점. 진정 행복한 순간이다. 이를 피하기 위해 걸쭉한 내용물(달걀+설탕+밀가루 개체)을 점차적으로 넣으면서, 힘 있게 저어 용해시킨다.

정확한 레시피

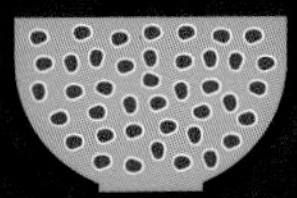

분산이 잘된 상태

잘못된 레시피

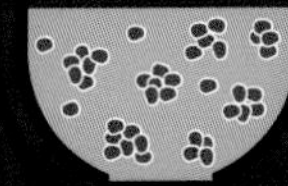

덩어리진 상태

파운드케이크 QUATRE-QUARTS

구조

마들렌 반죽(180쪽 참조)과 파운드케이크 반죽은 재료의 배합비 측면에서 약간 다르다. 이 차이가 우리가 아는 그 텍스처와 맛의 근본적인 차이를 만든다. 큰 틀에 넣어 구우면 이 효과가 더 극대화된다. 왜냐하면 열과 물질(수분)의 이동 방식이 달라지기 때문이다. 구조적인 측면에서 파운드케이크 반죽은 마들렌처럼 구움과자 반죽에 속한다.

기본 원리

설탕과 달걀을 섞은 뒤 밀가루를 넣고 버터, 이스트, 소금을 넣는다. 페트리사주가 아니라 단순히 섞기만 한다.

레시피 25×10×7cm 크기의 파운드케이크 2개 분량

달걀 200g(4개)
버터 200g
밀가루 200g

설탕 200g
이스트(가능하면 베이킹파우더로) 5g
소금 3g

❶ **달걀과 설탕** 샐러드 그릇에 설탕과 달걀을 넣고 거품기로 젓는다. 휘핑하거나 달걀을 푼다는 생각으로 작업하지 말고 마들렌 만들 듯이 섞는다*(180쪽)*.

☞ **왜?** 이번에는 설탕을? 여기서는 설탕이 완전히 녹았는지 따질 필요가 없다. '불완전한' 용해(당연히 굽기 전) 상태여야 파운드케이크의 크럼에 탄성이 조금이라도 더 생긴다. 텍스처를 맞추는 작업이 섬세한 부분이긴 하나 그 동안 충분히 설명했다.

❷ **밀가루+소금+이스트** 밀가루, 소금, 이스트를 먼저 섞는다. 여기에 달걀+설탕을 넣고 완전히 섞일 때까지 젓는다.

☞ **왜?** 이스트 5g(마들렌보다는 1% 적게 들어간 것인데 이게 많은가?)? 파운드케이크 반죽은 마들렌과는 달리 밀도가 더 높고, 더 묵직한 느낌이 나야 한다. 그래서 파운드케이크에 들어가는 이스트의 양이 더 적다. 이스트 첨가량 감소=가스 생성량 감소=더 촘촘하고 묵직한 내상 형성. 이것이 우리의 목표다. 소금은? 이런 가토가 가진 전형적인, 그 특별한 느낌을 주기 위함이다.

❸ **그러면 버터는?** 녹인(끓이는 게 아니라) 뒤 너무 뜨겁지 않은 상태에서 넣는다.

☞ **왜?** 180쪽 마들렌 레시피 참조.

❹ **틀에 넣기 및 굽기** 반죽 두께가 4cm 이상 되면, 여러분이 고른 틀에 버터를 칠하고 밀가루 옷을 입힌다. 오븐을 165~170℃로 예열한다. 틀에 반죽을 부은 뒤(틀 높이의 3/4 정도) 35~40분 정도 굽는다. 오븐에서 꺼내 틀에서 분리하고 그릴 위에서 식힌다. 몇 시간 기다렸다가 가토를 먹는 것이 가장 좋다.

☞ **왜?** 이 두께의 반죽? 반죽의 노출된 면적을 줄이기 때문이다. 그래야 수분 이동이 힘들어지고, 파운드케이크의 내상이 가진 특별한 텍스처를 만들 수 있다. 원형 틀 또한 그런 역할을 하지만 그건 얘기가 좀 다르다. 온도를 낮춰서 굽는 이유는? 색이 많이 난 크러스트가 뚜껑 역할을 하여 신선한 버터 맛을 (조금이라도) 보존하게 하기 위함이다.

정말 어마어마한 사실 1/4이 4개 모였다고 해서 1이 되지 않는다. 사실 1/4에 해당하는 버터에는 수분이 거의 15% 들어있다!

케이크 CAKE

구조

케이크는 구움과자 반죽에 속한다. 그러나 주의 깊고, 호기심 많은 이들은 랑그드샤나 건포도 팔레, 그리고 케이크 반죽 간의 제조 방식이나 구성 성분의 유사성에 대해 이미 눈치 챘을 것이다. 녹인 버터가 아니라 '무른' 버터를 넣는 것이 큰 차이를 만든다. 또한 케이크 반죽은 구움과자 반죽처럼 큰 틀에 넣어 굽는다는 것이 다르다. 이 모든 기괴한 조합이 모여 특별한 텍스처를 만들어낸다.

기본 원리

'포마드' 버터를 슈거파우더와 섞고, 거기에 '실온 상태의' 달걀을 한 개씩 넣는다. 이렇게 하면 우리가 의도한 '유화의 균열'이 발생한다. 반죽을 망친 것 같아 보이지만 여기에 밀가루를 넣으면 다시 제자리로 돌아온다. 그 다음에 과일 콩피와 여타 알코올을 넣어 비교적 낮은 온도로 굽는다.

레시피 케이크 2개 분량

실온 상태의 달걀 150g(3개)	밀가루 155g	베이킹파우더 11g
'포마드' 버터 130g	슈거파우더 125g	여러 종류의 과일 콩피 150g

❶ **거꾸로 시작한다** 샐러드 그릇에 밀가루와 이스트를 넣고 잘게 자른 과일 콩피를 넣는다!

❷ **버터와 슈거파우더** '포마드' 버터(말랑말랑하나 녹지는 않은 상태)에 슈거파우더를 넣고 섞는다. 전기거품기를 사용해 4분 동안 크림법으로 작업한다.

❸ **상온에 둔 달걀** 거품기로 저으면서 달걀을 한 개씩 넣는다. 첫 번째 달걀이 완벽히 섞인 다음에 두 번째 달걀을 넣는다. 마지막 달걀을 넣을 때는 거의 불가능한 일이만, 그게 정상이다!

☞ **왜?** 이게 말도 안돼? 재료를 완벽하게 분산시키고 틀 바닥에 과일이 가라앉는 것을 방지하기 위한 가장 좋은 방법이다.

☞ **왜?** 슈거파우더? 설탕이 최대한 균일하게 분산된다. '크림법'? 비중은 높지만 그렇다고 너무 무겁지 않은 반죽을 만들기 위해서, 안에 공기를 넣는다.

☞ **왜?** 실온 상태의 달걀? 너무 차가우면 버터가 단단해져 작업이 거의 불가능해진다. 하나씩 넣는다? 버터라는 유화된 재료를 점진적으로 깨뜨리고, 약화시키기 위함이다. 여기서 우리는 케이크만의 독특한 크림을 주는 일종의 이질성을 만들어낸다. 아! 그렇게 쉽지만은 않다!

›

> ❹ **나머지** 밀가루+이스트+과일 콩피를 넣고 스패출러나 숟가락으로 설렁설렁 섞는다.

❺ **굽기** 24×7cm 크기의 직사각형 틀에 유산지를 깔고 오븐을 165~170℃로 예열한다. 틀에 반죽을 붓고(틀 높이의 3/4 정도) 35~40분 동안 굽는다. 오븐에서 꺼내 틀에서 분리하고 그릴 위에서 식힌다. 가장 좋은 것은 몇 시간 후에 먹는 것이다.

☞ **왜?** 설렁설렁 섞는다? 열심히 섞을 필요가 없고, 효과도 없기 때문이다.

☞ **왜?** 낮은 온도에서 굽는다? 이 반죽은 촘촘한 구조를 갖고 있기 때문에 가장자리에 색이 많이 나지 않도록 시간을 가지고 점진적으로 구워야 한다.

정말 어마어마한 사실 재료의 믹싱법이나 순서, 배열을 바꿔보라. 완전히 다른 가토가 나올 것이다. 놀랍지 않은가?

피낭시에 FINANCIERS

구조

피낭시에 반죽은 하얗긴 하지만 구움과자 반죽(노란 반죽)에 속한다! 노른자는 없고 흰자만 들어있기 때문에 흰색이 나는 것이다. 피낭시에 반죽과 구움과자 반죽은 (크기)차이를 제외하고, 용액/현탁액/유화의 삼중 구조로 이루어져 있다는 점에서 유사하다. 그만큼 현탁액에는 용해되지 않는 몇 천개(어쩌면 몇 백 만개?)의 아몬드 분태 입자가 들어있다는 의미다.

기본 원리

버터를 끓여 향을 낸 뒤 식힌다. 슈거파우더와 흰자를 섞은 뒤 밀가루, 아몬드파우더, 마지막으로 버터를 넣는다.

레시피 작은 피낭시에는 여러 개, 좀 큰 피낭시에는 몇 개 안 나오는 분량

달걀흰자 5개(150~160g)
슈거파우더 250g
버터 170g

아몬드파우더 150g
밀가루 60g

❶ **버터 끓이기** 냄비에 버터를 넣고 녹인 뒤 끓인다. 버터를 오래 팔팔 끓이면 모든 수분이 증발하고, 유분으로 인해 색이 난다. 이렇게 되기 전에 가열을 중지하고 냄비를 찬물에 담가 식힌다.

☞ **왜?** 버터를 끓인다? 필수적인 것은 아니나 피낭시에만의 고유한 맛을 내기 위해서는 이 단계를 거쳐야 한다. 수치와 이윤을 따지는 따분한 이들이니 조심하자*.

* 피낭시에에는 자본가, 금융인이라는 뜻이 있음.

❷ **슈거파우더와 흰자** 샐러드 그릇에 슈거파우더와 흰자를 넣고 거품기로 섞는다. '너무 많이 섞어 부피가 증가하지' 않을 정도여야 한다.

☞ **왜?** 부피가 증가하지 않게? 피낭시에 반죽은 굽는 동안 흰자 속의 수분이 증발하면서 약간의 기공이 생기기는 하지만 기본적으로 거품형 반죽이 아니다. 소형 틀을 사용하면 수분 증발이 활성화되어 이 텍스쳐가 쉽게 만들어질 수 있다.

❸ **밀가루와 아몬드** 밀가루와 아몬드파우더를 철저히 섞은 뒤 달걀흰자+슈거파우더를 섞은 내용물에 붓는다. 거품기로 이 모든 재료를 적당히 섞는다.

☞ **왜?** 적당히 섞는다? 이 반죽은 따로 작업할 필요 없이 그저 조합만 하면 된다. '여럿을 한데 섞어 한 덩어리로 만든다'는 뜻의 '조합' 말이다! 있는 힘껏 섞거나 페트리사주를 하라는 뜻이 아니다.

❹ **버터 추가 및 굽기** 위 내용물에 버터를 넣고 거품기로 섞는다. 잘 섞이지 않으면 실패다. 너무 뜨거운 상태에서 넣으면 흰자의 일부가 '익어버린다.' 반죽을 하룻밤 휴지시킨 뒤 4×2cm 정도의 작은 원형 틀에 반죽을 붓고 160℃에서 12~15분 동안 굽는다.

☞ **왜?** 거품기로 섞는다? 같은 속도로 섞을 경우 숟가락이나 스패출러 보다는 더 잘 섞인다. 하룻밤 휴지시킨다? 반죽이 더 단단해져서 틀에 넣어 모양 만들기가 쉽고 향이 더 많이 퍼지기 때문이다. 160℃에서 굽는다? 입에서 살살 녹는 식감을 위함이다.

정말 어마어마한 사실 아몬드파우더는 피스타치오, 헤이즐넛, 호두 파우더로 대체할 수 있다. 그러나 견과류마다 탄수화물/지질/단순 단백질의 함량이 다르기 때문에 피낭시에의 외형과 텍스처는 달라질 것이다. 직접 시험해보자.

마들렌 MADELEINES

구조

마들렌의 특징인 작은 배꼽모양을 만들기 위해 특별한 구움과자 반죽으로 만든다.

기본 원리 & 레시피 *180쪽 참조*

구움과자 반죽의 전설적인 실패담

밖은 타고 안은 제대로(또는 전혀) 구워지지 않은 파운드케이크

우리가 평소에 인식조차 하지 못하고 지나칠 정도로 아주 흔한 실수다.
높은 설탕 함량에 비해(파운드케이크의 정의대로라면 1/4에 해당)
상대적으로 소량의 공기가 들어있기 때문에 파운드케이크에 색이 빨리 나는 것이다.
↦ *낮은 온도로 더 오래 구워야 한다.*

틀 바닥에 가라앉은 케이크 속 과일 콩피

레시피상의 달걀 양이 많았거나 굽는 온도가 너무 높아서 반죽이 액상에 가까워진 경우다.
↦ *반죽이 액상에 가깝다 보니 케이크 속 불쌍한 과일 콩피가 아래로 가라앉은 것이다.*

너무 기름진 피낭시에

계량 실수도 없었고 레시피 배합비에도 문제가 없었다면
너무 높은 온도에서 버터를 넣어 생긴 일이다.
↦ *높은 온도 때문에 흰자와 전분의 일부가 익는 바람에 지방을 머금을 수 없게 된 것이다.*

부풀지 않는 마들렌

분명 이유는 있다. 계량 실수(매우 흔하다)거나 이스트가 제 역할을 하지 못한 경우,
휴지시간이 적절하지 못한 경우, 반죽과 오븐의 온도 차가 너무 큰 경우,
레시피가 좋지 않은 경우가 이에 해당한다.
↦ *아니면 여기에 또 다른 문제가 더해졌을 수도.*

6

공기 가득한 무스

무스는 파티시에의 무한한 애정을 받는다. 하지만 아래 내용과 119쪽을 보면 사바용과 샹티이는 아무나 만들 수 있는 것이 아니기 때문에 빈둥거리다가는 절대 성공할 수 없을 것이다.

샹티이 크림 CHANTILLY

구조

샹티이 크림은 크림 속 유지에 의해 안정화된 무스다. 결정화된 (차가운) 지방 입자들이 기포를 둘러싸고 있기 때문에 무스가 농도를 유지하는 것이다.

기본 원리

미리 식혀둔 크림을 있는 힘껏 저어준다. 차가울수록 작업이 더 쉬울 것이다.

레시피 미식가 5~6명분

아주 차가운 생크림 250g
차가운 슈거파우더 40g
바닐라빈 1개 안의 씨

❶ **이건 너무 쉽다** 차가운 곳에 두었던 샐러드 그릇에 차가운 크림을 붓는다. 슈거파우더(가능하다면 이것도 차갑게!)를 넣고 바닐라빈 안의 씨를 긁어 넣는다. 원하는 텍스쳐가 될 때까지 전동거품기를 고속으로 돌려 다 같이 섞는다.

☞ **왜?** '액체' 크림? 그 보다 농도가 높은 크림으로 샹티이 크림을 만들 수도 있으나 '거품생성률'이 낮다. 재료와 도구 모두 차가운 상태로? 유화된 상태의 크림 속 유분이 결정 상태(즉 굳은 상태)를 유지하도록 하기 위함이다. 유분이 녹으면 입자들이 더 잘 응집되어 크림을 더 이상 휘핑할 수 없게 된다.

정말 어마어마한 사실 샹티이 크림만 만들줄 안다면 거기에 사프란, 초콜릿, 프랄랭, 차(크림을 데운 뒤 식혀 차를 우림)를 넣고 향을 내서 완전히 새로운 제품을 만들 수도, 거기에 새로운 이름을 지어줄 수도 있다. 달팽이 버터(beurre d'escargot)를 만들어보는 건 어떨까?

프랑스 머랭, 스위스 머랭, 이탈리아 머랭

MERINGUES FRANÇAISES, SUISSES ET ITALIENNES

구조

머랭은 흰자에 공기를 넣어 만든 거품에 단백질과 수분을 넣은 것으로 설탕 함량이 매우 높다(60%). 이 설탕이 계면막 *(65쪽 참조)* 안에 분산되거나 녹기 시작하면 (굽기 여부와 관계없이) 머랭만의 특별한 텍스쳐가 만들어진다.

코코리코 프랑스 머랭

(미식가를 위한)

기본 원리

흰자를 눈처럼 올린다. 설탕을 넣은 뒤 골고루 분산되어 녹을 때까지 계속 저어 거품을 낸다. 머랭이 만들어지는데 흰 머랭을 만들려면 100~120℃에서, 좀 더 색을 내려면 140~155℃에서 굽는다. 굽는 시간은? 크기에 따라 다르다.

레시피 예쁜 머랭 10~12개 또는 안 예쁜 머랭 50개 분량

아주 신선한 달걀흰자 5개
설탕(슈거파우더 또는 일반 설탕) 250g

옵션 : 레몬즙 5방울

❶ 기초 작업 흰자를 전기믹서에 넣고 (레몬즙을 넣고) 고속으로 돌려 눈처럼 단단하게 올린다. 설탕을 넣고 중속으로 8~10분 동안 더 돌린다. 유산지를 깐 오븐팬에 숟가락이나 짤주머니로 팬닝한 뒤 100~120℃로 예열한 오븐에 굽는다. 시간은? 머랭의 크기와 원하는 텍스쳐에 따라 다르기 때문에 여러분이 결정해야 한다.

왜? 처음에는 고속으로? 질질 끌 필요가 없다. 레몬즙을 넣는다고? 65쪽 참조. 흰자로 거품을 낸 뒤 설탕을 넣는다? 가능한 한 공기를 많이 포집하기 위함이다. 중속으로? 설탕을 넣고 나면 더 이상 거품이 나지 않기 때문에 고속으로 돌릴 필요가 없다. 설탕은 계면막에서 녹기 시작하고, 기포의 크기는 줄어든다.

스위스 머랭
(데코로 많이 사용)

기본 원리

흰자와 설탕을 가열해서 거품을 낸다.

레시피 30~40개 분량

아주 신선한 달걀흰자 4개	설탕(슈거파우더 또는 일반 설탕) 210g

❶ 더 섬세한 작업 적당한 크기의 샐러드 그릇을 골라 중탕으로 익힐 준비를 한다. 샐러드 그릇 안에 흰자와 설탕을 넣고 전동거품기로 휘핑한다. 내용물의 온도를 45~50℃(그 이상도 이하도 아닌)로 유지한다. 중탕 그릇에서 뺀 뒤에도 30~35℃가 될 때까지 더 휘핑한다. 그리고 먼저 소개한 프랑스 머랭처럼 굽는다.

왜? 설탕과 흰자를 동시에 넣는다? 이 방식을 쓰면 거품이 덜 나고, 더 무거운 머랭이 탄생하지만 이것은 의도한 것이다! 레몬즙이 없다고? 그럼 넣을 필요 없다. 어느 정도만 거품이 나면 되니까. 가열한다? 흰자 속 단백질이 응고되기 시작하면 굽고 나서도 윤기 있고 걸쭉한 텍스쳐가 유지된다. 이것 또한 의도한 결과다.

이탈리아 머랭
(주로 다른 레시피에 넣기 위한)

기본 원리

거품 낸 흰자에 끓인 설탕시럽을 부으면 내용물이 익기 시작한다.

레시피 레몬 타르트 2~3개 분량

아주 신선한 달걀흰자 4개
설탕(슈거파우더 또는 일반 설탕) 210g
레몬즙 몇 방울
물 40g 정도

❶ **조금 더 섬세한 작업** 전기믹서에 흰자와 레몬즙을 넣고 고속으로 돌려 눈처럼 단단히 올린다. 그 동안 냄비에 설탕, 물, 레몬즙 몇 방울을 넣고 섞은 뒤 ('그 동안' 이라고 말한 것은 흰자가 그리 오래 기다려주지 않기 때문이다. 흰자가 단단히 올려지면 시럽도 끓어야 한다. 이 레시피를 성공하려면 적당한 타이밍이 필요하기 때문에 '거품내기'와 '설탕 끓이기' 작업이 동시에 이루어져야 한다) 120℃까지 끓인다. 불에서 내린 뒤 흰자에 이 시럽을 부으면서 살살 젓는다. 중속으로 8~10분 동안 섞는다. 머랭 자체로 쓰거나 다른 레시피에 넣는다.

☞ **왜?** 시럽을 부으면서 살살 젓는다? 그렇지 않으면 설탕이 믹서 벽에 다 튀어서 제품이 제대로 나오지 않을 수도 있다. 물의 양을 어림잡은 이유는? 원하는 시럽의 농도를 맞추기 위해서는 시럽의 최종 온도가 더 중요하기 때문이다. 초반에 물을 너무 많이 넣으면 증발해버리고, 그렇다고 물의 양이 너무 부족하면 시럽 자체가 잘 만들어지지 않는다. 당연하지 않은가! 우리 레시피를 기준으로 설탕 210g에 물 40g이 적당하다.

사바용 SABAYON

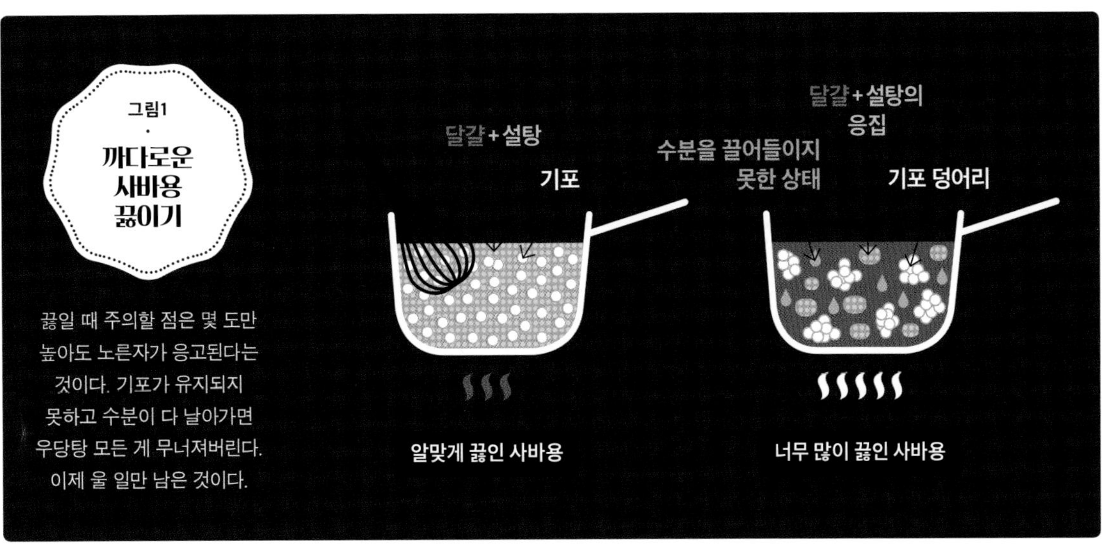

구조

사바용은 머랭과 매우 유사하다! 달걀노른자를 사용한 무스지만 끓인 설탕으로 안정화시킨다는 공통점이 있다.

기본 원리

달걀노른자로 거품을 낸 뒤 막 끓인 설탕 시럽을 부으면서 익힌다.
사바용에 알코올이나 제스트 등을 넣어 향을 내기도 한다.

레시피 사바용 애호가 5~6명분

아주 신선한 달걀노른자 5개
설탕 170g
물 40g
레몬즙 몇 방울 또는 글루코스 1T 중 선택

---

❶ **고속으로** 전기믹서에 노른자를 넣고 4분 동안 고속으로 돌린다. 그동안 냄비에 설탕, 레몬즙(또는 글루코스), 물을 넣고 끓인다.

☞ **왜?** 고속으로 돌린다? 노른자도 젓다보면 부피가 증가하기는 하지만 흰자만큼은 아니기 때문에 속도를 조금 높여줄 필요가 있다.

❷ **조심해라, 탄다** 시럽이 120℃가 되면 불에서 내린다. 믹서를 저속으로 돌리면서 노른자에 뜨거운 시럽을 붓는다. 다 부은 뒤 다시 속도를 높여 돌리다가 내용물이 약 40℃에 이르면 멈춘다. 사바용 완성이다.

☞ **왜?** 설탕 시럽을 부을 때 저속으로 돌린다? 고속으로 돌리면 시럽이 노른자에 섞이는 것이 아니라 믹서 벽으로 다 튄다. 약 40℃에서 멈춘다고? 이쯤 되면 설탕이 식고 내용물이 걸쭉해져 사바용의 부피가 더 이상 증가하지 않기 때문에 더 이상의 휘핑은 무의미하다. 물론 믹서 안에 그대로 두면 서서히 공기가 빠지긴 한다. 그러니 적절한 때에 멈춰야 한다.

과일 무스 MOUSSES DE FRUITS

구조

과일 펄프라는 연속 개체 안에 넣은 젤라틴이 녹은 것을 의미하기 때문에 사실 부푼 겔이나 마찬가지다. 차갑기는 하지만 아직 겔화되지 않은 개체에 휘핑한 크림을 넣고 섞으면 유지뿐 아니라 기포가 많이 들어간다. 그리고 내용물이 겔화되어 약간 굳으면서 기포를 머금게 되고 그때 바로 샤를로트나 바바루아처럼 기공 있는 구조가 만들어진다.

기본 원리

과일 또는 우유, 달걀로 구성된 분산시키는 개체에 젤라틴을 넣어 녹인 뒤 휘핑한 크림을 넣는다.

(196쪽 가짜 배 샤를로트 레시피 참조)

다크 초콜릿 무스 MOUSSE CHOCOLAT NOIR

구조

간접 거품법(63쪽 참조)을 사용해 두 개체 믹싱법(52쪽)으로 만든다. 분산시키는 개체(초콜릿이 들어간 내용물)에 분산될 개체(휘핑한 흰자)를 넣는다. 무스의 맛과 텍스처는 가루 재료(수분이 없는 모든 재료)의 비율, 거품생성률, 유지의 비율과 결정화 정도(무스를 냉장고에 넣어둔 경우)에 따라 결정된다.

기본 원리

녹인 초콜릿이 들어간 내용물에 버터, 달걀노른자, 크림, 풀어놓은 흰자, 약간의 설탕을 상황에 따라 가감하여 넣는다.

(158, 160쪽 레시피 참조)

화이트 초콜릿 무스 MOUSSE CHOCOLAT BLANC

구조

화이트 초콜릿 무스는 다크 초콜릿 무스와 매우 흡사하나 지방 함량이 더 높고 (흰자 때문이 아니라) 풀어놓은 크림과 사바용 때문에 공기가 들어간 상태이다.

기본 원리

분산시키는 개체(녹인 화이트 초콜릿에 버터, 사바용을 넣고 섞은 것)에 분산될 개체(휘핑한 크림)를 더해 완성한다.

(220쪽 참조)

무스의 전설적인 실패담

버터가 되어 버린 샹티이 크림

크림을 풀어줘야 하는 건 맞지만, 너무 많이는 안 된다.
휘핑을 하다보면 지방 입자들끼리 응집되어 버터가 된 경우.
↦ *그 버터는 빵에 발라 먹어라.*

부풀지 않는 샹티이 크림

크림의 온도가 너무 높아지다 보니(또는 저지방이어서)
유지의 온도도 같이 높아져 결정화되지 않은 경우.
↦ *몇 시간동안 휘핑을 해도 아무런 변화가 없을 것이다.*

물렁한 머랭

흰자를 충분히 휘핑하지 않았거나 흰자에 노른자가 들어있었을 경우.
↦ *두 경우 모두 충분히 부풀지 않는다.*

무스가 아닌 초콜릿 무스

무스를 너무 많이 섞어 눈처럼 올린 흰자 속의 공기가 빠진 경우.
↦ *무스가 석고 반죽처럼 무거워진다.*

덩어리진 샤를로트

비상식적으로 휘핑한 크림을 이미 겔화된 과일이 들어있는 내용물에 넣은 경우.
↦ *교훈, 여기저기 덩어리질 것이다.*

7

보고 있자니 정신이 혼미해지는

결이 있는 발효 반죽

브리오슈 반죽과 퓌유테 반죽의 난이도를 고려해봤을 때 어떤 반죽이 더 마음에 드는가? 이 반죽들을 파티스리에서 말하는 에베레스트 난이도, 정확히 비에누아즈리 크루아상 반죽에 도전하기 위해 추가한다. 그렇다고 모험을 즐기는 이들만 여기에 도전하는 것은 아니다. 결이 살아나지 않은 갓 구운 크루아상을 보며 현실을 직시하게 된 이들이 많이 있다. 물론 희망에 가득차서 다시 시작하는 이들도 있을 것이다. 이들은 파티시에로서의 자신의 용기 있는 행동에 대해 영웅적으로 묘사할 것이다.

크루아상 CROISSANTS

구조

크루아상 반죽은 결(층이 있음)이 생기고 기공(기포가 있음)이 발달한 구조다. 발효시킨 데트랑프(물+밀)와 버터라는 두 개의 개체로 이루어져 있다. 반죽 층이 잘 분리되어 있어야 크러스트와 크럼 모두 크루아상 고유의 텍스처를 가질 수 있다.

그림1 · 크루아상 반죽 구조

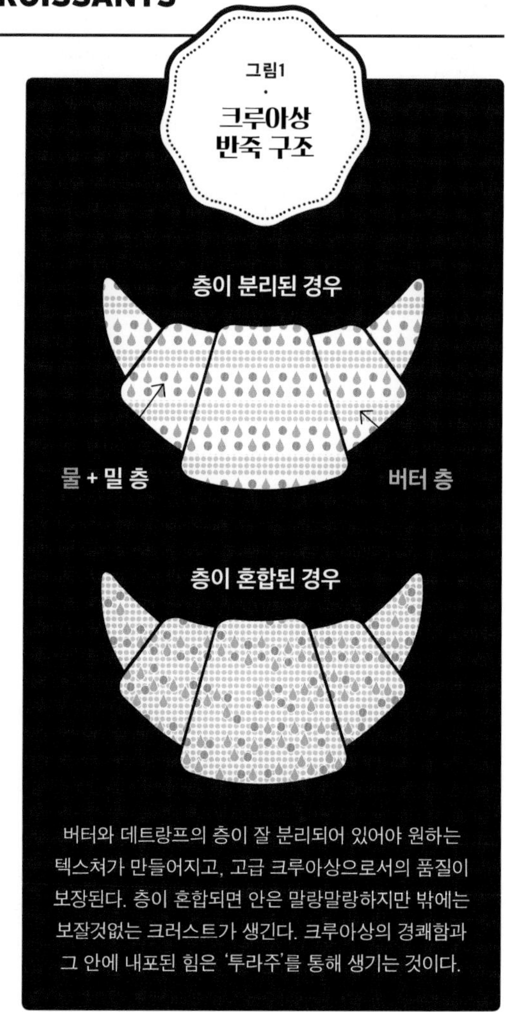

버터와 데트랑프의 층이 잘 분리되어 있어야 원하는 텍스처가 만들어지고, 고급 크루아상으로서의 품질이 보장된다. 층이 혼합되면 안은 말랑말랑하지만 밖에는 보잘것없는 크러스트가 생긴다. 크루아상의 경쾌함과 그 안에 내포된 힘은 '투라주'를 통해 생기는 것이다.

기본 원리

파트 푀유테와 유사하다. 데트랑프를 만들 때 페트리사주를 짧게 해야 반죽을 밀어 펴기가 좋다. 밀어놓은 반죽에 버터를 넣고 다시 여러 번 밀어 여러 개의 층을 만든다. 밀수록 이 층은 점점 얇아진다. 이 작업이 끝나면 성형한 뒤 발효시키고 달걀물을 칠해서 굽는다. 앗, 벌써부터 침이 고인다.

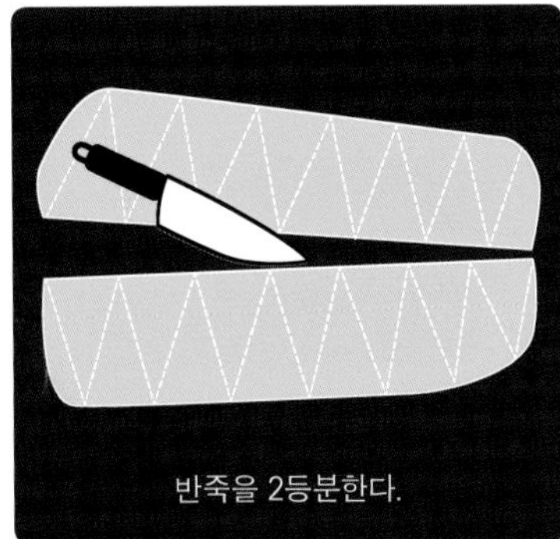
반죽을 2등분한다.

9cm 길이로 자른다.

삼각형 모양의 반죽을 만든다.

크루아상의 혀가 나와 있다.

일자 크루아상(예전의 버터 크루아상)

구부린 크루아상(예전의 '정상' 모양)

레시피 모양이 예쁜 크루아상 20개 정도의 분량 (혹시 남는다면 냉동보관)

데트랑프 재료
찬 밀가루 500g
찬 우유 300g
설탕 50g
생이스트 20g
소금 9g

나머지 재료
차가운 버터 250g
달걀 1개

반죽을 만들기 전에 밀가루, 버터, 우유를 3시간 정도 냉장하는 것이 좋다.

❶ **첫 걸음** 볼(접시보다 낫다)에 소금, 설탕, 이스트와 찬 우유를 넣고 녹을 때까지 섞는다. 믹서에 이 내용물과 밀가루를 넣고 섞는다. 저속으로 돌려 모든 재료를 섞은 뒤 속도를 높여 1~2분 동안 페트리사주 한다. 반죽을 꺼내 하나의 덩어리로 만들고, 1시간 동안 냉장 휴지한다.

☞ **왜?** 반죽 시간을 제한한다? 그렇다. 믹서를 너무 오래 돌리면 반죽에 필요 이상의 '힘'이 생기게 되는데, 이런 경우에는 반죽 밀기가 힘들어질 뿐만 아니라 데트랑프와 버터가 이루는 얇은 층들이 모두 뭉개진다. 하지만 층은 분명 분리되어 있어야 한다. 그만큼 어렵다.

›

> ❷ **그럼 버터는?** 유산지 2장 사이에 판 버터를 넣고 밀대로 가볍게 쳐서 납작하게 만든 뒤 10×12×2cm의 직사각형으로 만든다. 다시 냉장보관한다.

❸ **이제 진짜 시작** 반죽 한가운데에 십자 모양으로 칼집을 깊게 넣고(반죽 온도 15~20℃ 이하) 각각의 모서리를 펼친 다음 한쪽 모서리의 길이가 9cm 정도 되는 별 모양으로 밀어 편다. 직사각형 모양의 판 버터(8~10℃)를 반죽의 모서리와 직각이 되도록 올려놓고 모서리를 하나씩 안쪽으로 접어 버터가 완전히 가려지도록 덮는다.

❹ **'투라주'** 반죽에 힘을 주되 섬세함을 잃지 않고 45×20cm 크기의 직사각형으로 만든다. 3절 접기 한 반죽을 오른쪽으로 90도 회전시킨다. 한 번 더 3절 접기 한 반죽을 90도 회전한 뒤 랩을 씌워 1시간 동안 냉장한다.

❺ **또 한 번의 투라주** 앞서 설명한 투라주를 반복한 뒤 2~3시간 동안 반죽을 냉장시킨다. 반죽을 밀어(반죽 온도 10~15℃ 이하) 32×80cm 크기의 직사각형으로 만든다. 길게 2등분(16×80cm 반죽 2개)한 뒤 밑변이 9cm이고 높이가 15~16cm인 삼각형으로 다시 자른다. 그 중 한 개의 삼각형 반죽을 잡고 약간 당기면서 말아준 뒤 양끝을 살짝 구부린다. 기적이다. 이렇게 여러분의 첫 크루아상을 완성한 것이다. 다른 삼각형도 말아준다. 오븐 팬에 유산지를 깔고 크루아상을 팬닝한다. 2시간 동안 발효시킨 뒤 부푼 반죽에 붓으로 달걀물을 칠한 뒤 175℃ 오븐에서 15분간 굽는다. 휴, 드디어 끝났다.

☞ **왜?** 이 모든 과정을 거쳐야 하는 이유는? '투라주' 초반에 버터와 데트랑프 층의 두께를 거의 비슷하게 만들기 위함이다*(하단 내용 참조)*.

☞ **왜?** 이렇게 이상한 방법으로 만드는 이유는? 버터의 아래위로 그만큼의 데트랑프를 갖게 하려면 이것이 최고의(또는 가장 덜 나쁜) 방법이기 때문이다. 이 방식법 대해서는 충분히 논의를 거쳤다고 생각한다. 위에 설명한 대로 만들어야 제대로 나온다!

☞ **왜?** 힘을 주되 섬세하게? 반죽을 밀어 모양을 만들되 짓이겨서는 안 되기 때문이다. 그렇지 않으면 버터와 데트랑프 층이 합쳐진다. 이것이 바로 섬세함이 필요한 이유다.

☞ **왜?** 투라주를 두 번이나 한다고? 이 방법이 꽤 잘 통하기 때문이다. 물론 투라주 횟수를 늘리거나 줄여도 된다. 크루아상 반죽을 당기면서 말아준다? 말아놓은 것이 풀리지 않도록 하기 위함이다. 2시간 동안 발효시킨다? 18~25℃일 때는 이 정도면 충분한 시간이기 때문이다. 과발효되면 크루아상의 모양이 변할 수 있다.

정말 어마어마한 사실 크루아상의 성공 여부는 버터와 데트랑프 층이 겹쳐지는 방식에 따라 결정된다. 작업 시간이 길거나 반죽 온도가 너무 높으면 버터 층이 너무 말랑말랑해서 붙어버리고, 반죽에 결이 나오지 않는다. 크루아상의 핵심은 작업 온도를 맞추는 것이다. 찬 대리석 위에서 작업한다면 어마어마하게 큰 도움이 될 것이다.

쇼콜라틴

CHOCOLATINES

동일한 반죽에 약간의 변화를 준 제품이다. 직사각형으로 재단된 크루아상 반죽에 다크 초콜릿(또는 밀크 초콜릿)을 넣어 완성한다. 그 다음 과정(달걀물 칠, 발효, 굽기)은 동일하다.

결이 있는 발효 반죽의 전설적인 실패담

맛이 없는 크루아상

레시피상에서 소금을 봤으면서도 쇼드론 교수님의 광기로 치부하고 소금을 넣지 않은 경우다. 크루아상에는 소금이 들어간다. 또 뭐가 들어가야 할까? 결과적으로 소금이 들어가지 않은 크루아상은 맛이 심하게 밋밋하다.

↦ *맞다, 맞아! 크루아상에는 소금이 들어간다.*

형태가 일정하지 않은 크루아상

반죽은 잘되었는데 거기서 형성된 글루텐 조직 때문에 추잉껌처럼 탄성이 발달한 경우로, 이런 반죽은 잘 늘어나지 않고 오히려 수축, 변형된다. 저주 인형을 떠오르게 하는 크루아상이 탄생할 것이다.

↦ *냠냠학개론 – 파티스리를 읽으면 뭐하나, 여기서 얻은 가르침을 따르지 않는데?*

매우 기름진 크루아상

'투라주' 하는 동안 밀대로 반죽을 너무 괴롭힌 경우로, 반죽이 버터와 데트랑프 층을 분리하는 것으로 복수를 한 셈이다.

↦ *교양 없는 사람처럼 힘자랑 하지 말고 자신의 기량을 자랑해라.*

총체적 난국

아주 관대하게 얘기하면 당신은 위에 언급한 모든 실수를 저질렀을 뿐 아니라 시간이 흐르면서 당신의 풍부한 상상력으로 생각해낼 수 있는 모든 실수를 다 저질렀다.

↦ *쇼드론 교수님은 당신에게 연민의 마음을 가지고 있다.*

8

많이 사용하지만 여전히 놀라운 겔

파티스리에서는 겔화된 제품을 흔히 볼 수 있다. 그럼에도 불구하고 판나코타의 매력을 꼽자면 단번에 굳어 버리는 것이다! 냠냠학자라면 이런 모순적인 상황에서도 기죽지 않고 오히려 용기 있게, 자신감을 갖고 부딪칠 것이다. 냠냠학자가 미식으로 가는 길은 아무도 막을 수 없다.

맛있고 교육적인 바닐라 맛 플랑 파티시에 FLAN PÂTISSIER VANILLÉ

구조

플랑 파티시에는 단백질(달걀노른자)이 풍부한 재료를 호화시킨(물에 익은 전분) 것으로 두 번에 걸쳐 익힌다. 한 번은 냄비의 대류 현상에 의해서, 또 한 번은 오븐의 전도 현상에 의해서 익은 것이다. 이렇게 두 번에 걸쳐 익히고 나면 전분이 밀집되고, 달걀 단백질의 특성(온도가 높아지면 응고되는) 때문에 플랑의 겔화된 텍스처가 만들어진다. 이 균형 속에서 우리의 지나간 젊은 날에 먹던 플랑 파티시에의 그 섬세한, 어린 시절 맛본 그 텍스처가 만들어지는 것이다.

기본 원리

우유에 바닐라를 넣고 향을 우려낸 뒤, 나머지 재료를 모두 섞고 냄비에 부어 여느 크림처럼 익힌다. 반죽(파트 브리제, 파트 사블레. 파트 브리제를 써야 하는지 사블레를 써야 하는지 다투는 건 해설가들뿐이다)을 틀에 깐 뒤 아직 뜨거운 상태의 크림을 그 안에 붓는다. 플랑은 오븐에서 2차적으로 익은 것이다.

레시피 지름 26cm, 높이 5.5cm의 견고한 틀 1개 분량

전지 우유 1L
달걀노른자 6개
설탕 145g

감자전분 50g
옥수수전분(마이제나®) 또는 쌀전분 50g
바닐라빈 2개(더 넣어도 됨!)

❶ **시간이 걸리는 작업, 향 우려내기** 바닐라빈을 반으로 갈라 칼로 씨를 긁어낸다. 냄비에 바닐라빈의 씨와 껍질, 우유를 넣는다. 중불에 저으면서 데운다. 우유가 올라오는 듯싶으면 불에서 내린 뒤 뚜껑을 덮은 상태에서 1시간 동안 향을 우려낸다. 바닐라빈 껍질은 미련 없이 빼낸다.

❷ **이건 더 빨리 할 수 있다** 샐러드 그릇에 노른자와 설탕을 넣고 거품기로 젓는다(거품은 내지 않는다). 전분을 넣고 잘 섞은 뒤 바닐라 향 우유를 조금씩 부으면서 섞는다. 내용물을 체에 거른 뒤 냄비에 다시 붓고 중불에서 익히면서 거품기로 계속 저어준다. 거품이 생기기 시작하면 불에서 내린다.

❸ **거의 다 왔다** 반죽을 깐 틀에 준비된 내용물을 붓고 180℃로 예열한 오븐에 넣는다. 표면에 살짝 색이 나기 시작하면(25분) 오븐에서 뺀다. 최소 2시간 정도 식힌 후 틀에서 분리해 자른다.

☞ **왜?** 중불에서 젓는다? 우유 속 단백질이 냄비 바닥에 가라앉아 캐러멜화되고 그로 인해 원치 않는 맛이 나는 것을 방지하기 위함이다. 끓이면 안 된다고? 예상치 못한 수분증발로 인해 제대로 만들어지지 않을 수도 있기 때문이다. 바닐라빈 껍질은 꺼낸다? 당연한 말씀. 하지만 작은 체 위에 껍질을 올려놓고 잘 짜야 한다. 큰 숟가락 같은 도구의 뒷부분으로 눌러 짠다.

☞ **왜?** 거품을 내지 않는다? 플랑은 기포가 없는 '촘촘한' 텍스쳐로 만들어야 하기 때문에 거품을 내서는 안 된다. 중불에서 익힌다? 바닥에 눌어붙는 것을 막기 위함이다. '거품이 생기기 시작하면' 불에서 내린다? 일단 전분이 걸쭉해지면 더 익히는 것은 무의미하다. 감자전분을 넣는다? 차가워진 플랑이 잘 썰리게 하기 위함이다('겔' 텍스쳐를 만들기 위해).

☞ **왜?** 틀에서 분리하기 전에 식힌다? 밀도가 높은 경우 식는 동안 섞어주지 않으면 감자와 같이 아밀로펙틴이 풍부한 전분은 중간 부분이 걸쭉해지면서 일종의 '겔'을 형성한다. 이런 특성 덕분에 플랑이 잘 썰리는 것이기도 하다. 성공! 그러니 제발 첨가제 없이 만들자.

정말 어마어마한 사실 하루 이틀이 지나면 플랑이 눅눅해져 풍미가 덜하다. 사실 다른 빵도 마찬가지다!

크렘 브륄레 CRÈME BRÛLÉE

구조

크렘 브륄레는 전분을 넣지 않고 달걀노른자를 열에 따라 응고시킨 겔이다. 달걀흰자를 넣지 않고 크림 형태로 된 유지를 많이 넣었기 때문에 부드럽고 물렁한 텍스쳐가 된다. 만드는 방식은 캐러멜 크림과 비슷하다. 작은 틀을 사용하고 우유의 40~60%를 크림으로 대체하며, 전란의 일부 또는 전부가 달걀노른자로 대체한 것, 그리고 표면을 캐러멜화시킨다는 것이 다른 점이다.

기본 원리

향을 우려낸(바닐라빈이 가장 흔하게 사용됨) 후 우유에 달걀노른자+설탕 개체를 섞는다. 작은 틀에 넣어 이 내용물을 익히고 식은 다음 캐러멜화 한다.

판나코타 PANNA COTTA

구조

판나코타는 온도가 낮을수록 겔화되는 구조다. 젤라틴의 함량이 높지는 않지만 속이 꽤 기름진 상태(육안으로 보기에도 그렇지만 크림이 풍부함)이기 때문에 그 독특한 텍스쳐가 만들어진다. *172쪽 레시피 참조.*

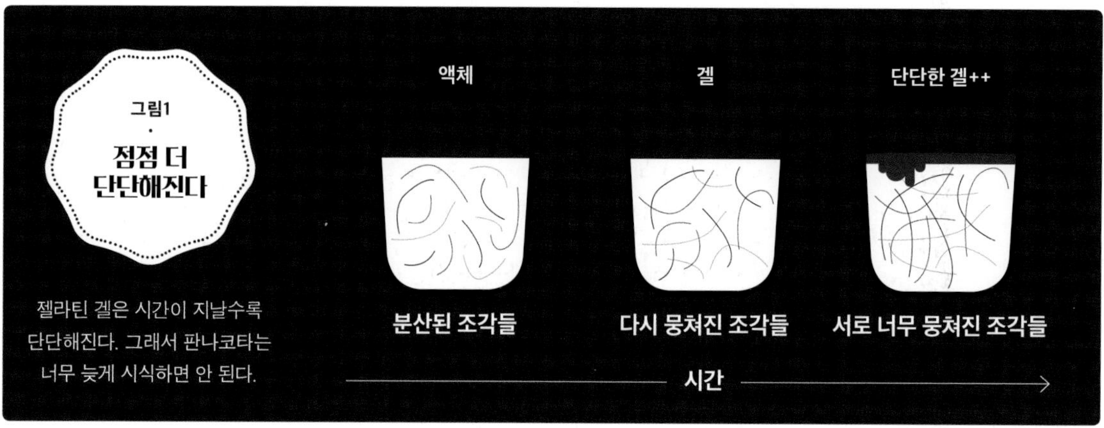

크렘 카라멜 또는 크렘 랑베르세

CRÈME CARAMEL OU RENVERSÉE

구조

이 크림은 차갑게 먹는 것으로, 온도에 따라 응고력이 다른 겔이다. 달걀흰자가 풍부하고 지방 성분이 적어서 매우 민감하고 비교적 부서지기 쉽다.

기본 원리

우유(바닐라로 향을 냈는지 여부와 관계없이)를 전란+설탕 개체에 붓고 섞는다. 캐러멜화시킨 틀에 이 내용물을 붓고 오븐에 굽는다. 식혔다가 틀에서 분리하거나 틀을 빼지 않은 채로 먹는다.

레시피 지름 20~22cm, 높이 4~5cm인 원형 틀 1개 분량

저지방 또는 무지방 우유 1L
아주 신선한 달걀 8개
설탕 155g

캐러멜
설탕 150g

❶ **아주 쉽다** 냄비에 우유를 붓고 끓기 전까지 데운다. 샐러드 그릇에 달걀과 설탕을 넣고 거품기로 저은 뒤 뜨거운 우유를 붓고 거품이 많이 나지 않게 잘 섞는다. 구멍이 촘촘한 체로 내용물을 한 번 거른다.

❷ **이제 거의 끝이다** 캐러멜화시킨 틀에 내용물을 붓고*(캐러멜 만드는 법, 142쪽 참조)* 130℃ 오븐에서 40~50분 동안 구운 뒤 뺀다. 식힌 후 랩을 씌워 24시간 냉장한다. 틀에 넣은 채로 또는 아주 살살 틀에서 분리한 뒤 서빙한다.

☞ **왜?** 우유를 끓이지 않는다? 수분을 제거할 이유가 전혀 없기 때문이다. 거품 나지 않게 섞는다? 그래야 크림이 적당히 익었는지 파악하기가 쉽다. 체에 거른다? 달걀의 내용물 가운데 용해되지 않는 부분(알끈)을 없애기 위함이다.

☞ **왜?** 오븐 온도를 낮춘 이유는? 달걀이 너무 많이 익으면 내용물 속 수분이 증발하여 구멍이 생기기 때문이다. 24시간 냉장한다? 달걀 겔이 좀 굳을 때까지 시간이 필요하다.

정말 어마어마한 사실 이유는 잘 모르겠지만 여러분이 이 제품을 성공적으로 만들 수도 또는 실패 할 수도 있다. 그러면 자신을 비난하지 말고, 진짜 죄인의 탓(달걀의 품질)으로 돌려라.

파티스리에서 겔의 전설적인 실패담

목이 메일 정도로 퍽퍽한 플랑 파티시에

전분을 제대로 섞지 않았거나 계량이 부정확했거나 틀이 너무 넓어서 플랑의 두께가 얇아졌을 가능성이 있는 경우.

↦ *수분 증발에 적합한 질량/표면 관계가 형성되면 표면이 마르게 된다.*

확실한 향이나 특징이 없는 크렘 브륄레

향 우리기 작업 시 온도나 시간을 지키기 않아 향이 우러나지 않았거나, 덜 우러나 크림이 무미건조해진 경우.

↦ *온도나 시간을 준수하지 않으면 원래 그렇다.*

고무 질감의 판나코타

크림이 끓는 동안 수분이 너무 많이 증발된 경우.

↦ *결과적으로 재료의 배합비가 달라진다. 젤라틴이 상대적으로 많아져서 실패.*

여기저기 구멍 나고 덩어리진 캐러멜 크림

너무 오래, 높은 온도에서 구운 경우. 수분이 증발하고 응고된 달걀 덩어리들이 전시회를 연다.

↦ *여기저기 구멍이 나고, 덩어리가 생긴다.*

9

매우 크리미한 **크림**

크림은 파티시에가 열정을 쏟아 만드는 거의 독보적인 대상이다. 물론 크렘 앙글레즈, 시부스트 크림, 초콜릿 크림 등 종류가 다양하지만 그 가운데서도 가장 유명한 것이 크렘 '파티시에르'다!

크렘 파티시에르 CRÈME PÂTISSIÈRE

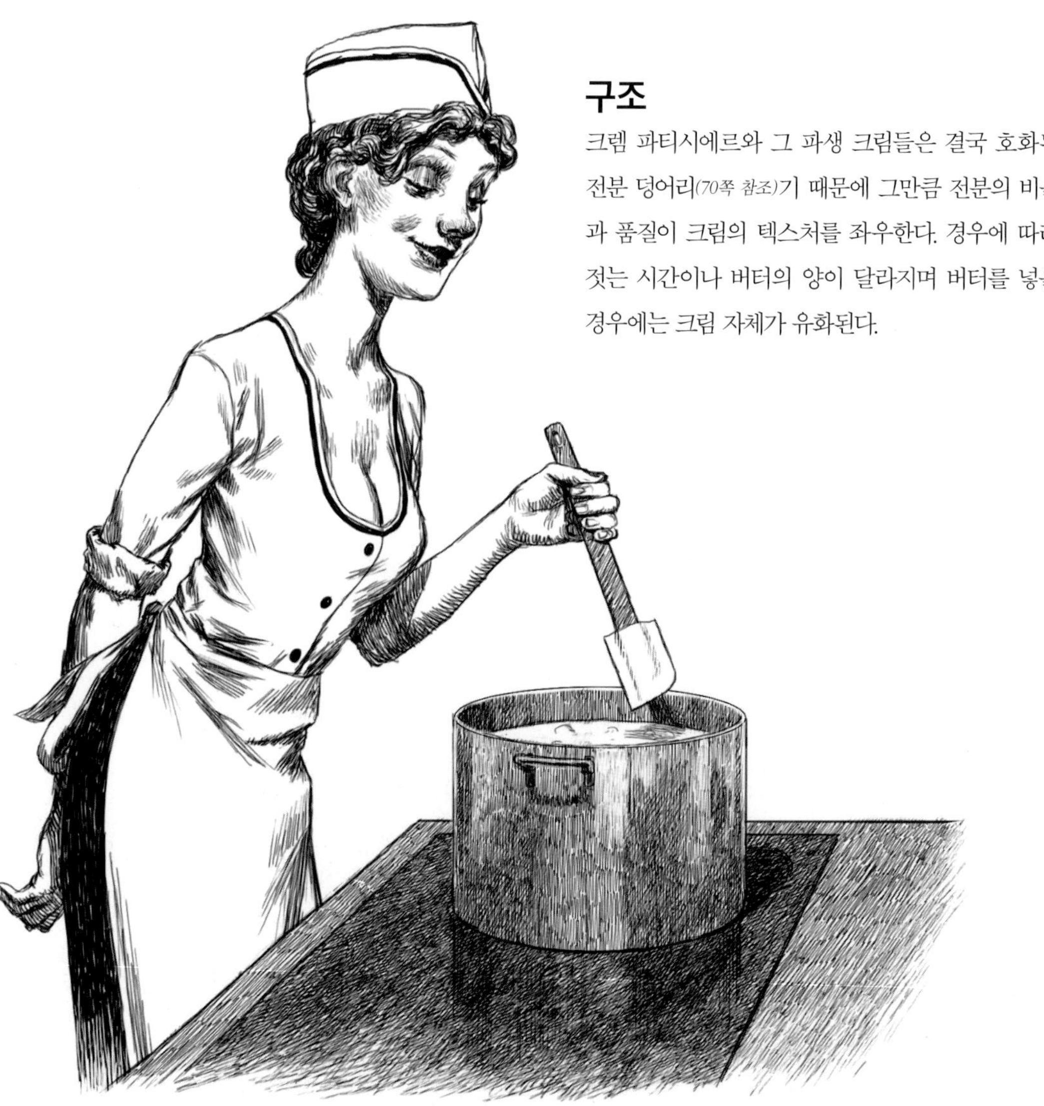

구조

크렘 파티시에르와 그 파생 크림들은 결국 호화된 전분 덩어리*(70쪽 참조)*기 때문에 그만큼 전분의 비율과 품질이 크림의 텍스처를 좌우한다. 경우에 따라 젓는 시간이나 버터의 양이 달라지며 버터를 넣을 경우에는 크림 자체가 유화된다.

기본 원리

우유를 그대로 데우거나 향을 가미하여 우려낸 뒤 달걀노른자+설탕+밀가루 또는 (거기에) 전분믹스를 넣는다. 냄비에 든 내용물이 걸쭉해질 때까지 저으면서 익힌다. 경우에 따라 여기에 버터, 머랭, 휘핑한 크림 중 두세 개를 넣는다.

레시피 샐러드 한 접시를 꽉 채울 분량 또는 슈 또는 에클레르 십여 개

우유 500g (전지 또는 저지방)
달걀노른자 4개(약 60g)
설탕 70g
옥수수전분(마이제나®) 35~40g
버터 30g
바닐라빈 1개

❶ **여러분은 이미 이 모든 것을 알고 있다!** 바닐라빈을 반으로 갈라 씨를 긁어낸 뒤 우유 속에 껍질과 씨를 넣는다. 중불에 저으면서 데운다. 젓다가 우유가 약간 올라올 때 불에서 내린 뒤 뚜껑을 덮어 향이 우러나도록 둔다.

❷ **이것도 아는 내용** 샐러드 그릇에 달걀노른자와 설탕을 넣고 섞은 뒤 옥수수전분을 첨가하여 거품기로 젓는다. 다시 잘 섞어 내용물이 완벽하게 분산되도록 한다.

❸ **이마저도 아는 내용** 향을 우려낸 뜨거운 우유를 거품기로 잘 저으면서 위의 내용물과 섞는다. 반으로 가른 바닐라빈 껍질은 제거한다. 중불에서 데우면서 냄비 바닥을 계속 저어주다가 내용물이 걸쭉해지고 끓기 시작하면 불에서 내린다. 버터를 넣은 뒤 녹을 때까지 내용물과 같이 저어준다. 평평한 그릇에 크림을 붓고 표면에 약간의 버터를 바른다. 이제 이대로 식혔다가 사용한다.

왜? 바닐라빈을 반으로 가른다? 쇼드론 교수님이 자세한 설명조차 거부하실 정도로 너무나 뻔한 이유다. 누군가 모험심에 당신에게 질문한다면 당신도 모른다고 대답해라.

왜? 노른자와 설탕을 먼저 섞고 전분을 넣는다? 그렇게 해야 설탕을 수화시키기 시작한 노른자 속의 수분에 영향을 덜 미칠 수 있다. 수화가 잘 되어야 다음 단계에서도 우유에 들어가 잘 녹는다. 설탕과 노른자의 블랑쉬르 여부는? 크게 또는 거의 상관없다.

왜? '딱 필요한 만큼' 젓다가 끓기 시작하면 불에서 내린다? 전분은 열기와 움직임에 민감하기 때문에 과하게 가열하거나 저으면 점성이 사라진다. 그래서 자제하는 것이다. 표면에 버터를 바른다? 추후에 크림을 저을 때 표면의 크러스트 때문에 덩어리가 생기는 것을 막기 위함이다. 마이제나®의 양은 원하는 대로 조절할 수 있다. 더 부드러운 식감을 원한다면 밀가루로 대체도 가능하다. 전분을 밀가루로 대체시킬 때의 공식 : 전분 중량×1.25 (감사합니다).

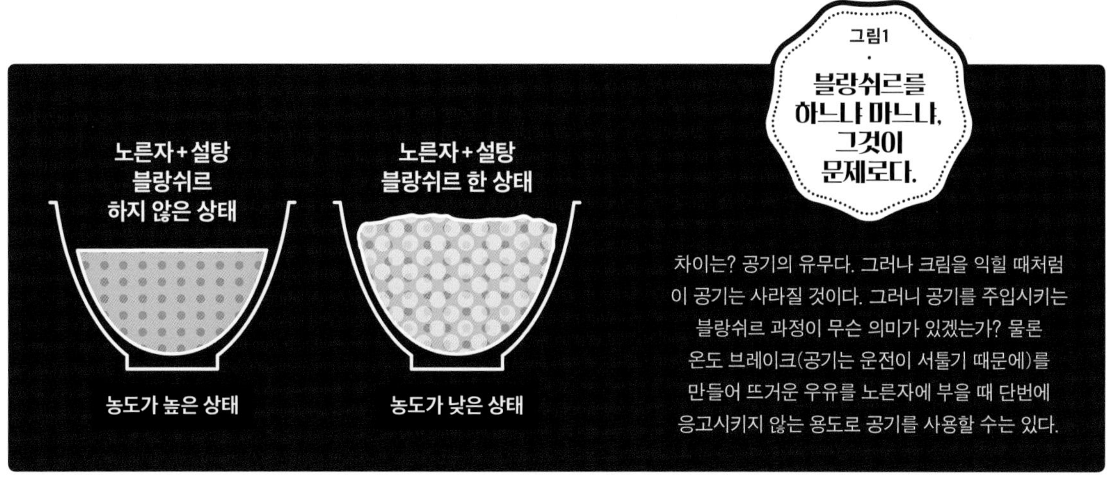

무슬린 MOUSSELINE

크렘 파티시에르에 버터 50g을 넣는다. 반은 큐브 모양으로 썰어 뜨거운 크림에 넣고, 나머지는 '포마드' 상태로 온기가 아직 남아있는 크림에 넣은 뒤 '필요한 만큼' 젓는다.

> ☞ **왜?** 버터를 두 번에 걸쳐서 넣는다? 버터의 일부라도 유화된 형태로 넣어야 입에서 살살 녹는 식감, 그 화려한 식감이 된다. 그러나 버터를 모두 녹여 넣는 레시피도 있다.

시부스트 CHIBOUST

뜨거운 크렘 파티시에르(설탕 35g을 덜어낸 상태로 준비)에 판 젤라틴 1장(찬물에 미리 담가서 준비)을 넣는다. 그리고 크렘 파티시에르가 따뜻한 상태(45~55℃)일 때 '이탈리아' 머랭*(118쪽 참조)* 150g을 넣는다.

> ☞ **왜?** 이렇게 주의하며 작업하라고? 뜨거운 크림에 젤라틴을 넣는 것은 잘 녹이기 위함이다. 좀 더 낮은 온도에서 머랭을 넣는 이유는 텍스쳐가 비슷해서 더 잘 섞기 위함이다.

디플로마트 DIPLOMATE

뜨거운 크렘 파티시에르에 젤라틴 4g을 넣는다. 식었지만 아직 굳지는 않은 상태(20~25℃)가 되면 풀어놓은 크림 150~200mL와 슈거파우더 40g을 넣는다. 이 크림은 '굳기' 시작하기 전에 빨리 사용해야 한다.

프랄랭 AU PRALIN

216쪽 파리브레스트 레시피 참조

프랑지판 FRANGIPANE

구조

여기서는 단순히 크렘 파티시에르, 설탕, 버터, 아몬드파우더를 섞어 놓은 내용물을 의미한다.

기본 원리

재료를 섞기만 하면 된다! 냉장 또는 냉동 보관한다.

레시피 타르트, 갈레트 여러 개 분량

크렘 파티시에르*(130쪽 참조)* 200g
아주 무른 상태의 버터 125g
달걀 75g

슈거파우더 125g
아몬드파우더 150g
(피스타치오나 헤이즐넛,
호두 가루 등도 가능)

옥수수전분(마이제나®) 15g
럼 원하는 만큼

❶ **정말 쉽다** 샐러드 그릇에 크렘 파티시에르를 넣고 거품기로 젓다가 나머지 재료를 넣고 다시 저으면 끝이다. 이 크림으로 갈레트 데 루아*(208쪽 참조)*, 피티비에, 브리오슈*(105쪽 참조)*도 만들 수 있다.

☞ **왜?** 마이제나®를 사용하는 이유는? 굽는 동안 프랑지판을 굳혀주기 때문이다. 달걀도 마찬가지다. '슈거파우더'를? 수분이 별로 없어서 일반 설탕보다는 슈거파우더가 덜 뭉친다.

정말 어마어마한 사실 이 크림은 익히건 안 익히건 다 맛있다. 고문이다.

크레뫼 CRÉMEUX

구조

겔도 플랑도 크림도 아니다. 여러 제품을 분산/유화 시킨, 하나로 분류하기 힘든 혼합물이다.

기본 원리 & 레시피

168쪽 참조

크렘 오 뵈르 CRÈME AU BEURRE

구조

거품이 거의 나지 않는(냠냠학자의 솜씨에 따라서) 유화물이다.

기본 원리

사바용과 포마드 상태의 버터를 준비한다. 분산시키는 개체(포마드 버터)에 분산될 개체(사바용)를 넣어 만든다. 알코올, 바닐라, 초콜릿 등으로 크림에 향을 더한 뒤 색을 낸다.

레시피 멋진 뷔슈 1개 분량

버터(구할 수 있는 최상 품질) 200g
설탕 170g
아주 신선한 달걀노른자 5개
물 약 70g
럼 약간
레몬즙 몇 방울 (또는 글루코스 1t)

❶ **집중을 요하는 작업** 전기믹서 안에 노른자를 넣고 4~5분간 고속으로 휘핑한다. 지름 10~12cm 냄비(가능하다면!)에 설탕, 물, 레몬즙 몇 방울을 넣고 끓인다. 내용물의 온도가 115~120℃에 이르면 냄비를 불에서 내리고 찬물이 든 볼에 담가 열을 식힌다. 휘핑 속도를 늦추고

☞ **왜?** 노른자를 푼 뒤 시럽을 넣는다? 거품을 내기 위함이다. 그 안에 들어있는 공기 덕분에 설탕시럽과 닿아도 노른자가 타지 않는다. 시럽에 레몬즙을 넣는다? 굳지 않게 하기 위해서다. 냄비를 찬물에 담근다? 그 즉시 열을 식히기 위함이다. 지름 10~12cm 냄비? 냄비 벽에 붙어서 손실되는 양을 줄일 수 있다. 휘핑 속도를 늦춘다? ›

› 설탕을 재빨리 부은 뒤 다시 5분 동안 고속으로 휘핑한다.

당신이 만든 그 가없은 시럽이 믹서 벽에 튀어서 흰자와 섞여야 할 양이 조금이라도 부족해질 것을 염려해서다. 5분 더 휘핑한다? 사바용이 식으면서 가벼운 질감을 잃지 않게 하기 위함이다.

❷ **이것도 마찬가지** 샐러드 그릇에 버터를 넣고 말랑해질 때까지 젓는다. 주의할 것은 녹이면 안 된다는 점이다. 사바용의 온도가 35~40℃에 이르면 조금씩 버터(20℃ 또는 ±2℃)에 부으며 힘차게 휘핑한다. 마요네즈 만들 듯이 하면 된다. 모든 버터가 다 섞이고 나면 알코올을 넣는데, 이것은 선택사항이다. 만든 크림은 바로 사용하는 것이 좋다*(206쪽 레시피 참조)*.

☞ **왜?** 버터를 녹이면 안 된다? 유화가 깨지면 사바용과 섞이지 않기 때문이다. 35℃에서 사바용을 넣는다? 그렇지 않으면 사바용의 높은 온도 때문에 버터가 녹고, 유화가 깨진다. 사바용에 버터를 넣는 것이 아니라 버터에 사바용을 넣는다? 사바용을 유화시키는 것은 버터(유화된 상태)이기 때문에 이 개체(버터)에 힘을 모아 섞어야만 유화가 이루어질 수 있다. 마요네즈 만들 때처럼.

정말 어마어마한 사실 성공했을 때보다 실패한 레시피에서 더 많은 것을 배운다. 이 냠냠학의 역설을 들으면 아무리 여러분이 만든 첫 크렘 오 뵈르가 완전히 실패했다 해도 끈질기게 다시 도전할 용기가 생길 것이다. 자, 용기를 내자!

크렘 앙글레즈 CRÈME ANGLAISE

구조

부분적으로 응고된 우유+설탕 용액에 달걀노른자 단백질이 분산되어 있는 형태다! 여기서는 익히는 것이 정말 중요하다. 너무 많이 익히면 단백질이 수분(우유)과 분리되고, 부족하게 익히면 날달걀의 비린내가 날 수 있다.

기본 원리

설탕과 노른자로 가볍게 거품을 낸 내용물에 향을 우려낸 우유를 붓는다. 잘 섞은 뒤 약 80℃까지 계속 저으면서 가열한 다음 식힌다. 여러분에게 이 레시피를 알려준다는 것 자체로 파티시에인 여러분의 영역을 침범하는 의미로 받아들일 수도 있을 것이다. 여러분이 크렘 앙글레즈를 만들 줄 안다는 건 다 알고 있다.

레시피 0.5L 분량

일반 또는 저지방 우유 500g
바닐라빈 1개
아주 신선한 달걀노른자 5개
설탕 80g

❶ 이미 봤던 거다 다른 레시피(크렘 파티시에르, *130쪽*)에서 설명했던 것처럼 우유에 바닐라빈을 넣고 향을 우려낸다. 샐러드 그릇에 설탕, 노른자를 넣고 휘핑하여 '블랑쉬르' 한다. 그 위에 향을 우려낸 뜨거운 우유를 붓고 잘 저어준다. 냄비에 내용물을 다시 붓고 약불에서 소스가 걸쭉해질 때까지(약 80℃) 계속 젓는다. 불에서 내린 뒤 그릇에 옮겨 담아 바로 식힌다.

☞ **왜?** 노른자를 블랑쉬르 한다? 아주 뜨거운 우유를 노른자+설탕 믹스 위에 부을 때 '온도 브레이크' 역할을 할 공기를 주입시키기 위함이다. 이 '브레이크'는 노른자가 응고되는 것을 막아주어 덩어리지지 않고 우유와 잘 섞이도록 하는 역할을 한다. 그러나 이미 식은 바닐라 향 우유에 노른자와 설탕을 넣고 (거품기로) 섞어줘도 된다. 그렇게 해서 익혀도 결과는 같다. 바로 식힌다? 온도 관성에 의해 크림이 계속 익으면 노른자가 분리되기 때문이다.

정말 어마어마한 사실 바닐라빈 대신 차, 커피, 프랄랭, 마늘 또는 생선뼈로 대체해보자. 크림 맛이 확 바뀔 것이다.

크림의 전설적인 실패담

탄맛 나는 크렘 파티시에르

가장 흔히 하는 실수다. 걸쭉해지기 전에 내용물이 충분히 섞이지 않았기 때문이다.
↦ *그 결과 바닥에 내용물이 들러붙어서 타고, 나머지 부분에도 향이 전해진 것이다.*

익힌 뒤에 다시 (거의) 물처럼 된 크렘 파티시에르

크렘 파티시에르에 밀가루를 넣고 나서 걸쭉해지고 난 뒤에도 (너무) 많이 저어준 경우
↦ *수화된, 익은 전분 입자들이 변형되어 더 이상 수분을 머금지 못하고 크림이 물처럼 된다.*

완전히 망친 크렘 오 뵈르

유화가 깨진 경우다.
↦ *사바용과 (또는) 버터가 너무 뜨겁거나 차가운 경우, 사바용을 너무 갑작스럽게 넣은 경우, 시럽 온도를 맞추지 않은 경우.*

달걀 비린내 때문에 아쉬운 크렘 앙글레즈

제대로 익지 않은 것뿐이다.
↦ *노른자가 설익어서 나는 불쾌한 맛이다.*

덩어리 생긴 크렘 앙글레즈

이번에는 너무 익혔다.
↦ *노른자가 응고되면서 덩어리가 되고 그것을 둘러싸고 있는 수분과 분리되어서 생기는 현상이다.*

10

참을 수 없는 파티스리의 가벼움, 파타 슈

파타 슈(슈 반죽)만으로도 한 챕터를 채울 수 있을 만큼 할 말은 많다. 하늘의 별 만큼이나 파타 슈에 대한 실패담이 많기 때문이다. 하지만 그 실패담들이 전혀 이해되지 않는 건 아니다. 왜냐하면 이 반죽은 익은 것인 동시에 익지 않은 것이고, 고체이면서 유동성이 있는데다 부드러우면서도 단단하기 때문이다. 자, 이제 무찔러 보자! 그래도 만들기가 아주 까다로운 반죽은 아니어서 새로운 것을 시도해보려는 사람은 파타 슈를 통해 위로받기도 한다.

구조

정말 이상하다. 파타 슈란 전분이 호화된 것으로 (밀가루의) 전분 덩어리가 익고 수화(반죽에 수분이 꽤 많기 때문에)된 상태에서 달걀로 단백질과 약간의 수분을 보충해주는 형태를 띠고 있다. 이 반죽은 날 것(달걀)이기도 하고, 익힌 것(전분)이기도 하다. 성형 후에 한 번 더 오븐에서 굽는다.

기본 원리

우유, 물, 소금, 설탕, 버터를 섞어 데운다. 끓기 시작하면 불에서 내리고 밀가루를 넣어 힘차게 젓는다. 내용물을 불에 다시 올리고 잠깐 동안 힘차게 저어준다. 불에서 내린 뒤 달걀을 한 개씩 넣는다.

레시피 슈 20개 분량

달걀 200g(4개)	물 125g	소금 2g
밀가루 150g	버터 60g	
우유 125g	설탕 20g	

❶ **집중하자** 냄비에 소금, 설탕, 우유, 물, 버터 조각을 넣고 끓으면 바로 불에서 내린다. 밀가루를 넣고 저어서 걸쭉하게 만든다.

왜? 버터를 조각내서 넣는다? 잘 녹이기 위함이다. 그렇지 않으면 끓는 우유/물의 중간에 버터 조각이 떠다니게 될 것이다. 끓기 시작하면 불에서 내린다? 모든 재료를 100℃까지 끓일 필요는 없다. 수분이 다 증발하기 때문이다. 밀가루를 넣고 젓는다? 그렇지 않으면 하나의 덩어리가 되어 나중에는 작은 덩어리로 나눠지고 끝까지 사라지지 않을 것이다.

❷ **반죽의 '수분을 날린다'?** 센불 위에 냄비를 다시 올리고 10~20초 동안 내용물을 잘 저어준다. 반죽이 냄비 벽에서 떨어지면서 수분이 날아가는 느낌이 들면 불에서 내린다. 쇼드론 교수님은 냄비 속 반죽은 그대로 다 먹어 치울 수 있을 정도로 맛있기 때문에 슈를 만들 생각이라면 재료를 처음부터 넉넉하게 계량해서 만드는 게 좋겠다고 하셨다.

왜? 슈 만들기는 수수께끼 같은 작업이다. 반죽을 냄비 가장자리로만 몰아 놓고 실제로는 '수분을 날리는' 게 아니기 때문에 레시피상의 고체/액체 배합이 근본적으로 바뀌지는 않는다. 그렇다면 왜 해야 하는가? 반죽의 텍스처를 가늠하기 위해서는 수분율, 특히 달걀을 넣고 난 후 반죽의 최종 수분율을 확인해야 하는데 너무 말랑말랑하거나 단단해도 안 된다.

❸ **달걀 넣기** 달걀을 하나씩 넣고 섞되 처음에 넣은 달걀이 완전히 흡수되면 그 다음 달걀을 넣는다. 반죽에 달걀 하나를 넣고 시간을 너무 오래 끌면 안 된다. 익기 시작하기 전에 바로 저어줘야 한다.

왜? 달걀을 한 번에 하나씩 넣는다? 밀가루에 따라 또는 문제 발생 여부나 파티시에의 역량에 따라 달걀을 넣기 전의 반죽이 다소 단단할 수도 있다. 그래서 당연한 이야기지만, 단단한 반죽에는 달걀을 더 넣고, 부드러운 반죽에는 덜 넣는 것이다. 적당한 텍스처란? 스패출러로 들어 올렸을 때 되직하지만 흐를 정도의 제형이어야 한다.

❹ **굽기** 유산지를 깐 오븐팬 위에 간격을 맞춰 슈 모양을 짠다. 기호에 따라 크기를 조절하여 짠 뒤 달걀물을 가볍게 칠한다. 160~170℃로 예열한 오븐에 넣고 30~40분 동안 굽는다. 중간에 오븐을 열어서는 절대 안 된다.

왜? 슈 사이에 간격을 둔다? 한 덩어리로 구워지는 것을 막기 위함이다. 중간에 오븐을 열면 안 된다? 그 안에 응축되어 있던 모든 증기가 나오면서 온도가 급격히 떨어지고, 오븐 안의 상황이 갑자기 바뀌기 때문이다. 게다가 슈가 막 부풀어 오르고 있는 상태에서 오븐을 열면 슈가 찌그러지고, 일단 찌그러지면 다시 부풀릴 수 있는 희망은 별로 또는 전혀 없다. 왜냐하면 주변에 아직 습기가 남아있어서 슈 반죽의 무게를 지탱할 수 있을 만큼 충분히 단단해지지 못하기 때문이다.

굽는 동안 오븐을 열면 그 안에 모여 있던 모든 수증기가 한꺼번에 배출되고, 온도가 20~30℃ 정도 갑자기 낮아진다. 이는 고압 모터와도 같은 한창 구워지고 있는 슈에게서 수증기라는 연료를 뺏는 것이나 마찬가지다. 수증기가 없으면 압력도 없다. 다 주저앉는다.

슈 반죽의 전설적인 실패담

물 같은 반죽

물/우유+버터를 섞은 내용물이 충분히 뜨겁지 않아서 밀가루가 걸쭉해지지 못한 경우 또는 계량 실수.

↦ *두 가지 경우 모두에 해당한다면 당신은 부끄러워 어쩔 줄 모를 것이다.*

오믈렛 같은 반죽

반죽과 냄비가 아직 불 위에 있을 때 달걀을 넣은 경우.

↦ *파티시에는 당신에게 맞지 않는 직업인 것 같다. 다른 일을 찾는 게 좋을 듯.*

색깔도 나고 구워진 것 같아서 뺐더니 주저앉는 슈

오븐 온도를 너무 높였거나 반죽에 당분이 너무 많았거나 달걀물을 너무 많이 칠한 경우. 또는 이 모든 실수가 겹쳐서 실제로는 다 익지 않았지만 겉에 금색이 난 것만 보고 속은 경우. 충분히 구워지지 않으면 주저앉는다. 색이 나는 것과 다 익는 것은 별개의 문제다!

↦ *슈의 색이 너무 빨리 난다 싶으면 오븐 온도를 낮추고 좀 기다려준다.*

11

초콜릿 맛이 강한 **가나슈**

초콜릿이 들어간 부셰, 초콜릿 가토의 충전물, 초콜릿 트뤼프 등. 가나슈는 냠냠학자에게 큰 행복을 선사하고 있다. 가나슈는 만들기는 쉬우나 온전히 이해하기는 어렵다.

간단한 가나슈 GANACHES SIMPLES

구조

자, 이제 집중하자! 가나슈란 섬유질과 설탕 결정이 떠다니는 유화물, 즉 현탁액이라 할 수 있다. 가나슈는 설탕의 일부가 녹은 수분과 계면활성제(레시틴이나 초콜릿 포장지에 자주 등장하는)에 의해 유화된 유분으로 구성되어 있다. 그 속의 섬유질은 수분(크림 속)과 만나 부풀면서 가나슈 고유의 텍스쳐를 형성한다. 이 '섬유질' 부분은 냠냠학자가 제어할 수 없는 부분으로 가장 잘 맞는 것을 찾기 위해서는 마음의 여유를 가지고 여러 브랜드의 초콜릿을 사용해보아야 한다.

기본 원리

초콜릿을 다소 크게 또는 작게 잘라 살짝 끓인 크림과 섞는다.

다크 또는 밀크 초콜릿 가나슈 GANACHE NOIRE OU AU LAIT

레시피 500g 분량

다크 또는 밀크 초콜릿 320g	크림 170g	쓴 카카오 10g (옵션)

❶ **아주 간단하다** 초콜릿을 조각낸다. 적당한 크기의 냄비에 크림과 경우에 따라서는 카카오를 넣는다. 섞은 뒤 끓기 시작하면 바로 불에서 내린다. 초콜릿을 넣고 검은 색의, 잘 섞인, 윤기가 흐르는 제형이 될 때까지 섞는다. 힘차게 저어야만 잘 섞이는 것은 아니니 너무 힘을 주거나 과하게 섞지 않는다. 가나슈가 40~48℃에 이르면 바로 또는 식혀서 사용한다.

☞ **왜?** 적당한 크기의 냄비? 냄비가 너무 크면 열기가 쉽게 분산되어 내용물을 효율적으로 섞을 수 없다. 끓기 시작하면 바로 불에서 내린다? 온도만 높여야지 수분까지 증발시켜서는 안 된다. 크림 속의 수분이 남아 있어야 이 레시피가 성공할 수 있다. 초콜릿 위에 크림을 붓지 않고 크림이 든 냄비에 초콜릿을 넣는다? 그래야 냄비의 온도 관성을 통해 초콜릿을 쉽게 녹일 수 있기 때문이다. 초콜릿 위에 크림을 부어도 되나 이 경우에는 초콜릿을 갈거나 아주 잘게 잘라야 한다.

화이트 가나슈 GANACHE BLANCHE

레시피 500g 분량

화이트 초콜릿 400g	크림 100g

❶ **이것도 마찬가지** 초콜릿을 조각낸다. 적당한 크기의 냄비에 크림을 붓고, 끓기 시작하면 불에서 내린다. 초콜릿을 넣고 섞어 아주 먹음직스러워 보이는, 잘 섞인 베이지색의 내용물을 만든다. 다시 한번 말하지만 너무 힘줘서 섞거나 과하게 섞으면 안 된다. 시간이 좀 걸리지만 가나슈는 거의 저절로 만들어진다. 이렇게 완성된 가나슈를 바로 또는 식혀서 사용한다.

왜? 화이트 가나슈와 다크 가나슈 간의 비율이 다른 이유는? 화이트 초콜릿에는 분유, 설탕, 유지는 들어있지만 다크 초콜릿에 들어있는 섬유질은 없기 때문이다. 섬유질 없는 재료에 동량의 크림을 넣으면 가나슈가 너무 묽어진다. 결과적으로는 레시피가 달라져야 하는 것이다. 시간이 더 걸린다? 그렇다. 초콜릿을 녹이기 위해 높일 수 있는 온도가 더 낮기 때문이다(크림이 탈 확률은 낮다).

향을 우려낸 가나슈

가나슈에 넣을 크림을 데워 (수분이 증발되기 전 상태로) 차, 향료, 아로마 허브를 사용해 향을 내고 체에 거른다. 그리고 같은 방식으로 가나슈를 만들면 된다.

간접법으로 거품을 낸 가나슈

차가운 가나슈(30~32℃)에 풀어놓은 크림 100~150g을 넣는다.

응용 버전의 가나슈

완전히 식기 전(35~45℃) 부드러운 상태의 가나슈를 고속으로 돌린다. 그러면 비단처럼 부드러운, 입에 더 오래 남는, 흥미로운 텍스쳐가 만들어진다. 직접 시험해보길!

가나슈의 전설적인 실패담

유지가 분리되는 가나슈

가나슈의 온도를 너무 높이면 이렇게 분리된다.
유수분의 비율이 좋지 않거나 유화가 깨진 경우도 여기에 해당한다.
↦ *이 두 개의 실수가 겹쳐졌을 수도 있다는 것을 명심해라.*

온도가 낮아져도 굳지 않는 가나슈

레시피가 잘못됐거나 계량이 잘못된 경우. 레시피상에 수분이 너무 많은 경우.
↦ *가나슈의 온도가 충분히 낮아지지 않은 경우,*
유지가 굳지 않아 부드러운 텍스쳐가 유지되는 경우가 있다.

덩어리진 가나슈

카카오버터의 함량은 아주 높은데 섬유질의 함량은 적은 카카오를 사용했을 때
내용물의 안정화를 위해 이런 일이 발생한다.
↦ *여러분이 할 수 있는 것은 아무것도 없다. 그냥 초콜릿을 바꿔라.*

향을 내서 만든 가나슈가 맛없는 경우

향을 우려내는 작업이 잘못 되었다.
↦ *너무 높거나 낮은 온도에서 향을 우려낸 경우 또는*
짧은 시간 동안 우려낸 경우일 것이다.

거품을 냈으나 거품이 나지 않은 가나슈

너무 낮은 온도에서 거품을 낸 경우.
↦ *또는 계량 실수*

놀란 표정을 하고 있는 여러분 앞에 아무것도 할 줄 모르는, 아무데도 쓸데없는, 어떤 것에도 재능이 없는 어린 가나슈, '견습생'이 있다. 나중에는 분명 노련한 가나슈가 되어 있을 것이다. 사람들에게 사전의 내용을 설명해주는 '어수룩하고 순진한 노인' 같은 사람 말이다. 쇼드론 교수님이 그 노인에게 시기심을 느끼시지 않기를 바란다. 젊었거나 늙었거나 가나슈는 진정한 별미(또는 즐거움)니까!

12

아주 끈적한 **캐러멜**

파티스리를 금은세공업에 비유하면 캐러멜 제조는 그 가운데서도 가장 까다롭고 섬세한 과정이다. 온도, 물의 첨가 여부, 불의 강도, 이 모든 딜레마가 냠냠학자의 정신을 혼미하게 만들기 때문이다. 이 미궁 속에서 올바른 길을 찾을 수 있도록 몇 가지 지침을 준비했다.

두 가지 방식의 캐러멜

구조

캐러멜은 의도적으로 설탕을 태운 것이나 마찬가지다. 그것도 완전히가 아니라 약간만 태운 것이다. 캐러멜은 굳지 않은, 즉 비결정 구조다. 아주 뜨거울 때는 액체가 되고, 차가워지면 유리처럼 깨진다. 적어도 종이에 묻은 캐러멜은 굳으면 그렇게 된다는 뜻이다.

방식 1. '수분 비첨가' 방식

냄비에 설탕을 붓고 녹을 때까지 데운다. 계속 지켜보면서 볶는다.

레시피 캐러멜 250g 분량

설탕 250g

❶ **쉬우면서도 어려운 작업** 냄비에 설탕을 붓고 약/중불에서 계속 저으면서 데운다. 설탕이 녹아 뭉쳐지면서 점점 큰 덩어리가 되고, 색이 짙어진다. 캐러멜 색은 흰 유산지 조각과 대조하며 조절한다. 완성되면 바로 캐러멜을 사용한다.

왜? 약/중불? 위에 있는 설탕은 녹을 기미도 보이지 않는데 냄비 바닥에 닿은 설탕은 탈 수 있기 때문이다. 계속해서 젓는다? 같은 이유다. 캐러멜이 완성되면 바로 사용한다? 냄비와 그 속의 내용물이 열기를 많이 머금고 있으므로 관성에 의해 계속해서 캐러멜에 열이 가해지면 타기 십상이기 때문이다.

방식 2. '수분 첨가' 방식

다량의 설탕과 약간의 물, 글루코스나 레몬즙을 넣고 시럽을 만들어 끓인다. 수분이 증발하고 설탕만 남아 점점 캐러멜화된다. 시럽은 수분이 없어도 결정화되어 단단한 설탕 덩어리로 변하지 않고 작업 내내 '비결정' 상태로 남아있다. 그것이 우리가 의도하는 바다.

레시피 캐러멜 250g 분량

설탕 250g
물 60g
글루코스(분말, 시럽) 1T 또는 레몬즙 몇 방울

❶ **기본 중의 기본 레시피** 냄비에 준비된 재료를 다 넣고 잘 저어준 뒤 끓인다. 불을 잘 조절하여 불꽃이 냄비의 측면, 즉 벽까지 오지 않고 바닥에만 닿게 한다. 중불에서 끓이다가 내용물에 색이 나면 바로 약불로 줄인다. 원하는 색이 될 때까지 가열하고 불에서 내려 바로 캐러멜을 사용한다.

☞ **왜?** 냄비 벽에 열기가 닿으면 안 되는 이유는? 온도가 급격히 상승해 측면에 붙어있던 설탕이 타기 때문이다. 설탕에 색이 나면 약불로 줄인다? 이 단계에 이르면 내용물 속 수분이 거의 사라지고, 온도가 그 전보다 빨리 상승한다. 이때 타는 것을 방지하기 위해 냄비를 밖으로 빼는 것이다. 설탕이 굳지 않는 이유는? 글루코스나 레몬즙을 넣었기 때문에 가열하는 내내 '비결정화' 즉 굳지 않는 구조를 유지할 수 있다.

그림1 · 설탕 끓임 표

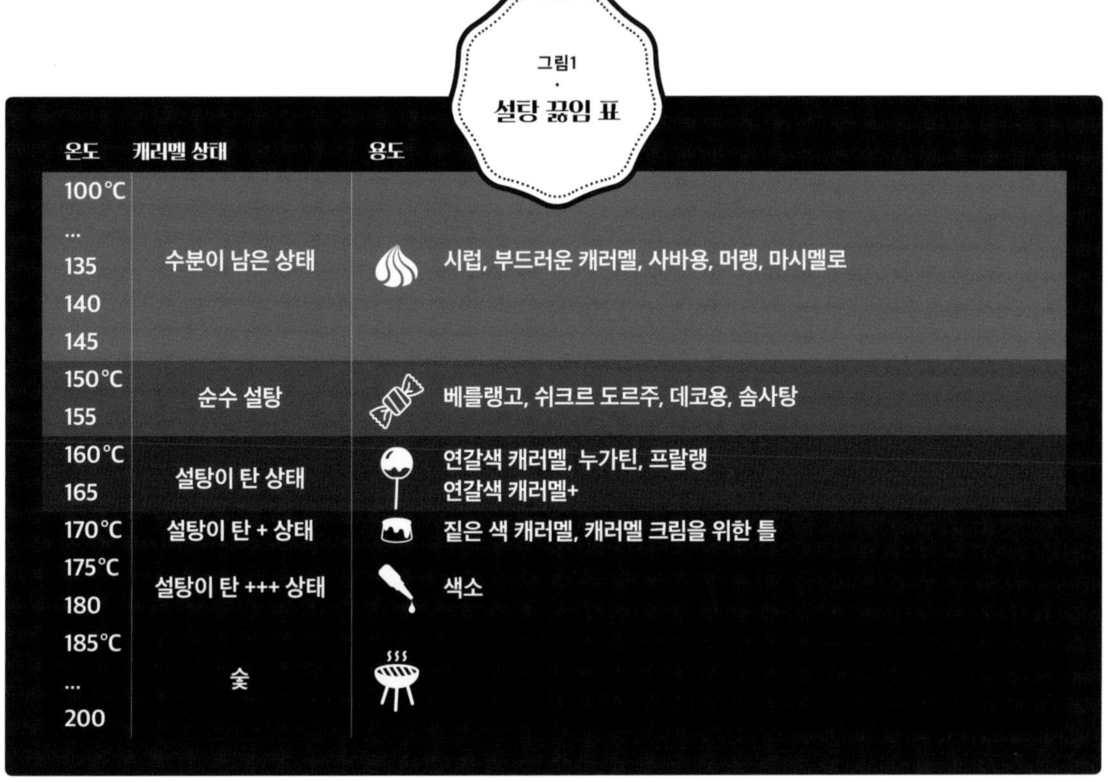

온도	캐러멜 상태	용도
100°C … 135 140 145	수분이 남은 상태	시럽, 부드러운 캐러멜, 사바용, 머랭, 마시멜로
150°C 155	순수 설탕	베를랭고, 쉬크르 도르주, 데코용, 솜사탕
160°C 165	설탕이 탄 상태	연갈색 캐러멜, 누가틴, 프랄랭 연갈색 캐러멜+
170°C	설탕이 탄 + 상태	짙은 색 캐러멜, 캐러멜 크림을 위한 틀
175°C 180	설탕이 탄 +++ 상태	색소
185°C … 200	숯	

걸쭉한 캐러멜 CARAMEL ÉPAIS

구조

'탄'설탕과 물로 이루어진 다소 걸쭉한 시럽을 의미하며 굳지 않는 '비결정' 구조를 가지고 있다.

기본 원리

수분 첨가 방식을 택하여 캐러멜을 만들되 필요한 만큼의 물을 추가한 뒤 식히면 내용물이 소스처럼 꽤 걸쭉해진다.

❶ **쉽다** 수분 첨가 방식을 사용해서 캐러멜에 진한 호박색이 나면 불에서 내려 찬물이 든 볼에 냄비 바닥을 담근다. 이때 캐러멜에 물이 튀지 않도록 주의하며 식힌다. 찬물 70g을 더 넣고 잘 섞는다.

☞ **왜?** 찬물에 냄비 바닥을 담근다? 가열을 확실히 중지시키기 위해서다. 내용물에 물이 튀지 않도록 주의한다? 캐러멜과 물의 온도 차이가 150℃ 이상이기 때문이다! 찬물을 더 넣는다? 캐러멜을 녹이기 위함이다. 식어도 유리처럼 깨지지 않고 질 좋은 꿀처럼 흘러내리게 될 것이다.

캐러멜 소스 SAUCE AU CARAMEL

걸쭉한 캐러멜처럼 만들되 그 안에 첨가할 물을 동량의 크림과 버터 30g으로 대체한다. 왜 크림을 사용하는가? 단백질과 유분이 들어있어 독특한 텍스처를 만들어주기 때문이다. 이때 소금을 한 자밤 넣으면 맛이 살아난다.

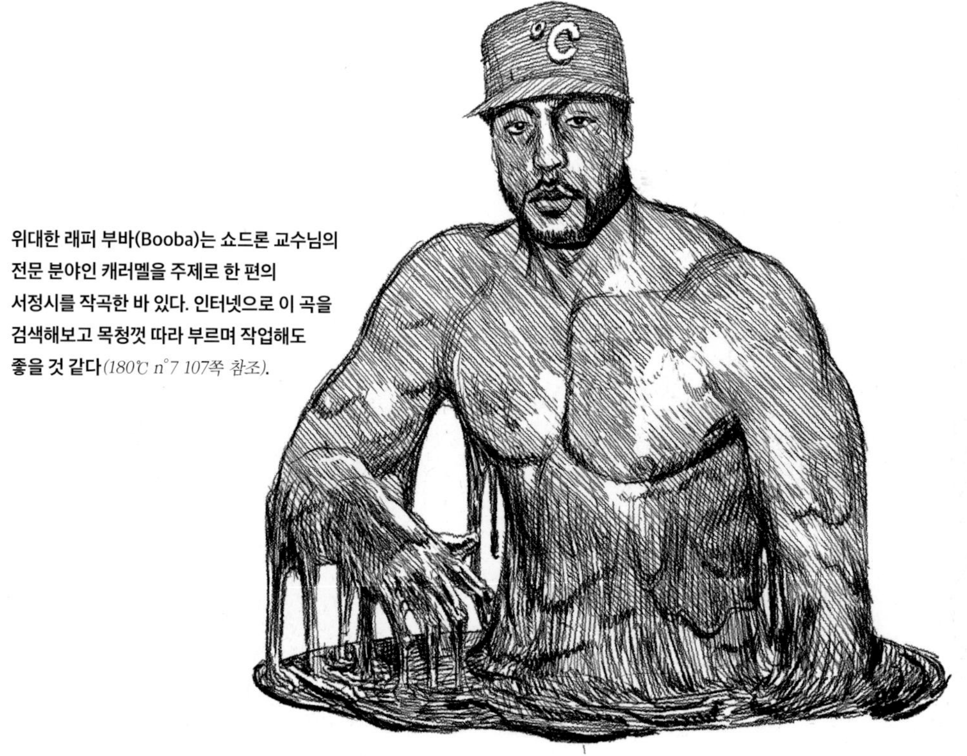

위대한 래퍼 부바(Booba)는 쇼드론 교수님의 전문 분야인 캐러멜을 주제로 한 편의 서정시를 작곡한 바 있다. 인터넷으로 이 곡을 검색해보고 목청껏 따라 부르며 작업해도 좋을 것 같다*(180℃ n°7 107쪽 참조)*.

끓인 설탕과 캐러멜의 전설적인 실패담

냄비 속에서 한 덩어리가 된 시럽

내용물이 데워지면서 시럽 속 수분이 증발되어 설탕만 남은 것이다.
결정화되면 한 덩어리가 되는 건 당연하다.
↦ 내용물이 시럽 형태('비결정')로 남아있도록 하려면 레몬즙이나 글루코스를 약간 첨가하여 이 성질이 유지되도록 해주어야 한다.

흐르지 않는 액상 캐러멜

캐러멜은 식으면 유리처럼 단단해지고 잘 깨진다.
거기에 물을 첨가하면 부드러워지고 약간, 많이, 미치도록 흐름성이 좋아진다.
↦ 물 양 조절에 주의한다.

캐러멜화가 덜 된 캐러멜

냄비 속에서 끓이는 내용물의 농도에 따라 실제 색보다 더 진해 보인다.
↦ 색을 확인할 좋은 방법은? 끓고 있는 내용물에 유산지를 살짝 담근 뒤 빼서 색을 판단하면 된다.

부드러운 캐러멜이 너무 단단해진 경우

내용물을 너무 오래 끓여 수분이 거의 사라진 상태.
↦ 그러면 캐러멜이 너무 단단해진다.

단단한 캐러멜이 너무 물렁해진 경우

↦ 위의 경우와 정확히 반대로 하면 된다!

냥냥학개론-파티스리

냥냥학 레시피

음악가는 타르틴에 커피 한잔을 마시며 음계연습, 아르페지오, 음악 공부 그리고 오케스트라 연습으로 인한 피로를 푼다. 자신이 가장 좋아하는 협주곡 한 악장과 소나타의 피날레를 연주하면서. 이렇게 자유자재로 악기를 다루기까지 그동안 흘린 피와 땀의 의미를, 음악 애호가가 아닌 레퍼토리를 해석하는 사람으로서 느낀 즐거움과 환희의 의미를 깨닫는 순간이다. 이제 모든 상황은 바뀌었다. 더 이상 관객이 아닌 공연의 주체가 될 수 있다. 여러분도 마음의 준비를 해야 한다. 요리(냠냠학개론 1권)나 파티스리도 모두 마찬가지다. 사람들은 여러분이 만든 저 의기양양한 크림 슈를 보면서 환상에 빠지고, 진열장을 바라보며 입맛을 다신다. 그 상황을 만든 장본인이 바로 당신이다. 사실 일반적인 통념과는 다르게 수동적인 위치에서 능동적인 위치로의 변환은 '쉽지' 않다. 머리를 쥐어뜯으며 고민해보지 않은 사람은 약간이라도 브르타뉴 분위기가 느껴지는 사과 타르트*(162쪽 참조)*를 만들 수 없고, 이것저것 의문을 품어보지 않은 사람은 밤 크레뫼*(168쪽 참조)*의 그 부드러운 텍스쳐를 구현해낼 수 없기 때문이다. 파티스리 전반에 걸쳐 산재해있는 복잡한 과정과 여건을 완전히 지배할 방법은 없다. 제스쳐도 손에 익어야 하고 제품 온도도 조절해야 하고, 재료를 섞는 기술도 익혀야 한다*(51쪽 참조)*. 한편으로는 잘된 일이고, 다행이지 않나! '어려움' 자체는 좋은 것이다. 다른 모든 일이 그렇듯 이해하고 진보해야만 정복할 수 있다. 이 책에 소개된 레시피들은 모두 여러분이 충분히 구현할 수 있는 수준이다! 변덕스러운 슈 반죽을 통제하게 되었을 때 느끼는 쾌감이란! 내가 만든 크루아상이 오븐에서 나올 때 느끼는 환희란! 마카롱의 비법을 완벽히 파악해서 만들 때마다 성공하는 기분이란. 한 번에 먹을 때의 그 행복감은 또 어떻고! 뒤에 나오는 레시피들을 직접 만들어보기 전에 일단 전체적으로 훑어보길 권한다. 실패 없이 레시피를 구현하기 위해서는 여러 제스쳐와 과정을 내 것으로 만드는 과정이 선행되어야 한다!

RECETTES

냠냠학 초심자를 위한 레시피

저 멀리 심연 속에서 이미 깨달음의 빛을 발견한 냠냠학 초심자도 있을 것이고, 겸손하고 순종적인 태도로 그 빛에 닿게 해달라고 기도하는 이도 있다. 이제 쇼드론 교수님의 최초 가르침이 담긴 레시피 12개를 구현해봄으로써 암흑의 시기에서 벗어나게 될 것이다.

셰익스피어 독자 6~8명분

기본 원리 : 달걀*(31쪽)*, 거품형 반죽*(92쪽)*, 반죽 굽기*(73쪽)*, 생과일*(44쪽)*

젠틀맨을 위한 트리플

트리플은 우리들의 친구, 영국인들이 처음 만든 멋진 제품으로 디저트 천국에서 이튼 메스*(Eton Mess, 194쪽 참조)***와 자리를 다툴 정도의 지위를 갖는다. 쇼드론 교수님은 아들 같은 트리플에게 자신의 트위드 재킷을 입혀 영국적인 분위기가 물씬 나는 제품으로 만들고자 한다.**

비스퀴

(94쪽 참조)

달걀 250g, 5개 분량
(그렇다! 꽤 된다.)
설탕 160g
밀가루 150g
카카오파우더 20g
(선택 사항이 아니다)

코냑 크림

전유 또는 저지방 우유 700g
달걀노른자 4개
설탕 120g
전지 크림 100g
옥수수전분(마이제나®) 25g
바닐라빈 1개 안의 씨
코냑 3~4T

휘핑한 크림

(조금 휘저은, 부드러운 샹티이 크림!)
차가운 전지 크림 300g
슈거파우더 30g

과일

붉은 과일(또는 노란색 과일이나 제철 과일도 가능) 500g
설탕 50g
레몬 1/2개

시럽

설탕 200g
코냑 10g
물 50g

---

❶ **비스퀴와 시럽** 비스퀴 퀴이에르*(94쪽)*를 만든다. 물과 설탕을 넣고 끓여 시럽을 만든다. 식힌 뒤 코냑을 넣는다. 앗싸!

☞ **왜?** 이 단계에서 비스퀴에 시럽을 바르지 않는다? 시럽을 바르면 기포가 가진 섬세한 구조와 비스퀴 내부에 만들어진 얇은 벽이 쉽게 무너진다. 그러면 텍스쳐가 조잡해진다. 이런 흔한 실수는 피해야 한다.

❷ **코냑 크림** 알코올을 제외한 모든 재료를 넣고 섞는다. 믹서가 없다면 크렘 파티시에르에 사용한 테크닉을 사용한다*(130쪽)*. 내용물을 냄비에 넣고 아주 짧은 시간 동안 끓이면서 계속 젓는다. 샐러드 그릇에 내용물을 바로 붓고 식힌 뒤 코냑을 넣는다. 중간 중간 저어준다.

☞ **왜?** 크림 만드는 방법 치고는 좀 이상한데? 쇼드론 교수님의 말씀에 따르면 이 레시피는 크렘 파티시에르와 크렘 앙글레즈의 중간에 해당한다. 노른자+설탕을 섞어 블랑쉬르 하는 그 유명한 과정은 생략한 것이다. 이것은 거품을 내는 과정인데*(62쪽)* 이 크림에는 거품을 낼 필요가 없기 때문이다. 그렇다면 인생을 복잡하게 만들 필요가 없지 않겠는가!

❸ **과일 & 휘핑한 크림** 딸기 표면의 불순물을 없애고, 복숭아씨를 제거하고, 무화과 꼭지를 제거하는 등 과일의 특성에 따라 미리 손질한다. 과일에 설탕과 레몬즙 몇 방울을 넣고 섞는다. 슈거파우더와 크림을 넣고 휘핑해 부드러운 샹티이 크림 상태로 만든다.

☞ **왜?** 크림을 휘핑하되 단단하게 올리지 않는다? 그래야 그 전형적인 맛과 텍스쳐, 즉 우유와 크림의 특성이 더 잘 드러나기 때문이다. 이것이 바로 이 디저트에 맞는 특성이다. 설탕과 레몬즙을 약간만 넣는다? 매력적인, 일종의 즙을 만들기 위함이다. 게다가 레몬즙은 과일의 풍미를 강조하며 증진시켜준다. 직접 경험해보자.

❹ **결정적이며 최종적인 조립** 비스퀴에 코냑 시럽을 바른다. 투명한 샐러드 그릇에 재료별로 과일, 꽤 차가운 코냑 크림, 휘핑한 크림, 비스퀴를 층을 구분하여 쌓아도 되고, 기분 좋게 섞어도 된다. 대신 바로 먹어야 한다.

☞ **왜?** 층을 내서 쌓는다 또는 섞어서 내놓는다? 층을 내서 얹으면 미관상으로는 좋지만 한입에 모든 재료를 다 맛볼 수는 없다. 하지만 다 섞어서 얹을 경우 모양은 덜 예쁘지만 한 숟가락에 모든 재료의 맛을 느낄 수 있다.
'트리플 만세!

고함지르는 사람들과 성인들 한 무리 분량

기본 원리 : 거품내기(62쪽), 두 개체 믹싱법(52쪽), 휘핑하기(62쪽), 반죽 굽기(73쪽)

틀 없이&비난 없이 만드는 초콜릿 가탈

이 가탈 레시피는 버터 칠을 하거나 틀을 닦을 필요가 없는, 게으른 이들을 위한 것이다. 그렇다고 마냥 손이 놀고 있을 수만은 없을 것이다. 왜냐하면 이 레시피에 사용된 분산시키는 개체와 분산될 개체 모두 거품을 내야 하기 때문이다. 거품이 나야 속이 가벼우면서도 치밀한 텍스처를 가질 수 있다.

아주 신선한 달걀 6개
그래뉴당 150g
밀가루 120g
다크 초콜릿 40g
버터 40g
쓴 카카오파우더 20g
굽고 난 뒤 장식

❶ **스트레스 없이 녹이기** 긴장을 풀고 작은 냄비에 버터와 초콜릿 조각을 넣는다. 가장 약한 불로 데우면서 가끔씩 저어준다. 갑자기 센불로 조절한다든가 물을 첨가하는 등의 행동, 그리고 성공 기원을 위한 촛불 점화는 삼가자.

☞ **왜?** 가장 약한 불에서? 초콜릿은 35~37℃에서, 버터는 그보다 더 낮은 온도에서 녹는다. 이 가엾은 재료가 당신한테 나쁜 짓을 한 것도 아닌데 태울 필요는 없지 않는가. 그래도 불을 줄이지 않는다면 초콜릿은 석고 덩어리처럼 '굳어'버릴 것이다.

---

❷ **침착하게 섞기 : "침착성은 냠냠학자에게 장점이다." (쇼드론 교수님의 결정적인 명언)** 샐러드 그릇에 밀가루, 카카오파우더를 넣고 손이나 거품기로 섞는다. 카카오파우더가 덩어리졌다고? 체에 걸러서라도 덩어리를 이 지구상에서 쫓아내야 한다.

☞ **왜?** 카카오파우더와 밀가루를 미리 섞는다? 카카오파우더가 골고루 분산되도록 하기 위함이다. 그렇지 않으면 3단계에서 섞는 작업이 더 힘들어진다. 반죽이 다시 주저앉고 구멍 땜질용 회반죽처럼 변할 수 있기 때문에 이러한 상황은 최대한 피해야 한다.

---

❸ **코 파기만큼 쉬운 거품내기와 섞기** 꽤 큰 샐러드 그릇에 노른자와 설탕 100g을 넣고 섞는다. 전동거품기로 2~3분 동안 초음속으로 휘핑한 뒤 초콜릿+버터를 넣는다. 그리고는 거품기로 살살 젓다가 밀가루+카카오파우더를 넣고 힘차게 젓는다. 2분 동안 흰자를 있는 힘껏 저은 뒤 설탕 50g을 넣고 1분간 더 젓는다. 흰자를 분산시키는 개체(초콜릿이 들어있는)에 넣고 섞은 뒤 나머지 재료를 모두 넣고 섞는다. 내용물의 공기가 빠지지 않는 선에서 균일한 텍스처가 되도록 반죽을 가볍게 젓는다.

☞ **왜?** 나머지 재료를 흰자에 넣는 것이 아니라 흰자를 나머지 재료에 넣는다? 완성한 반죽 속의 공기를 최대한으로 간직하면서 두 개체를 섞는 실패율이 가장 낮은 방법이기 때문이다. 초콜릿이 들어간 내용물에 흰자를 넣고 가볍게 젓는다? 완벽하게 섞으려고 너무 있는 힘껏 저으면 흰자 속에 들어있는 거의 또는 모든 공기가 반죽 밖으로 나오고, 가탈은 납처럼 되어버린다. 여기저기에 휘핑한 흰자가 보일 정도로 덜 섞였더라도 가벼운 제형이 낫다.

---

❹ **꿈처럼 굽기** 유산지를 깐 오븐팬 위에 반죽을 떨어뜨려 구름 모양 또는 사각형으로 만든다. 180℃ 오븐에 넣고 30분 정도 굽는다. 먹기 전에 슈거파우더를 뿌려도 좋다.

☞ **왜?** 틀을 사용하지 않는다? 여러분이 제대로 만들었다면 이 반죽은 틀이 없이도 '자립'할 수 있다.

"틀 밖의 가탈은 더 자유롭다." (쇼드론 교수님의 말씀)

속이 허한 사람 4~5명분

기본 원리 : 이 두꺼운 책에 여기에 해당하는 내용이 없다니! 아, 맞다, 어쩌면 믹싱에 관한 챕터(*51쪽*)가 도움이 될지도.

몬스터 같은 초콜릿 브라우니

앞에 나온 테크닉 설명 부분에서는 전혀 다루지 않았던 레시피다. 이게 진짜 파티스리에 속하는가 하는 의문이 든다. 어쩌면 당과류에 더 가까울지도 모르겠다. 하지만 밀가루가 들어있으니… 어떻게 분류해야 할지 모르겠다. 따라 하기도 어렵다.

다크 또는 밀크 초콜릿 200g
아주 신선한 달걀 150g(3개)
호두 분태 120g
(기호에 따라 호두, 헤이즐넛, 피칸 등으로 대체)

설탕 또는 슈거파우더 120g
버터 120g
밀가루 55g
카카오파우더 10g

❶ 이보다 더 기름질 수 없다. 이런 경우라면 몰라도… 다크 초콜릿을 조각내서 버터와 함께 여러분의 배 위에 올려놓는다. 내용물에 윤기가 흐를 때까지 손으로 살살 섞는다.

❷ 이보다 더 적절할 수는 없다 샐러드 그릇에 설탕과 달걀을 넣고 무관심한 듯 저어주되 거품을 낼 필요는 없다. 그 위에 미리 섞어 놓은 카카오파우더와 밀가루를 넣는다. 균일한 텍스쳐를 가진 진흙의 제형이 될 때까지 섞는다.

❸ 이보다 더 기대되는 순간은 없다 스패출러로 배 위에 얹어 놓은 초콜릿+버터를 가져와 앞에 섞어놓은 내용물에 넣는다. 이때 재료를 섞는 것에 만족하고 살살 저어준다. 호두와 헤이즐넛을 넣는다.

❹ 충분히 예상 가능하다 22×15cm 크기의 틀에 반죽을 붓는다. 170℃로 예열한 오븐에서 35~40분 동안 굽는다. 틀에 넣은 채로 2시간 정도 식힌다.

듣지 말아야 할 바보 같은 조언

브라우니에 생크림을 얹어 먹어 보라. 플랜타 핀*은 또 어떤가?

* Planta fin : 마가린의 한 종류

"플랜타 핀의 유혹에서는 좀처럼 헤어나기 힘들 것이다."

(쇼드론 교수님의 결정적인 명언)

☞ **왜?** 초콜릿과 버터를 배 위에서 녹인다? 몸에 열이 나는 경우를 제외하고는 이 재료를 녹이는데 이상적인 온도이기 때문이다. 머리 위에서도 녹일 수 있으나 현실적으로는 힘들다.

☞ **왜?** 밀가루를 적게 넣는다? 그래야 브라우니가 입에서 살살 녹는, '크림' 같은 텍스쳐를 얻을 수 있다. 거품을 낼 필요가 없다? 물론이다! 브라우니 반죽은 시멘트처럼 무겁고 촘촘해야 한다. 그만큼 공기가 들어가면 안 되기 때문에 휘핑이 아니라 그냥 섞기만 한다.

☞ **왜?** 살살 젓는다? 쇼드론 교수님이 계속 반복하시는 내용이다. 저을 필요가 없는 반죽은 열심히 젓지 마라. 지금 이 경우가 바로 거기에 해당한다. 브라우니는 단순한 재료의 조합이다.

☞ **왜?** 굽는 시간을 제한한 이유는? 밀가루 속 전분을 호화시키되(*70쪽*) 너무 많이 익히지는 않기 위함이다. 브라우니는 빵의 크럼이 아니라 크림과 같은 텍스쳐를 가져야 한다는 사실을 잊지 말자! 2시간 동안 식힌 후에 먹는다? 이 가토는 맛이 아주 진하고 기름지고 단데 밀가루의 양이 매우 적기 때문에, 이 소량의 호화된 전분이 우리가 의도한 만큼의 탄성을 만들어주기까지는 시간이 좀 필요하다.

제품을 잘 알고, 감사히 먹을 줄 아는 4~6명분

기본 원리 : 생과일, 주스와 펄프*(44쪽)*, 조형성 있는 반죽*(100쪽)*

붉은 과일 수프

갈증을 해소해주는 시원한 디저트로 맛보고 나면 등이 오싹해질 정도다. 엄격히 말해 파티스리 레시피라고 할 수 없기 때문에 완전히 주제에서 벗어난 것이라고 볼 수도 있다. 하지만 낯선 모양의 튀일*(218쪽)*을 곁들인다면 모든 것이 정리된다.

붉은 과일 750g

시럽

물 200g

"물은 재료 가운데 가장 축축하다." (쇼드론 교수님의 결정적인 명언)

설탕 100g

드라이 화이트 와인 500g

레몬 1/2개

쿨리

과일 약 250g

(원하는 과일 모두 가능. 제철 과일로)

설탕 50g

물 100g

레몬 1/2개

민트잎 몇 장

낯선 모양의 튀일 1배합*(218쪽)*

❶ **만들기 쉬운 시럽** 채소 필러로 레몬 2~3개의 껍질을 깎는다. 이때 껍질의 흰 부분은 많이 사용하지 않는다. 냄비에 물과 설탕을 넣고 섞은 뒤 크게 썰어놓은 제스트를 넣는다. 끓기 시작하면 불에서 내린 뒤 완전히 식혀 체에 거른다. 여기에 화이트 와인을 붓고 내용물을 냉동고에 보관한다.

❷ **어렵지 않은 쿨리** 붉은 과일, 레몬 반개의 즙, 물을 섬세하게 섞는다. 구멍이 작은 체에 걸러 씨(열매가 익어도 껍질과 분리되지 않는 과일일 경우에는 열매 전체)를 발라낸다. 설탕을 조금씩 뿌리면서 섞되 과일의 산도에 따라 설탕 양을 조절한다.

❸ **어려울 것 없는 프리젠테이션** 움푹 패인 접시(또는 당신이 원하는 큰 유리컵)에 과일을 세팅한다. 그 위에 화이트 와인으로 만든, 거의 냉동되었으나 액상에 가까운 내용물을 붓는다! 쿨리 1~2T도 얹는다. 제대로 작업했다면 쿨리는 다른 재료와 섞이지 않고 멋진 효과를 낼 것이다! 희한한 모양의 튀일도 잊지 말자!

필요 이상의 응용 버전은 피하자 원하는 셔벗 한 스쿱을 얹는다고? 이건 정말 어리석은 짓이다. 이미 경고했다.

☞ **왜?** 시럽에 제스트를 넣는다? 신맛은 최소한으로 느끼고 레몬이 가진 상큼한 맛은 살리기 위해 넣는다. 썰어 넣는다? 맛이 더 퍼지게 하기 위함이다*(냠냠학개론 1권, 38쪽 참조)*. 식은 시럽에 화이트 와인을 넣는다? 쇼드론 교수님은 좋은 화이트 와인을 쓴 이들에게 절대 익히거나 끓이지 말라고 조언한다. 모든 향이 증기와 함께 사라지기 때문이다. 물론 싸구려 와인 팩을 사용한 경우에는 상관없다.

☞ **왜?** 시럽이 아니라 설탕을 넣는다? 둘 다 가능하다. 그러나 과일 펄프에 설탕을 녹일 만큼 충분한 수분이 들어있기 때문에 설탕을 넣었다. 게다가 걸쭉한 쿨리를 원하기 때문에 더 이상의 수분은 필요가 없다.

☞ **왜?** 냉동에 가까운 상태로 만든다? 차가울 때 느낄 수 있는 고유한 맛 때문이다. 이것이 바로 '맛' 효과다. 쿨리와 와인 시럽을 섞지 말라고? 제대로 만들었다면 온도는 말할 것도 없고 텍스쳐와 밀도도 아주 다를 것이다. 이 모든 차이점 덕분에 이렇게 우아한 효과를 낼 수 있는 것이다. 희한한 모양의 튀일*(218쪽)*을 곁들인다? 형태, 텍스쳐, 맛, 온도의 대비를 잘 이용하자. 파티스리는 게임이다. 즐겨야 한다. 그렇지 않으면 쓸모없다.

꽤 큰 샐러드 그릇 1개 분량

기본 원리 : 두 개체 믹싱법(52쪽), 거품내기(62쪽), 무스(115쪽)

아주 정상적인 초콜릿 무스

누구나 만들 수 있다. 장점은? 일단 맛있다. 무엇보다 두 개체 믹싱법의 개념을 더 잘 이해할 수 있게 해준다. 특히 다음에 나오는 '거꾸로 무스'와 같은 다른 초콜릿 무스를 만들 때 '개체의 전도'에 대해 더 잘 이해할 수 있다!

분산시키는 개체

52% 다크 초콜릿 300g

전지 크림 180g

카카오파우더 10g

분산될 개체

달걀흰자 180g

"흰자는 투명하다." (쇼드론 교수님의 남남학적 발견)

슈거파우더 45g

❶ **분산시키는 개체** 냄비에 거품기로 미리 섞어 놓은 카카오파우더와 크림을 넣고 끓인다. 불에서 내린 뒤 초콜릿 조각을 넣는다. 초콜릿에 윤기가 흐르고, 균일한 텍스쳐가 될 때까지 섞는다.

❷ **분산될 개체** 전동거품기를 사용해 흰자를 단단히 쳐서 올린다. 슈거파우더를 넣고 1분 더 돌린다.

❸ **두 개체 섞기** 아직 미지근한 상태(차가운 건 안 됨)의 카카오파우더가 들어간 내용물에 흰자의 1/4을 넣고 스패출러(실리콘 주걱이 더 좋다)로 '들어 올리듯' 섞는다. 흰자가 분산되어 잘 섞일 정도로만 섞는다. 너무 많이 섞으면 거품이 꺼진다. 하룻밤 냉장보관했다가 먹는다.

☞ **왜?** 크림에 초콜릿을 넣는다? 이 방법을 써야 초콜릿이 들어간 분산시키는 개체가 연속적(작은 덩어리들도 없고, 하나의 큰 덩어리로 굳을 위험이 없는 상태)으로 되면서 무스에도 풍부한 텍스쳐를 만들어준다. 생 노른자를 넣지 않는다고? 전혀 필요가 없기 때문이다. 맛이 안 좋아 질 뿐만 아니라 소화가 아주 아주 아주 안 될 수 있다.

☞ **왜?** 슈거파우더를 넣는다? 분산되고 나면 흰자 속 수분에 의해(그렇다!) 아주 빨리 녹을 것이다. 또한 섞을 때 좀 더 힘이 느껴지는, 저항성 있는 거품이 만들어질 것이다. 그래야 초콜릿이 들어간 내용물과 섞을 때 완전히 꺼지지 않는다.

☞ **왜?** 미지근한 상태의 카카오파우더를 넣는다? 모양을 만들 수 있는 상태, 즉 꽤 말랑하고 부드러운 상태여야 하기 때문이다. 식고 나면 내용물이 굳는데 그건 실패 중의 실패다. 흰자의 1/4을 넣는다? 카카오파우더가 들어간 반죽의 비중(=1)이 흰자가 들어간 반죽(=0.15)과 비슷해지도록 하기 위함이다. 비중이 비슷해야 믹싱할 때 흰자 속의 공기가 완전히 빠지는 것을 막을 수 있고, 결과적으로 석고와 같은 무스를 얻을 수 있다. 하룻밤 휴지? 카카오버터가 결정화되어야 아무도 흉내 낼 수 없는 무스 텍스쳐를 만들 수 있다.

"무스는 초콜릿에, 정어리는 기름에"

쇼드론 교수님의 결정적인 명언

정말 어마어마한 사실 다음 장에 나오는 '거꾸로 무스'를 보라. 개체들의 역할을 완전히 바꿔서 만든 것으로, 전통에 대한 완벽한 모욕이다.

견고한 샐러드 그릇 1개 분량

기본 원리 : 두 개체 믹싱법(*52쪽*), 거품내기(*62쪽*), 무스 (*115쪽*)

'역순으로' 만든 다크 초콜릿 무스

바로 앞 페이지에서 소개한 훌륭한 방식은 모두 잊어버리고, 정확히 그 반대로만 하면 된다! 왜냐고? 다른 방식을 발견하고, 무스에 새로운 텍스쳐를 만들어내기 위해서, 그리고 다른 모든 사람들처럼 만들지 않기 위해서다. 결론적으로, 냠냠학자가 되기 위해서!

"두 개체 믹싱법에는 늘 두 개의 개체가 들어간다." (쇼드론 교수님의 결정적인 명언)

분산될 개체

다크 초콜릿 250g
전지 크림 180g
카카오파우더 10g (옵션)

분산시키는 개체

아주 신선한 달걀흰자 250g
슈거파우더 90g

❶ **지금으로서는 어려울 게 하나도 없다** 크림과 카카오파우더를 잘 섞어 끓기 시작하면 불에서 내린다. 조각낸 다크 초콜릿을 넣고 잘 저어 균일한 텍스쳐를 가진, 멋진 분산될 개체로 만든다. 한쪽에 둔다.

☞ **왜?** 초콜릿을 녹일 때 온도에는 크게 신경 쓰지 않는다? 수분(크림 속)이 많이 첨가되어 초콜릿이 '온도에 덜 민감'해진 것이다!

❷ **자, 여기서부터 낯설기 시작한다** 전동거품기를 사용해 흰자를 단단하게 친다. 미리 체 쳐 놓은 슈거파우더를 넣고 1분 더 돌린다. 여러분의 스승인 쇼드론 교수님을 능가해야겠다는 생각으로 거품을 단단하게 만든다.

☞ **왜?** 흰자를 단단히 친 다음 슈거파우더를 넣는다? 흰자 거품을 '구조화'시키기 쉽고, 초콜릿과 섞는 과정에서 공기가 빠지거나 무너지지 않고 잘 섞이는데 필요한 '힘'을 주기 위함이다. 슈거파우더를 쓴다? 더 잘 분산되고, 흰자 속에서 잘 녹게 하기 위해서다.

❸ **자, 이 단계가 바로 그 엉망진창 단계다!** 이 단계에서는 둘이 같이 작업해야 한다. 여러분의 반쪽에게 도움을 청하자. 여러분의 노예가 저속으로 설정해둔 전동거품기를 들고 있을 때 흰자 안에 바로 분산될 개체(초콜릿을 의미한다. 잘 따라 오고 있는가?)를 붓는다. 신속하게 초콜릿을 부은 뒤 실리콘 주걱으로 밑에서 위로 끌어올리듯이 섞는다. 15초 정도 이 동작을 반복하면 '역순으로' 거품 작업이 마무리된 것이다. 먹기 전에 2~3시간 휴지시킨다.

☞ **왜?** 녹인 초콜릿을 흰자 위에 붓는다? 왜 개체를 역순으로 하나? 다르게 해보는 것도 즐겁다. 사실 더 가벼운 제형의 초콜릿 무스를 얻기 위한 작업이다. 이론상으로는 이 방법을 사용하면 이전에 사용했던 방식에 비해 흰자의 '가스빼기'를 덜 할 수 있다.

글로 쓰인 모든 조언은 이미 모든 사람들이 다 생각한 것이다

낯선 모양의 튀일과 이 이상한 무스를 곁들여 먹어라(*218쪽*).

오븐팬 1개 분량!

기본 원리 : 된 반죽*(84쪽)*, 생과일*(44쪽)*, 반죽 굽기 *(73쪽)*

브르타뉴풍 사과 타르트

그렇다. '브르타뉴풍' 사과 타르트를 만들 수 있냐 없냐를 결정하는 것은 버터다. 해산물이나 슈센*의 사용 여부와는 관계가 없다. 물론 사과 슬라이스 사이사이에 굴을 집어넣어도 되겠지만 결과는 실망스러울 것이다.

* chouchen : 프랑스 북서부 해안의 브르타뉴에서는 해산물과 사과, 꿀로 만든 전통주인 슈센이 유명함.

파트 푀유테, 사블레 또는 브리제 500g
(버터와 가염버터를 동량으로 섞어서 준비)
84, 86, 88쪽 참조

레네트(리틀 퀸), 캐나다, 보스쿱, 골든 품종 사과 3~4개
가염버터
설탕
레몬 1개

❶ 반죽, 이것은 선택 원하는 결과물이 무엇이냐에 따라 반죽을 선택한다. 파트 푀유테 : 더 바삭하다. 파트 브리제 : 사과/반죽 간의 맛 대비가 크다. 파트 사블레 : '버터' 향이 더 두드러지고, 진한 맛이 난다. 버터와 가염버터를 위에 표시한대로 준비한다.

☞ **왜?** 버터를 섞어 쓴다? 과하지 않은, 섬세하고 짭짤한 맛을 내기 위함이다. 반죽을 고른다? 테스트해보고, 직접 먹어보고, 체험해보고, 바꿔보기 위해서다! 이 사안에 대한 쇼드론 교수님의 의견은 아주 명백하다. "같은 디저트를 절대 두 번 만들지 마라."

❷ 사과 조리할 사과의 품종을 선택한다. 껍질을 제거하고, 씨를 발라낸 뒤 레몬즙을 뿌려 갈변되지 않도록 한다. 길이로 2등분한 뒤 3~4mm 이하의 두께로 슬라이스한다. 오븐팬 크기에 맞춰 반죽을 미는데, 두께는 0.5~0.7cm로 한다. 포크로 반죽에 구멍을 낸다.

☞ **왜?** 사과를 조리한다? 그래야 맛뿐 아니라 보기에도 예쁜 과일층을 만들 수 있다. 한마디로 수분과 펙틴의 양을 조절하기 위함이다. 3~4mm 두께의 슬라이스한 과일과 반죽이 '연쇄적으로 입 안에서 녹는 식감'을 만들어내기에 적당한 두께다. 사과에 레몬즙을 뿌린다? 사과를 갈변시키는 '폴리페놀 옥시다아제'의 활동을 막는다. 반죽에 구멍을 낸다? 수증기를 내보내고 부풀어 오르지 않도록 하기 위해서다.

❸ 조립, 그 섬세한 과정 소화제를 먹고 난 쇼드론 교수님처럼 여러분도 사과 슬라이스(기둥 모양, 원형 등)를 얹다보면 기분이 좋아질 것이다. 모양과 무관하게 사과 슬라이스는 2mm 정도만 겹쳐져야 한다. 그 이상은 안 된다. 반죽 위에 어떤 구멍이나 공간도 보이지 않게 사과 슬라이스로 표면을 다 덮어야 한다.

☞ **왜?** 2mm씩 겹친다? 수없이 많은 사과가 겹쳐져서 만들어지기 때문에 이렇게 해야 얹어진 과일 두께가 적당해지고 (과일 속) 수분 양도 적당해진다. 그렇다고 수분 양이 너무 많으면 황금빛을 내기 힘들다.

❹ 다음 작업, 굽기 사과 위에 잘게 자른 가염버터 조각을 얹고 설탕을 뿌려 200℃ 오븐에 넣는다. 15~20분 동안 굽는다. 아주 뜨겁더라도 오븐에서 꺼내 바로 먹는다!

☞ **왜?** 200℃로 굽는다? 짧고 강렬하게 구우면 '구우면서 생기는 아로마'가 풍부하게 만들어진다. 게다가 가장자리는 바삭바삭하고 수분이 많이 없으면서 중간으로 갈수록 더 부드럽고 입안에서 녹는 듯한 독특한 텍스처가 생긴다. 파트 푀유테를 사용하면 버터와 데트랑프가 이루는 이중 구조 때문에 더 바삭거린다.

안하느니만 못한 바보 같은 응용의 예 사과 대신 무화과, 포도, 멜론을 사용하는 것. 쇼드론 교수님의 현명한 결정적 한마디를 기억하라.

"사과가 들어가야 사과 타르트다."

26×5.5cm 짜리 원형 틀 1개 분량

기본 원리 : 전분 호화*(70쪽)*, 크림*(130쪽)*, 된 반죽*(84쪽)*, 크림 익히기*(75쪽)*

바닐라와 과일을 곁들인
옛날식 맛있는 플랑

유자와 에스푸마를 기본으로 한 매우 기교 섞인 디저트로, 보기만 해도 기분이 좋다. 하지만 맛을 보면 제대로 만든, 바닐라를 넣은 옛날식 플랑 만한 것이 또 있을까?

"냠냠학자는 양산된 플랑을 먹으면 목이 멘다." (쇼드론 교수님의 격언)

반죽
파트 브리제, 사블레, 푀유테 350g
(84,86,88쪽 참조)

플랑
전지 우유 800g
전지 크림 200g
노른자(무엇의 노른자?) 6개
("많은 것 같아도 항상 부족하다."
쇼드론 교수님의 결정적인 명언)
시럽에 넣고 익힌 반쪽짜리 배 4/6개
(여러분이 원하는 과일을 골라도 좋다)
감자전분 50g
설탕(전지도 아니고 액상도 아닌) 145g
옥수수전분(마이제나®) 25g
쌀전분(또는 마이제나®) 25g
버터 30g
바닐라빈 3개

❶ **액체 재료** 우유와 크림에 바닐라빈을 넣는다. 바닐라빈은 미리 길이로 반 갈라 칼끝으로 씨를 긁어 같이 넣는다. 액체 재료가 끓기 시작하는 단계에서 불에서 내린 뒤 뚜껑을 덮고 최소 1시간 동안 향을 우려낸다.

☞ **왜?** 126쪽 레시피에는 들어가지 않는데 여기에서는 크림을 넣는다? 이것이 냠냠학이다. 실험해보고, 찾아봐야 한다. 성공했다고 안주해서는 안 된다. 우리의 목표는 크림의 첨가 여부에 따라 발생하는 차이점을 느껴보는 것이다.

❷ **나머지 재료** 거품기로 노른자와 설탕을 잘 젓는다. 원하는 만큼 '블랑쉬르'를 약간, 많이, 미친 듯이 한다. 전분들을 넣고 잘 섞지 않으면 덩어리가 생긴다.

☞ **왜?** 전분을 3종류나 사용한다? 텍스쳐를 만드는 데 있어서 전분이 가진 무한한 가능성을 알아보고, 발견하고자 하는 의도가 숨어 있다. 플랑은 이러한 실험을 하기에 아주 이상적인 대상이다. 감자전분을 사용한다? '잘 조각나는' 텍스쳐를 만들 수 있다.

❸ **1차 굽기** 바닐라 향을 낸 우유+크림을 체에 거른 뒤 노른자에 조금씩 부으면서 거품기로 계속 젓는다. 냄비에 이 내용물을 다시 옮겨 담고 중불에서 계속 저으면서 3~4초 동안 끓인 뒤 불에서 내리고 버터를 넣는다.

☞ **왜?** 이제 막 끓기 시작한 내용물을 불에서 내린다? 전분은 수분과 열기가 있어야 걸쭉해진다. 그러나 너무 많이 익히면 전분이 분해되고, 걸쭉함이 사라지기 때문에 조심해야 한다. 열기에 노출시키기는 하되 딱 적당한 정도만 해야 한다.

❹ **2차 굽기** 파트 브리제, 사블레 또는 푀유테(가장자리도 포함)를 0.3~0.4cm 두께로 밀어 틀 위에 얹은 뒤 크림을 붓는다. 이 크림 늪에 배를 숨겨 넣는다. 표면에 작은 버터 조각을 얹고 180~190℃ 오븐에 넣는다. 플랑에 색이 나면 오븐에서 꺼내고, 식힌 뒤 틀에서 뺀다.

☞ **왜?** 작은 버터 조각을 표면에 얹는다? 127쪽에 나온 내용을 다시 언급하지는 않겠다. 버터가 없어도 되나 버터가 있을 때 플랑의 색이 다르게 난다는 것을 확인할 수 있을 것이다.

와플 10~12개 분량

기본 원리 : 발효 반죽*(105쪽)*, 반죽 굽기*(73쪽)*, 페트리사주*(60쪽)*

색다른 과일 와플

여러분도 잘 알듯이 와플의 종류는 많다. 그렇다고 헷갈리면 안 된다. 이 레시피는 냠냠학의 성스러운 길에 머무르려는 자를 위한 것이다.

"와플을 만들면서 실패해봐야 냠냠학자로서 성장하는 것이다." (쇼드론 교수님의 결정적인 명언)

와플

밀가루 200g
전란 90g(2개)
물렁한 버터 80g
설탕 50g
생이스트 10g
소금 1g
가염버터(구울 때 필요)

풀어놓은 크림

차가운 전지 크림 150g
바닐라빈 1개
슈거파우더 1T

과일

(제철 과일로 알아서 준비) 약 1파운드
설탕 약간
레몬즙 약간

쿨리

제철 과일로 만든 쿨리로 알아서 준비
작은 공기 한 개 분량이면 충분
설탕과 레몬즙 약간

---

❶ **진정하자, 쉽다** 훅이 달린 전기믹서에 밀가루, 설탕, 소금, 달걀, 이스트를 넣고 중속으로 섞는다. 믹서 벽에 붙어있던 밀가루가 떨어지면 10분 동안 더 돌린다(이제 페트리사주 단계에 진입하는 것이다). 버터를 한 조각씩 넣는다. 반죽이 다 섞이면 3시간 동안 냉장한다. 지름 5~6cm의 원형 반죽으로 30~50g씩 분할한다. 1~2시간 냉장한 뒤 굽는다.

❷ **이제 나머지를 준비해야 한다** 크림에 바닐라빈과 설탕을 넣고 '슬렁슬렁' 저어준 뒤 냉장보관한다. 과일 세그먼트를 만들어 설탕과 레몬즙을 약간 뿌린다. 쿨리에 과일을 섞고 필요한 경우 체에 거르거나 설탕을 넣고, 레몬즙을 1~2방울 더한다.

❸ **어이 거기, 이제 굽지!** 와플 기계를 데운다(2~3단계로 놓는다, 기계에 따라 달라질 수 있으니 확인하자). 되도록 표면의 온도가 140℃를 넘지 않게 예열하고 반죽 한두 덩이를 놓고 그 위에 가염버터를 조금 얹는다. 기계를 닫고 2분~2분 30초 동안 굽는다(기계에 따라 상이). 접시에 와플을 얹고, 크림과 과일, 쿨리를 곁들여 즉시 먹는다.

☞ **왜?** 3시간 동안 냉장 휴지한다? 작업을 용이하게 만들고, 발효로 인해 생기는 좋은 향을 내기 위함이다. 원형으로 반죽을 만들고 나서 1~2시간 냉장한다? 아로마를 더욱 발전시키기 위해서다. 하룻밤을 꼬박 넣어놔도 된다!

☞ **왜?** 크림을 '슬렁슬렁' 젓는다? 공기가 덜 들어간다=맛은 향상된다! 바닐라향이 더 살아나고, 무스는 기포가 들어간 일종의 소스가 된다! 과일에 레몬즙을 뿌린다? 맛을 더해주고 효소 분해를 막아준다*(냠냠학개론 1권, 16쪽 참조)*.

☞ **왜?** 왜? 와플은 비교적 낮은 온도에서 굽는다? 굽는 과정에서 발생하는 강한 향에 의해서 발효 과정에서 생성된 멋진 향이 가려지지 않게 하고 황금색으로 굽기 위함이다.

미식가(콜레스테롤 수치가 이미 높은) 기준으로 꼬치 1개 분량

기본 원리 : 겔화*(78쪽)*, 버터의 특성*(28쪽)*, 두 개체 믹싱법*(62쪽)*, 크림 익히기*(75쪽)*

아르마냑을 넣은 밤 크레뫼

튜브나 통조림에 직접 입을 대고 빨아 먹던 예전의 그 밤 크림. 아주 녹진한, 크리미한 버전의 밤 크림을 여기서 맛보길 바란다.

밤 크림(기성품) 350g
아주 신선한 달걀노른자 2개
버터(그렇다. 여러분이 읽은 게 맞다!) 150g
설탕 60g

전지 우유 400g
감자전분 20g
젤라틴 1장 반
아르마냑 2~3T

❶ **아, 이건 우리가 모르는 거다** 냄비에 밤 크림과 전지 우유를 넣고 거품기로 저어 덩어리지거나 뭉쳐지는 부분 없는 연속된 개체를 만든다. 핸드 믹서를 사용해도 된다! 이 이상한 내용물을 80~85℃(정확히 온도계로 측정)까지 데운다.

❷ **아, 이건 더 전통적인 방법이다** 찬물 한 컵을 준비해 젤라틴을 담근다. 샐러드 그릇에 노른자와 설탕을 넣고 거품기로 20~25초 동안 젓는다. 전분을 넣고 다시 섞는다. 그리고 또 다시 완벽하게 매끄러워진, 연속된 개체가 되도록 한다.

❸ **개체 간의 결합과 이상한 굽기** 밤 크림을 넣은 우유를 노른자에 붓고 잘 섞어 하나의 개체로 만든다. 냄비에 내용물을 붓고 크렘 앙글레즈처럼 스패츌러로 저어주면서 약/중불에 익힌다. 80~85℃가 되면 불에서 내리고, 물기를 제거한 젤라틴을 넣는다. 섞은 뒤 내용물이 식어 45℃(이 온도보다 많이 높으면 안 됨)가 되면 잘게 조각낸 버터와 알코올을 넣는다.

❹ **틀에 붓기** 욕조든 작은 유리컵이든 샐러드 그릇이든 원하는 용기에 이 크레뫼를 나눠 넣는다. 조심스럽게 랩을 씌운 뒤 휴지시켰다가 몇 시간 냉장한 뒤 먹는다.

☞ **왜?** 80~85℃ 이상은? 좋다. 그럼 90℃까지 올려보자. 하지만 그게 끝이다! 그 이상의 온도는 무의미할 뿐더러 실수가 생길 수 있다. 냄비 바닥이 캐러멜화될 수 있고, 그것 때문에 탄맛이 나고 밤 크림이 분리될 수 있다.

☞ **왜?** 노른자와 설탕만 20~25초 동안 젓는다? 거품을 내는 것이 목적이 아니라 섞는 것이 목적이기 때문이다. 따라서 휘핑하느라 힘을 뺄 필요가 없다. 완벽히 매끄러운 단계가 되도록? 굽고 나서 덩어리지지 않으려면 당연히 그래야 한다.

☞ **왜?** 버터를 넣을 때 45℃ 이상이 되면 안 된다? 버터가 유화된 자신의 구조를 대부분 또는 전부 유지하면서 섞이기 때문에 완벽한 텍스처를 얻을 수 있다.

☞ **왜?** 랩을 씌운다? 버터는 넣는 순간부터 스폰지처럼 냄새를 빨아들이기 때문에 냉장고에 들어있던 셀러리나 정어리 같은 재료의 냄새가 금세 배기 때문이다!

꽤 큰 샐러드 그릇 1개 분량

기본 원리 : 거품내기*(62쪽)*, 두 개체 믹싱법*(52쪽)*

'쌀과 우유가 들어가는' 라이스 푸딩

라이스 푸딩에는 쌀과 우유가 들어가기 때문에 이 복잡한 세상에서 매우 안심할 수 있는 레시피다. '라이스 푸딩 치료법'은 불안장애 치료에 널리 사용되고 있으며, 부수적으로는 디저트로도 활용되고 있다.

리소토용 또는 스시용(아 물론 이건 또 다른 얘기다) 쌀 110g
설탕 85g
전지 우유 600~650g
아주 차가운 전지 크림 100g
젤라틴 1장(2g, 적은 양 같지만 넣었을 때와 안 넣었을 때의 차이란…)
바닐라빈 여러 개 안의 씨

---

❶ 또 향 우려내기 우유에 바닐라빈과 그 내용물을 넣고 힘차게 저어준다. 내용물이 끓기 시작하면 불에서 내린 뒤 뚜껑을 덮어 30분간 둔다. 젤라틴을 차가운 물속에 넣는다.

❷ 쌀 익히기 : 이 내용을 설명하려면 책 한 권을 써야 한다! 미지근한 우유에 쌀을 넣는다. 저으면서 끓인 뒤 25~30분 동안 아주 아주 약한 불에 익힌다. 이때 뚜껑을 덮은 채로 익히다가 가끔 열고 저어준다. 바닐라빈은 꺼낸다.

❸ 어쨌든 아주 이상한 레시피 불에서 내린 뒤 설탕을 넣고 저어준다. 샐러드 그릇에 익힌 쌀을 옮겨놓고 꽉 짠 젤라틴을 섞은 뒤 완전히 식힌다. 기다리는 동안 크림을 단단히 휘핑해 한쪽에 둔다.

❹ 더 이상한 것 쌀을 냉장보관했다가 좀 굳으면(너무 단단해지면 안 된다) 풀어놓은 크림과 섞는다. 여러분이 이해한대로 풀어놓은 크림은 분산될 개체*(52쪽)*가 될 것이다. 샐러드 그릇에 쌀을 넣고 랩을 씌워 2~3시간 냉장한다.

☞ **왜?** 바닐라빈을 넣고 힘차게 젓는다? 향이 우유 안에 최대한 많이 퍼지게 하기 위함이다. 입자가 작아질수록 상호교환 면적이 넓어지고 맛이 풍부해진다. 30분간 향을 우려낸다? 더 짧은 시간 안에 향이 우러나기는 힘들다. 바닐라빈에 있던 향이 우유 속으로 옮겨가는데 시간이 걸린다.

☞ **왜?** 비교적 낮은 온도에서 긴 시간동안 익힌다? 쌀을 수화시키면서 익히는 두 개의 작업이 동시에 이루어져야 하기 때문이다. 익히는 과정은 전분의 호화*(70쪽 참조)*와 (우유 속) 수분이 쌀 입자 구조 속으로 침투하는 수화 과정 이렇게 두 가지로 구성된다.

☞ **왜?** 젤라틴을 섞는다? 소량의 젤라틴이지만 제품 전체의 구조를 만들고 흉내 낼 수 없는, 입에서 살살 녹는 그 텍스쳐를 만들어준다. 젤라틴이 없다면 이 제품은 좀 묽어 보일 수 있을 것이다. 익힌 뒤에 설탕을 넣는다? 초반에 설탕을 넣음으로써 쌀 입자를 불편하게 만들 필요가 없다. 그저 쌀에 바닐라향만 배면 되는 것이다.

☞ **왜?** 풀어놓은 크림과 쌀을 많이 섞지 않는다? 간접 거품법*(63쪽)*을 사용한 모든 레시피에서 설명한 이유와 같다. 반죽을 너무 자르듯이 치대고, 많이 섞으면 거품 속 가스가 빠져나가 공기가 없어져서 장점이 사라진다!

판나코타 만드는 법을 배우고 있는 사람 6~8명분

기본 원리 : 겔화(*38,78쪽*), 겔(*126쪽*)

미묘한 레시피, 레몬그라스를 넣은 판나코타

우아하고 향이 가득한 판나코타는 젤라틴 쓰는 법을 완벽하게 정복하고, 젤라틴의 양을 조절하는 실험을 하고, 젤라틴이 텍스쳐에 미치는 영향을 보고 이해하기에 적합한 레시피다. 물론 맛 때문에 만들기도 한다.

전지 크림 650g
전지 우유 100g
판 젤라틴 4g(액체 재료의 0.8% 이상) 또는 2장
설탕 80g
생 레몬그라스 줄기 2개 다진 것
라임 1개
카카오파우더

❶ **"항상 처음부터 시작한다."** (쇼드론 교수님의 자명한 이치) 냄비에 잘게 썬 라임 제스트와 크림, 우유, 설탕, 레몬그라스를 넣고 섞는다. 최대 80~90℃까지 데운다. 끓기 전까지만 데워야지 그렇지 않으면 불행이 찾아올 것이다. 불에서 내린 뒤 뚜껑을 덮고 1시간 동안 향을 우려낸다.

---

❷ **이어지는 단계** 찬물에 젤라틴을 담갔다가 물기를 빼고 꽉 짠다. 향을 우려낸 뜨거운 액체를 한 컵 떠서 그 안에 젤라틴을 넣고 녹인다. 남은 액체와 잘 섞은 뒤 체에 거른다.

---

❸ **이제 마무리하자 (1단계와 마찬가지)** 묽은 판나코타를 여러분이 고른 용기에 나눠 담는다. (필요한 경우) 식힌 다음 랩을 씌워 1시간 동안 냉장한다. 카카오파우더를 뿌리고, 쿨리 한 숟가락을 얹어 그대로 먹으면 된다. 원하는 대로 테이블에 내놓되 틀에서 빼지 않고 먹는다.

내가 잘못 읽었나 하는 생각이 들 정도로 괴상한 프리젠테이션 제안

판나코타를 틀에서 꺼내 텀벙! 크렘 앙글레즈의 쓰나미 속에 빠지도록 하자. 과일도 좀 넣고.

"아름다움이란 그것을 보고 있는 사람의 눈에만 보이는 것이다."

쇼드론 교수님의 결정적인 명언

☞ **왜?** 판나코타에 우유를 넣는다? 이건 범죄다! 그렇다. 하지만 우유를 더 넣으면 지방은 적어지고, 더 탄성 있는 텍스쳐가 만들어진다. 반대로 크림을 더 넣으면 지방이 많아지고, 크리미한 텍스쳐가 만들어진다. 젤라틴의 양은 그대로 두고 기호에 따라 우유와 크림의 양을 가감해가면서 이 섬세한 제품의 텍스쳐를 조절해보는 기회를 가져보기 바란다.

☞ **왜?** 찬물 또는 미지근하지 않은 물에 젤라틴을 넣는다? 녹지 않고 수화되도록 하기 위해서다. 판 젤라틴을 수화시키지 않은 채 넣는 것은 매우 위험하다. 실제로는 액체 내에서 원상태 그대로인데 마치 녹은 것 같은 인상을 줄 수 있기 때문이다. 그 결과 묽은 판나코타가 만들어질 수 있다.

☞ **왜?** 판나코타를 틀 안에 넣고 먹는다? 이건 좀 광범위한 문제인데, 판나코타가 틀에서 잘 분리되려면 젤라틴을 많이 넣고 굳혀야 한다. 그러나 너무 단단한 텍스쳐가 만들어질 경우 향이 배이거나 분산되는데 한계가 생긴다. 그래서 아주 가벼운 텍스쳐를 만들려고 한 것이다. 그래야 레몬그라스가 '말을 할 수' 있기 때문이다. 하지만 틀에서 분리하는 것은 힘들어진다. 따라서 둘 중 하나를 골라야 한다. 유리컵 안에 든 섬세한 맛의 판나코타를 고를 것인가 접시 위에 담긴 아무 맛없는 고무 같은 판나코타를 고를 것인가?

RECETTES

냥냥학에 정통한 사람을 위한 레시피

불같은 초반 사이클을 다 돌고 난, 냥냥학에 정통한 사람은 이제 냥냥학이라는 학문에 대한 지식을 어느 정도 얻었다. 진정한 냥냥학자라면 쉼 없이 파티스리 예술의 달콤한 교리를 가르쳐주신 수호성인 쇼드론 교수님에게 경의를 표할 것이다. 이제 14개의 레시피로 새로운 장애물을 넘어보자.

만테카오를 꽤 많이 만들 수 있는 분량(특대형 1개 또는 보통 크기 30~40개)

기본 원리 : 된 반죽(*84쪽*), 전분의 호화(*70쪽*), 유리전이(*70쪽*)

돼지기름을 뺀
아몬드와 피스타치오 만테카오

예전에는 돼지기름이나 소 지방을 사용해서 만들었기 때문에 부유한 이들만 만들 수 있었다. 오늘날에는 모험을 즐기는 이들만이 위험을 무릅쓰고 이 방식을 고수하고 있다. 현명한 사람들, 동맥경화를 걱정하는 사람들은 식물성 기름으로 방향을 바꾸는 추세다.

밀가루 350g
아몬드파우더 250g
슈거파우더 200g
땅콩기름 200g

계피 원하는 양
홀 아몬드, 껍질을 제거한 피스타치오
유기농 또는 유기농인 것 같은 레몬 제스트 약 4개 분량
(분량 조절 가능)

"기름은 말할 수 없이 기름진 물질이다."
(쇼드론 교수님의 결정적인 명언)

❶ 정말 이상하다 믹서에 슈거파우더, 아몬드파우더, 얇게 썰어놓은 레몬 제스트를 넣는다. 내용물을 고속으로 폭발시키고, 핵무기로 파괴하고, 원자력으로 파괴해 레몬 향이 가득한 가루로 만든다.

❷ 그리고 이것도 샐러드 그릇에 잘게 다진 제스트와 밀가루, 약간의 계피를 넣고 손가락(발가락이 아니라)으로 잘 섞어준다. 오일을 조금씩 넣으면서 지점토와 같은 제형이 될 때까지 다시 충분히 섞는다. 이때 한 번에 모든 오일을 넣지 말고 상황을 보면서 양을 조절해야 한다. 어떤 레시피보다도 여러분의 본능적인 판단이 훨씬 큰 도움이 될 것이다. 반죽을 30분 정도 휴지시킨다.

❸ 아이와 할 만한 작업, 아니 아이에게 시키기 좋은 작업 공 모양(30~35g), 피라미드 등 원하는 모양으로 만들되 두께가 너무 얇아지지 않도록 신경 써야 한다. 만테카오는 어느 정도의 힘이 있어야 하기 때문에 얇게 만들면 안 된다. 반죽 위에 아몬드와 피스타치오를 눌러 넣어 장식한 뒤 유산지가 깔린 오븐팬 위에 팬닝한다. 125℃ 오븐에 넣고 1시간 동안 굽는다. 좀 길게 산책이나 등산을 하고 와서 먹으면 된다.

☞ **왜?** 처음에 믹싱을 한다? 레몬 제스트 안에만 분산되어 있는, 작은 주머니 속의 향을 퍼뜨리기 위함이다. 그래야 전체적으로 향이 퍼지면서 반죽 전체에 스며들기 때문이다. 물은 없이? 텍스처를 위해서다.

☞ **왜?** 오일을 조금씩 넣는 이유는? 이 반죽은 두 개체 믹싱법으로 만드는데 한쪽이 오일이고 다른 한쪽이 가루다. 오일은 아몬드파우더와 설탕 입자 속 전분에 의해 분산되어야 한다. 점진적으로 오일을 넣는 것은 이 단계에서의 분산을 용이하게 도와준다.

☞ **왜?** 너무 얇게 만들면 안 된다? 전통적으로 그렇게 만들어 왔기 때문이기도 하고, 중량이 동일하다면 '두툼'하게 만든 반죽의 표면이 얇게 민 반죽보다는 열기에 덜 노출될 것이기 때문이다. 따라서 여러분이 여기에 쓰인 대로 작업을 했다면, 반죽을 굽는 동안 물질과 열기의 이동이 제대로 이루어져 흉내 낼 수 없는, 정말 독특한 텍스처를 얻게 될 것이다. 이것이 바로 만테카오의 텍스처다!

꽉 찬 슈게트 한 판 또는 적어도 몇 개는 나올 분량

기본 원리 : 슈 반죽(*136쪽*), 축축한 물(*16쪽*)

속을 채우지 않아 더 손쉽게 만드는 슈게트

슈게트는 크림이 들어간 슈에 비해 설탕이 너무 많고, 크림이 없고, 덜 구워졌고, 모양도 이상하다. 한마디로 모든 결점이 모여 있는, 크림 슈를 안 좋은 쪽으로 변신시킨 것이다. 그래도 슈게트를 좋아하니 어쩔 수 없다. 속을 채운 커다란 슈 보다는 이 슈게트가 10배는 더 우아해 보인다.

아주 신선한 달걀 200g(4개)	물 125g	소금 2g
밀가루 150g	버터 60g	우박 설탕
전지 또는 저지방 우유 125g	설탕 20g	

"역장님만큼이나 파티시에도 정확성을 요하는 직업이다." (쇼드론 교수님의 결정적인 명언)

❶ **반죽 레시피** 종이 값이 비싼데다 앞에 이미 언급한 내용이기 때문에 136쪽의 내용을 참조하기 바란다. 여기에 소금 1g을 더 넣어 슈게트를 만들기에는 아직 좀 '부족한' 맛일 수 있다. 반죽을 굽기 전까지의 상태로 준비한다.

☞ **왜?** 굽기 전까지의 상태로 반죽을 준비한다? 따뜻한 상태(30~35℃), 즉 아직 말랑한 반죽으로 슈게트를 만들어야 더 쉽기 때문이다. 게다가 반죽이 '예열'된 셈이기 때문에 그 속의 수분이 더 빨리, 더 잘 증발한다. 슈게트는 그만큼 더 가벼워질 것이다.

❷ **줄을 세워라!** 짤주머니에 지름 0.5cm 깍지를 넣고 반죽을 채운다. 오븐팬 위에 유산지를 깔고, 반죽을 조금 짜서 유산지를 팬과 붙인다. 반죽을 지름 2.5~3cm 정도의 원형으로 줄맞춰 짜되 간격을 몇 cm 유지한다.

☞ **왜?** 슈게트 간의 간격을 너무 좁히면 안 된다? 두 가지 이유가 있다. 1. 굽는 동안 부피가 2배가량 증가하므로 공간이 필요하기 때문이다! 2. 간격이 좁으면 슈 반죽을 그만큼 많이 얹게 되고, 그만큼 오븐 내의 수분량이 많아진다. 수분량이 많아지면 증발이 활발히 일어나 색 나는 속도가 느려진다.

❸ **표면에 바르기와 뿌리기** 볼에 달걀 1개를 푼 뒤 붓으로 슈게트에 달걀물을 칠한다. 흔히들 하는 것처럼 바닥에 흘러내리지 않도록 잘 바른다. 미래의 슈게트 반죽에 균일한 모양을 만들어주어야 한다. 지금까지의 작업이 만족스럽다면, 이번엔 파종하는 이의 엄숙한 손짓으로 오븐팬에 우박설탕을 뿌린다. 다음에는 오븐팬을 조심스럽게 돌려 과하게 뿌려진 설탕을 떨어뜨린다.

☞ **왜?** 달걀물을 칠한다? 달걀에는 단백질이 있어서 달걀물이 우박설탕을 붙일 수 있는 '식용 접착제'의 역할을 한다. 예쁜 모양을 만들어 주어야 한다? 원형 또는 끝부분이라도 둥근 형태, 아니면 적어도 슈게트 내에서 열이 이동하는 경로가 일원화될 수 있는 모양을 만들어 적당하게 구워질 수 있도록 해야 한다.

❹ **굽기?** 160~170℃ 오븐에 넣고 20~25분 동안 굽는다. 슈게트가 덜 구워진 듯 보여도 더 이상 굽지 않는다. 오븐팬 위에서 식힌 뒤 가능한 한 빠른 시일 내에 먹는다.

☞ **왜?** 짧게 굽는다? 슈나 에클레르와 달리 슈게트의 크러스트에는 황금색이 날지라도 내부는 부드러워야 한다. 최대한 빠른 시간 내에 먹는다? 이 '바삭한 크러스트/부드러운 크림'의 차이가 금방 사라질 것이기 때문이다(슈게트 내에 남아있는 수분이 크러스트로 옮겨갈 것이다).

한 번쯤 고려해볼 만한, 아주 어리석지만은 않은 응용

우박설탕과 참깨, 해바라기씨, 호박씨를 섞어서 사용해보는 것은 어떤가? 물론 이것은 남남학적으로는 호환이 가능한 재료이나 우상 파괴자로 몰릴 수도 있다.

예쁜 마들렌 30여 개(반죽을 먹지 않는다면)

기본 원리 : 믹싱*(56쪽)*, 이스트*(34쪽)*

안 좋은 기억뿐인 마들렌!

(쇼드론 교수님의 말씀 인용)

한번은 배꼽이 볼록 나오고, 한번은 평평하고, 마들렌은 진정한 악몽이다. 파티시에와 과학자 모두 실패하기는 마찬가지다. 해결책은 레시피를 따라하되 늘 그렇듯 운에 맡기는 것이다.

"행운이 따라준다면 더 좋겠지만, 행운은 주로 재능을 따라간다." (쇼드론 교수님의 결정적인 명언)

아주 신선한 달걀 5개(순 중량 300g)
(달걀 중량이 좀 부족할 경우에는
우유로 채워서 300g을 만든다)
슈거파우더 190g

밀가루(약간 평평하지만 입에서 살살 녹는
마들렌용) 190g 또는 밀가루(식감은 조금 덜 부드럽지만
배꼽이 볼록 나오는 마들렌용) 260g
고품질 버터 180g
베이킹파우더 15g
바닐라빈 1개 안의 씨

❶ **특별히 어려울 건 하나도 없다** 샐러드 그릇에 달걀, 슈거파우더 그리고 경우에 따라서는 우유까지 넣고 거품기로 잘 섞는다. 거품을 낼 필요는 없고 단순히 재료만 잘 섞일 정도로 작업하면 된다.

☞ **왜?** 거품을 낼 필요가 없다? 단순히 이스트의 효과뿐만 아니라 발효를 통해 부피가 증가하고 기공이 생길 것이다. 기공이 생기면 '돔' 모양은 사라진다! 다시 말하면, 달걀과 설탕을 섞을 때 최소한으로 작업을 한다 해도 아주 작은 기포가 생길 것이고 그만큼 이스트의 작업을 수월하게 해주는 핵폭발이 많이 일어난다는 뜻이다. 놀랍지 않은가?

❷ **이 단계에서도 별 건 없다** 레이스 뜨는 여인의 열정으로 밀가루와 이스트를 열심히 섞는다. 냄비에 버터를 넣어 녹이고 바닐라빈을 긁어 넣는다. 주의할 것은 녹이기만 해야지 끓이면 안 된다는 점이다! *(버터 녹이기 등 27쪽 참조)*

☞ **왜?** 이스트와 밀가루를 미리 섞는다? 전분은 부풀면서*(18쪽)* 이스트에 의해 생성된 이산화탄소의 미세 기포를 머금게 된다. 섞는 작업이 잘 진행될수록 전분은 기포를 분산시킬 것이고 마들렌에는 예쁜 돔이 생길 것이다.

❸ **그러나 자주 실패하는 작업** 밀가루+이스트 개체를 달걀+설탕+우유 개체에 넣고 균일하고 연속적인 새로운 개체가 될 때까지 잘 휘핑한다. 있는 힘껏 젓거나 너무 오래 저으면 냠냠학의 성스러운 길에서 벗어날 수 있으니 조심해야 한다.

☞ **왜?** 너무 많이 저으면 안 된다? 마들렌은 '글루텐 조직'이 없는 '약한' 반죽이기 때문에 페트리사주가 필요 없다*(60쪽 참조)*.

❹ **결국 파티스리만큼 성가신 일은 없다** 지금까지 작업해 놓은 개체에 녹인 버터를 넣고 거품기로 젓되 최소한으로 젓는다. 틀 가장자리까지 버터 칠-밀가루 옷을 입힌 후 마들렌 반죽을 넣는다. 오븐을 180℃로 가열하고 약 20분 동안 잊어버려라. 10분 동안 구운 뒤 오븐에서 꺼내자마자 틀에서 분리한다.

☞ **왜?** 틀에 반죽을 넣은 채로 20분 동안 기다린다? 그 시간 동안 이산화탄소의 미세 기포가 반죽 내에 축적되었다가 오븐에 들어가면서 한 번에 팽창한다. 반죽 속 전분이 호화되기 전, 반죽이 무른 상태에서는 가능하지만*(60쪽 참조)* 일단 한번 팽창하면 모든 체계를 멈춰버리기 때문에 잘 부풀지 않는다.

퐁당 4~6개 분량

기본 원리 : 전분 호화(*70쪽*), 두 개체 믹싱법(*52쪽*), 반죽 굽기(*73쪽*), 달걀, 크림,
우유의 특성(*31쪽*), 대류 방식으로 굽기(*73, 75쪽*)

3배 진해진 바닐라 맛 퐁당

'맛이 아주 진한, 미식적 요소가 강한' 음식을 즐기는 이들이 손에 꼽는 파티스리 가운데 빠지지 않는 것이 바로 3배로 진해진 바닐라 맛 퐁당이다. 100g당 칼로리가 엄청나긴 하지만 레시피를 읽는 것만으로 살이 찌지는 않을 테니 다행이다. 대신 맛을 보는 순간 몇 kg이 늘어날 것이다.

아주 신선한 달걀 4개(200g)
화이트 초콜릿 180g(혈통 좋은)
버터 110g
설탕 80g
밀가루 50g
옥수수전분 35g(마이제나®)
크림 25g
바닐라빈 3개(그렇다. 여러분이 읽은 게 맞다!)

❶ 온도를 많이 높이지 않고 녹이기 냄비에 초콜릿, 크림, 버터 조각, 바닐라빈 3개의 내용물을 넣는다. 아주 약한 불에 데우면서 섞는다. 이 단계의 내용물은 '분리'될 확률이 높아서 온도를 많이 높일 필요가 없다. 이제 여러분은 분산될 개체를 얻었다.

왜? 바닐라를 버터/화이트 초콜릿과 직접 섞는다? 바닐라 향은 지방 성분과 친화력이 있어서, 서로 만나면 향이 그 위에 고정되면서 맛이 잘 스며든다.

❷ 달걀+설탕+밀가루+전분 개체 전란과 설탕을 거품기로 섞어 균일한 텍스처를 갖는, 연속적인 내용물로 만든다. 밀가루와 전분을 넣고 가루가 보이지 않을 정도로만 섞는다. 이제 분산시키는 개체 완성이다.

왜? 전분에 밀가루까지 넣는다? 부드러우면서도 입에서 녹는 이상적인 텍스처를 만들어내기 위함이다. 전분/밀가루를 섞어서 얻을 수 있는 효과를 알아보기 위해서는 시험해보는 수밖에 없다. 전분만 쓰거나 밀가루만 써보고 직접 그 차이를 느껴봐야 한다.

❸ 여러 개체 섞기 분산될 개체를 분산시키는 개체 위에 붓고 거품기로 젓는다. 반죽이 동일한 텍스처가 될 때까지 젓는다. 아직 굽지도 않은 반죽을 다 먹어버리는 건 금물이다.

왜? 두 개체를 섞은 뒤 반죽을 너무 많이 섞으면 안 된다? 그냥 재료만 혼합하면 되기 때문이다. 물렁한, 흘러내리는 제형을 유지하기 위해서 페트리사주를 해서는 안 된다.

❹ 까다로운 굽기 틀에 버터 칠을 한 뒤 3/4 높이까지 내용물을 채운다. 180℃ 오븐에 넣고 10분 동안 굽는다. 반죽 내부 온도는 65~70℃ 정도 되겠지만 쇼드론 교수님 말고 누가 그걸 신경 쓰겠는가? 오븐에서 꺼낸 뒤 2~3분 휴지시켰다가 틀과 분리시킨 다음 바로 먹는다.

왜? 굽는 시간과 내부 온도를 알려주는 이유는? 반죽 속 전분의 가장자리는 완벽히 호화되고, 중간은 덜 되어야 하기 때문이다. 그래야 그 유명한 '꿀렁거리는 속'을 만들 수 있기 때문이다. 그러나 속이 너무 익지 않아도 곤란하다. 그래서 어려운 거다.

오븐팬 2개 분량의 마카롱

기본 원리 : 믹싱*(56쪽)*, 이스트*(34쪽)*

녹색의 감미로움
피스타치오 마카롱

풍문과 달리 마카롱은 사실 꽤 만들기 쉽다. 피스타치오 마카롱도 마찬가지다! 마카롱을 만들 때 가장 중요한 것은? 쇼드론 교수님의 수많은 실험과 계산, 명상의 결과 설탕의 분산과 반죽의 비중, 상태가 가장 중요한 요인이다. (그렇다!)

분산될 개체	**분산시키는 개체**	**충전물**
품질 좋은 껍질 깐 피스타치오 125g 슈거파우더 정확히 205g	달걀흰자 115g 설탕 또는 슈거파우더 50g	초콜릿 가나슈*(139쪽 참조)*

"실패는 낭낭학자의 최고의 스승이다." (쇼드론 교수님의 결정적인 명언)

❶ **반죽, 분산될 개체** 주먹으로, 머리로, 발로 또는 가장 좋은 것은 전기믹서로 피스타치오와 슈거파우더를 곱게 간다. 피스타치오 파우더를 구매했다면 살짝만 섞어도 충분하다.

❷ **반죽, 분산시키는 개체** 여러분이 좋아하는 거품기(친구들과 함께 하는 가벼운 저녁식사를 준비할 때 쓰는 거품기 말고 전동거품기)를 들고 흰자를 힘껏 젓는다. 단단히 휘핑되면 설탕 50g을 한 번에 털어 넣고, 1분 정도 더 돌린다.

❸ **분산시키는 개체+분산될 개체** 풀어놓은 흰자에 분산될 개체를 한 번에 털어 넣는다. 스패출러와 실리콘 주걱을 사용해서 두 개체가 하나가 될 때까지 내용물을 섞는다. 이 단계에서 가루가 거품 안에서 분산되면서 거품 속 가스가 빠지는 두 작업이 동시에 이루어져야 한다. 이 두 가지 모두!

❹ **굽기 및 충전하기** 짤주머니를 사용해 (유산지를 깐 팬 위에) 어느 정도의 간격을 두고 작은 돔 모양으로 반죽을 팬닝한 뒤 160℃에서 12분 동안 굽는다. 오븐에서 꺼낸 뒤 식힌다. 여러분이 방금 한, 이해한 모든 과정에 비하면 마카롱의 속을 채우는 작업은 누워서 떡 먹기다!

아무 쓸모없는 기술적인 조언

굽기 전에 마카롱 반죽에 크러스트가 생기도록 둬라. 오븐팬을 두 겹으로 깔아라. 오래된 흰자를 사용해라. 이 레시피가 성공하도록 촛불을 밝혀라.

☞ **왜?** 피스타치오와 슈거파우더를 섞는다? 피스타치오만 넣고 분쇄하면 덩어리지면서 다른 재료와 잘 섞이지 않는데, 슈거파우더와 같이 섞으면 가루처럼 부서지기 때문에 다른 재료와 섞기 좋다.

☞ **왜?** 흰자에 설탕을 더 넣는다? 단단히 올리기 위함이다. 설명은 '거꾸로' 초콜릿 무스*(160쪽)* 2번 왜? 항목 참조. 슈거파우더든 일반 설탕이든 무관한가? 여기에는 수분이 많기 때문에 설탕이든 슈거파우더든 녹을 것이다.

☞ **왜?** 믹싱이 불충분할 경우=마카롱이 너무 크고, 표면이 거칠어진다? 반죽의 비중(결국에는 믹싱 시간)과 굽고 난 후의 모양 간에는 분명 연관성이 존재한다. 하지만 아직도 미스테리가 남아있다*(96쪽 참조)*!

☞ **왜?** 반죽을 일정한 크기의 돔 모양으로 만든다? 구우면서 반죽이 팽창하긴 하나 초반의 형태는 유지되기 때문이다. 반죽 사이에 간격을 조절한다? 좀 전에 말한 팽창 때문이다. 간격이 좁으면 마카롱이 다 붙어서 하나의 묵주처럼 연결된다. 160℃에서 굽는다? 반죽을 구우면서 색이 거의 나지 않게 하기 위함이다. 쇼드론 교수님의 말씀처럼

"마카롱이 탔다면 그것은 대충 만든 것이다."

당신 혼자 먹을 양 또는 27×5.5cm 틀 1개 분량

기본 원리 : 발효 반죽*(105쪽)*, 크림*(130쪽)*, 이스트*(34쪽)*, 페트리사주*(60쪽)*

혼자서 해보는 홈베이킹 레시피
프랑지판을 넣은 브리오슈

아이, 배우자, 부모님, 친구들을 다 내보내고 혼자서 오롯이 이 호화로운 파티스리를 즐겨라. 물론 나누어 먹는 것은 숭고한 일이지만 이기주의와 개인주의는 더 달콤하다.

브리오슈 반죽 1배합*(105쪽 참조)*
슈거파우더
틀에 칠할 버터와 밀가루

프랑지판
(132쪽 참조. 나머지는 냉동시키면 됨)
크렘 파티시에르 200g
아주 무른 버터 125g
옥수수전분 15g (마이제나®)

전란 75g
슈거파우더 125g
아몬드파우더 150g
(또는 피스타치오, 헤이즐넛, 호두 등)
럼 원하는 만큼

"재료가 많이 들어갈수록 맛이 진하다." (쇼드론 교수님에게 바치는 명언)

❶ **브리오슈와 프랑지판** 브리오슈와 프랑지판 굽기 전날 이 두 개의 레시피를 모두 준비하라. 제대로만 따라 한다면 1시간 이상은 걸리지 않을 것이다. 브리오슈와 크림에 랩을 씌워 냉장보관한다. 물론 반죽에는 미리 덧가루를 뿌려 놓아야 한다(그렇지 않으면 랩과 반죽이 딱 붙어서 인사를 하게 될지도 모른다!).

☞ **왜?** 반죽과 크림을 전날 준비한다? 반죽이 단단해지면 모양 만들기가 쉬워져서 밀기 편해지기 때문이다. 냉장보관한다? 마찬가지다. 크림은 (너무) 흐르지 않는, 꽤 걸쭉한 제형을 갖게 될 것이다. 반죽에 덧가루를 뿌리고 랩을 씌운다? 표면이 마르거나 갈라지지 않도록 하기 위함이다.

❷ **중간 과정** 브리오슈 반죽을 약간 납작하게 만든 뒤 가능하다면 5~10분 동안 냉동(맞다. 그거다. 여러분이 읽은 게 맞다)한다. 작업대에 덧가루를 뿌리고 아주 차가운 상태(5~7℃)의 브리오슈 반죽을 밀어 두께가 1cm인 55×35cm의 판 모양을 만든다. 그 위에 프랑지판을 밀어 얹고 뷔슈를 만들 듯이 모든 내용물을 만다. 두께 2.5~3cm의 토막으로 잘라서 버터와 밀가루를 칠한 틀에 넣는다.

☞ **왜?** 반죽을 냉동고에 넣는다? 좀 단단하게 만들기 위함이다. 오래 넣으면 안 된다? 이스트에게는 너무 가혹한 처분이다. 그러면 잘 부풀지 않을 수 있다.

❸ **발효 및 굽기** 너무 차갑지 않은 곳에 틀을 놓고 2~3시간 동안 잊고 있으면 알아서 발효가 될 것이다. 슈거파우더를 뿌리고 160~170℃ 오븐에 넣어 35분 동안 굽는다. 오븐에서 꺼내 몇 분간 식힌 뒤 틀에서 꺼내 그릴 위로 옮겨 놓는다. 식기를 기다렸다가 먹거나 더 좋은 방법은 아이들이나 배우자, 친구들이 오기 전에 먹는 치우는 것이다.

☞ **왜?** 발효를 시킨다? 빵의 속살이 많이 부풀고, 발효로 인해 직접적으로 발생하는 '2차적인' 향이 우러나게 하기 위함이다. 그릴 위에서 식힌다? 다 구운 브리오슈가 눅눅해지는 일이 없도록 수증기를 모두 빼려는 것이다.

16×4.5cm 크기의 틀 1개 분량

기본 원리 : 비결정 구조와 설탕의 결정화*(25쪽)*, 거품내기*(62쪽)*

진정한 모험
가정식 누가

아주 정교한 레시피라고 할 수도 있겠으나 설탕을 끓이는 온도에 따라서 많은 것을 배울 수 있는 레시피다. 몇 초 차이로 가지고 놀기 좋은 클레이를 만드느냐, 모양 없는 쿨리를 만드느냐, 시멘트 덩어리를 만드느냐가 결정되기 때문이다.

"냠냠학자에게 영감을 주고, 그를 성장시키는 것은 바로 이러한 어려움이다."

(쇼드론 교수님의 결정적인 명언)

껍질 깐 아몬드 250g
꿀 250g
설탕 180g
껍질 깐 피스타치오 100g
달걀흰자 60g
원하는 견과류 70g
(호박씨, 해바라기씨 등)
글루코스 분말 1T
웨이퍼 페이퍼 3장
(전문 매장에서 구매)

---

❶ 커팅, 정말 엄숙한 작업 틀 크기에 맞춰 웨이퍼 페이퍼를 자른다. 가로 세로가 16cm인 정사각형 2개와 16×4.5cm인 밴드 형태로 4개를 만든다. 오븐팬 위에 정사각형 모양의 웨이퍼 페이퍼 한 장을 얹고 그 위에 정확히 맞춰 틀을 얹는다. 틀 안쪽에는 밴드 형태로 자른 웨이퍼 페이퍼를 붙이고, 정사각형 웨이퍼 페이퍼 1장은 남겨둔다.

❷ 설탕 끓이기, 그 섬세한 작업 냄비에 꿀, 설탕, 글루코스, 물 50mL를 넣고 섞은 뒤 135℃가 되면 흰자를 풀기 시작한다. 148℃±2℃가 되면 불에서 내린 뒤 냄비 바닥을 찬물에 몇 초간 담근다.

❸ 흰자에 설탕 넣기, 마법 같은 일이 생긴다 흰자를 계속 풀어주면서 그 위에 시럽을 붓는다. 내용물의 부피가 적어도 3배로 증가할 것이다! 내용물이 식을 때까지 3~4분 동안 휘핑한다.

❹ 견과류 넣기, 이것이 보상이다 견과류를 한 번에 넣고 단단한 숟가락으로 저어 내용물이 푹 꺼지게 만든다. 이렇게 멋지게 만들어진 반죽을 틀에 붓는다. 웨이퍼 페이퍼로 위를 덮고 24시간 동안 잊고 지낸다. 틀을 뺀 뒤 사각형 모양으로 잘라 누가의 진정한 맛을 느낀다.

☞ **왜?** 웨이퍼 페이퍼를 잘라서 틀을 덮는다? 이런 수고를 들이지 않으면 나중에 누가가 틀에서 분리되지 않아 작업대에 엎어놓고 틀에 붙은 누가를 핥아먹어야 한다. 쇼드론 교수님은 주의가 산만해서 웨이퍼 페이퍼를 붙이지 않고 작업을 하시는 경우가 종종 있는데, 그럴 때는 충실한 제자들의 도움을 받아 대리석 작업대 위에 올라가 네 발로 누가를 핥아먹기도 한다.

☞ **왜?** 시럽의 온도가 135℃일 때 흰자를 푼다? 시럽이 목표 온도인 148℃±2℃에 다다랐을 때 완벽히 휘핑된 상태가 되도록 하기 위함이다. 148℃±2℃를 고집하는 이유는? 설탕을 끓이는 온도와 누가의 부드러운 텍스쳐가 밀접한 관계를 맺고 있기 때문이다.

☞ **왜?** 시럽을 넣고 나서 몇 분 더 휘핑한다? 시럽이 너무나 농축되어 있기 때문에 흰자 안에서 분산되기까지 시간이 좀 걸린다. 우리는 여기서 흰자 무스(분산시키는 개체)와 시럽(분산되는 개체)으로 구성된 두 개체 믹싱법으로 작업한다. 그렇기 때문에 '단순히' 섞는 것은 충분치 않다.

☞ **왜?** 견과류를 한 번에 넣는다? 이 단계에서는 흰자 속 설탕 시럽이 굳기 때문에 공기가 나올 염려가 없다. 작은 기포 하나하나를 둘러싸고 있는 '계면' 막이 매우 견고한 상태이기 때문이다*(65쪽 참조)*.

4~6인분

기본 원리 : 거품내기*(62쪽)*, 설탕 시럽*(25쪽)*, 계면막*(65쪽)*, 생과일*(44쪽)*

콜리플라워의 응용버전
과일 그라탱

간 치즈와 소스의 소용돌이 속에 빠져 허우적대는 마카로니나 라자냐만 그라탱으로 만들지 말고 이 레시피를 보며 신선한 아이디어를 얻기를 바란다. 미리 과일만 준비해두면 시간은 많이 걸리지 않는다.

"하나의 레시피는 늘 그만큼의 가치가 있다."

(간단한 레시피를 신봉하는 푸디스타들의 회의에 참여한 쇼드론 교수님의 명언)

원하는 과일(사과, 배, 붉은 과일, 무화과, 제철 과일)
달걀노른자 200g
설탕 150g
물 40g
잘게 자른 자몽 제스트 2개분(옵션)
코냑 등(선택사항이나 넣는 편이 더 좋다) 3T
레몬 1개

---

❶ **스스로 하는 작업** 파인애플의 심을 제거하고, 딸기의 꼭지를 떼고, 망고의 속살을 바르고, 바나나의 껍질을 벗기는 등 과일의 특성에 따라 손질한다. 과일을 깍둑썰기 하거나 세그먼트로 만든다. 욕조 또는 샐러드 그릇(이게 더 낫겠다)에 과일을 조심스레 담고 레몬즙을 뿌린다. 필요한 경우에는 설탕 1T까지 뿌려 냉장한다.

❷ **사바용, 해야만 하는 작업** 이 단계에서는 두 명이 협업을 해야 한다. 한 명은 노른자를 보고, 다른 한 명은 설탕을 봐야 한다. 119쪽의 방식을 참고하여 시럽에 제스트를 넣는다. 그렇지 않으면 바뀌는 게 없다.

❸ **그렇게 어렵지 않은 작업** 오븐을 '그릴' 모드로 조절하고 손을 넣어 본다. 손이 타면 온도가 적당한 것이다. 접시에 과일과 그 즙까지 골고루 얹는다. 알코올 몇 방울을 떨어뜨린 뒤 사바용으로 위를 (너무 많이는 아니고) 덮는다. 오븐의 위쪽에 넣고 불 위에 우유를 올려놓았을 때처럼 옆에서 계속 지켜본다. 몇 초 후면 그라탱이 예쁜 황금빛을 띠고 있다. 준비된 것이다.

☞ **왜?** 과일에 레몬즙을 뿌린다? 첫째 맛이 아주 좋아진다. 레몬을 싫어한다면 여기에 동의하지 않을 수 있다. 둘째 레몬은 과일이 잘린 순간부터 시작되는 효소의 반응을 둔화시켜 과일이 갈변되는 속도를 늦춰준다. 한마디로 보기에도 예쁘고 맛도 좋은 과일을 만들기 위한 작업이다. 갑자기 레몬 목욕을 시도하는 사람이 생길지도 모르겠다.

☞ **왜?** 115~120℃로 끓인다? 이 온도에 이르렀던 설탕 시럽이 실온에 맞춰지고 나면 꽤 걸쭉한 제형으로 바뀌는데, 그 농도가 거품을 낸 노른자에 전해져 결국에는 사바용 자체가 걸쭉하고 잘 발리는 제형이 된다.

☞ **왜?** 오븐의 위쪽에 넣는다? 열원(전열선)과 가깝게 두고, 제품 내외의 '온도구배'(열원과 제품 간의 온도차가 큰 경우)를 크게 형성하기 위함이다. 이렇게 해야 불규칙하면서도 멋진, 표면이 노릇노릇한, 군데군데 황금빛 또는 갈색이 나는 그라탱의 모습을 얻을 수 있다.

사과 4~5개(여러분이 먹을 양은 제외하고)

기본 원리 : 굽고 또 굽고(*69쪽*), 믹싱(*56쪽*), 생과일(*44쪽*)

사과로 만든 과일 베녜

드디어 정말 쉬운 레시피가 나왔다. 두 개체 믹싱법, 전분 분해의 역학, 속 깊은 곳까지 튀김으로써 얻게 되는 중합 반응만 잘 제어할 수 있으면 된다. 장난하듯 작업을 즐기고 배불리 드시길!

"튀김은 단순한 조리법 그 이상이다. 완전히 새로운 것을 만들어낸다."

(쇼드론 교수님의 명언)

사과(원하는 다른 과일도 가능)

반죽

우유 250g

밀가루 125g

전분(옥수수전분 또는 더 좋은 것은 쌀전분) 100g

설탕 5g

베이킹파우더 5g

소금 4g

튀김용 기름

슈거파우더

❶ **반죽과 과일** 모든 가루 재료를 섞은 뒤 우유의 1/3을 부어 반죽을 만든다. 다 섞이면 계속 저으면서 나머지 우유를 조금씩 붓는다. 이제 반죽이 완성됐다. 과일은 상황에 맞게 준비한다. 사과, 바나나, 배는 레몬즙을 뿌려야 한다. 무른 과일(무화과)이나 수분이 너무 많은 과일(베리 류)은 피하는 게 좋다. 펙틴과 (또는) 셀룰로스가 풍부한 복숭아, 살구, 망고, 파인애플 등을 사용하는 것이 좋다.

☞ **왜?** 우유의 1/3을 먼저 넣는다? 덩어리 없고 걸쭉한 반죽을 만든 다음 나머지 우유를 넣어 용해시키기 위함이다. 색과 맛을 위해 과일에 레몬즙을 뿌린다? 그렇다. 색과 맛 때문이다! 수분이 (너무) 많은 과일을 피해야 한다? 조리 과정에서 수분 벽이 무너져 수분이 빠져나오기 때문이다. 그것 때문에 튀김용 기름이 튀면 매우 위험하다.

❷ **과일에 반죽 옷 입히기** 반죽에 2~2.5cm 두께로 썬 과일 슬라이스나 세그먼트를 집어넣었다가 포크로 하나씩 건져낸다. 이 단계에서 두 가지 방법을 쓸 수 있다. 하나는 뜨거운 기름에 이 반죽을 집어넣는 것이고, 또 하나는 튀김옷(일식에서 쓰는 걸로 구할 수 있다면)을 입혀 기름에 넣는 것이다.

☞ **왜?** 두께와 크기를 적당하게 맞춰 튀긴다? 이 상황에서는 재료의 속까지 다 익는 속도보다 겉에 색이 나는 속도가 더 빠르다. 따라서 베녜의 두께를 제한해야 황금빛이 돌면서도 속까지 다 익힐 수 있다. 태우거나 속이 익지 않는 사태를 방지하기 위해서다! 일본식 튀김옷이란? 말할 수 없이 바삭한 텍스쳐와 외형을 만들어주기 위해 사용하는 것이다.

❸ **튀기기** 고온의 기름(약 140℃)에 조심스럽게 베녜를 넣고 1~2분 동안 튀긴다. 그 사이에 한 번 뒤집어준다. 건지기망으로 내용물을 건져내 키친타월 위에 놓는다. 베녜 7~8개를 한 번에 튀기면 안 된다. 입이 델 정도로 뜨거운 튀김에 슈거파우더를 뿌려 바로 먹는다.

☞ **왜?** 한 번에 너무 많은 베녜를 튀기면 안 된다? 상식적으로 생각해보면 답이 나온다. 아무리 동시에 넣는다해도 처음과 마지막에 넣은 반죽의 익는 속도가 다르기 때문이다. 또한 한 번에 너무 많은 베녜를 넣으면 기름 전체의 온도가 갑자기 떨어지고, 기름을 많이 흡수한 베녜를 먹으면 소화가 잘 안 될 것이다.

영국을 사랑하는 사람 4~6명분

기본 원리 : 설탕*(22쪽)*, 무스*(115쪽)*, 생과일*(44쪽)*

많이는 아니고 약간 응용한
이튼 메스

맞다, 그렇다. 영국인들은 정말 맛있는 디저트를 만들줄 안다! 피쉬 앤 칩스 말고도 영국인들은 세계미식문화유산에 이튼 메스의 이름을 올렸다. 사실 이튼 메스는 각자의 방법대로 만들 수 있다! 쇼드론 교수님의 격언을 잊지 말자. 서식스(Sussex)의 휴양지에서 열리는 심포지엄에서 교수님은 이렇게 말했다.

"요리를 할 때는 당신이 하고 싶은 대로 요리해라. 세상이 당신에게 맞춰줄 것이다."

아주 신선한 달걀흰자 100g
설탕 180g
차가운 전지 크림 300mL
슈거파우더 30g
바닐라빈 1개

딸기 쿨리
딸기(또는 붉은 과일, 엄격 준수 아님) 500g
레몬 1/2개
설탕
정통파를 위한 피스타치오*(202쪽)* 또는 바닐라*(218쪽)* 아이스크림

❶ **하얗고 달달한 머랭** 이탈리아 머랭*(118쪽 참조)*을 만들어 유산지 위에 올려놓는다. 이때 두께는 2~3cm로 맞추고 어설프게라도 원형이 되도록 만든다. 120℃ 오븐에서 1시간 30분~2시간 동안 구운 뒤 꺼내 식힌다.

☞ **왜?** 처음부터 흰자를 빨리(또는 느리게) 친다? 빨리 치든 늦게 치든 결과는 같다. 어쨌든 흰자는 휘핑이 되니 우물쭈물하지 않는 편이 낫다. 굽는 시간이 꽤 짧다? 머랭의 표면을 완전히 말리지 않고, 부드러움을(아주 많이는 아니어도) 간직하도록 하기 위함이다.

❷ **아, 이건 여전히 고전적인 방식** 딸기를 씻어 꼭지를 제거하고 원하는 크기대로 2,3,4등분 한다. 레몬즙과 설탕을 넣고 섞은 뒤 신경 쓰지 않는다. 아주 차가운 크림에 바닐라빈 안의 씨와 슈거파우더를 넣고 섞는다.

☞ **왜?** 접시에 올릴 딸기에 설탕과 레몬즙을 뿌린다? 설탕이 (딸기의) 수분을 추출하는 역할을 하여 향이 가득한 즙이 형성되고, 레몬은 천연 향미 증진제의 역할을 하기 때문이다. 주의할 것은 이 '절임'이 1시간 이상 지속되면 안 된다는 점이다. 만약 1시간 이상 절임이 되면, 딸기의 형태가 무너지고 물러 보이게 된다.

❸ **아니, 이 책은 정말 제 마음대로다** 그 놀라운 이튼 메스를 먹어치우기 전에 접시 위에 원형의 머랭을 얹는다. 그 위에 아이스크림, 풀어놓은 크림, 과일을 얹고, 쿨리를 바른다. 그 위에 두 번째 머랭을 얹는다. 그 위에 다시 크림, 아이스크림, 과일, 쿨리를 얹는다. 괴상한 모양이 되었다고? 좋다, 그럼 성공한 것이다. 아이스크림이 완전히 녹기 전에 먹는다.

☞ **왜?** 프레젠테이션을 너무 지저분하게 만든다? 이 레시피가 추구하는 정신이기도 하다. 이렇게 정돈되지 않은 듯한, 경쾌한 섞임이 이 디저트의 바삭거리고, 달콤하고, 새콤하고, 과일 향이 나는 식감을 만들어내는 것이다. 의도한 대로 말이다. 단일한 맛과 단일한 텍스쳐(어디를 먹어도 같은 맛과 같은 텍스쳐가 느껴지는)의 강한 지배력에서 벗어나보자. 영국인들에게 감사를!

D B

개인용 수플레 틀 10여 개 분량

기본 원리 : 거품 반죽*(92쪽)*, 젤라틴*(38쪽)*, 무스*(115쪽)*, 두 개체 믹싱법*(52쪽)*

게으른 이를 위한 가짜 배 샤를로트

전통적인 방식으로 만드는 샤를로트는 내겐 악몽이다. 비스퀴가 크림 위에 떠 있거나 완전히 떠내려가기 때문이다. 게다가 시간도 엄청나게 걸린다! 이 레시피는 여유를 즐기는 냠냠학자를 만족시키기 위해 만든, 좀 덜 까다로운 버전이라 할 수 있다. 하지만 주의할 것은 '젤라틴 해파리'와 '트럭 타이어'가 한끝 차이라는 점이다. 과연 여러분이 이것을 해낼 수 있을까?

비스퀴 퀴이에르*(94쪽)*
왕란 5개(개당 50g)
설탕 120g
밀가루(덩어리 없이) 125g
설탕 25g

배 크림
우유 750g
달걀노른자 6개
설탕 150g
바닐라빈 1개
판 젤라틴 4장 반(9g)
물기를 제거한 통조림 배 250g
아주 차가운 크림 300g
슈거파우더 1T
배 술 3T

"젤라틴은 아주 젤라틴스러워질 수 있다." (쇼드론 교수님의 기록)

❶ 골치 아픈 일은 이제부터 시작 비스퀴 퀴이에르 만드는 법에 관한 모든 설명이 94쪽에 있으니 그 부분을 참조하기 바란다. 반죽이 너무 크게 '퍼지지' 않도록 주의한다. 굽는 시간을 좀 줄이고, 그 전날 준비해둔다. 슈거파우더를 충분히 뿌린다.

❷ 여러분에게 말했던 바로 그 내용 달걀노른자, 설탕, 우유, 바닐라빈을 넣고 크렘 앙글레즈*(134쪽 참조)*를 만든다. 차가운 물에 몇 분 동안 담가두었던 젤라틴을 꺼내 손에 힘을 주어 물기를 짜고, 아직 온기가 남아있는 크림에 넣어 섞는다. 크림과 슈거파우더를 휘핑하여 샹티이 크림을 완성한다. 배를 잘게 조각낸다.

❸ 자, 이제 비평할 시간! 샐러드 그릇에 젤라틴을 넣은 크림을 넣고, 그 밑에 차가운 물과 얼음이 담긴 볼을 댄다. 겔이 형성되기 시작하는 온도인 약 15℃에 다다르면 순간적으로 크림이 걸쭉해지는 것이 보일 것이다. 이것이 신호다. 여기에 샹티이 크림을 넣고 잘 섞어준 뒤 배 조각과 알코올을 넣는다. 주의할 것은 딱 필요한 만큼만 저어야 한다는 점이다. 개인용 틀에 이 내용물을 나눠 붓고, 되는대로 비스퀴 퀴이에르로 장식한다. 랩을 씌운 뒤 최소 2~3시간 냉장하여 굳힌다.

☞ **왜?** 비스퀴 퀴이에르를 '너무 크지 않게' 만들어야 한다? 여러분이 만드는 샤를로트는 게으른 사람들을 위해 작은 틀에 넣어 만드는 것이기 때문이다. 전날 비스퀴를 만든다? 한 김이 빠지고 나면 다시 좀 단단해지기 때문이다. 그러면 더 쉽게 다룰 수 있다.

☞ **왜?** 젤라틴을 넣는다? 크림 내부에 구조*(38쪽)*를 만들어 약간 단단하면서도 입안에서 녹는 듯한 식감을 만들기 위함이다. 물기를 제거한 젤라틴을 온기가 남은 크림에 넣는다? '힘을 주어 물기를 짜는' 이유는 수분을 더하지 않기 위해서이고, '온기가 남은 크림'에 넣는 이유는 완전히 녹아서 아예 보이지 않게 분산시키기 위해서다.

☞ **왜?** 휘핑한 크림을 넣기 전에 크림을 식혀서 (약간) 굳힌다? 두 개체의 텍스쳐를 유사하게 만들어 공기가 들어간 개체(휘핑한 크림)가 공기가 없는 개체(젤라틴이 들어간 크림) 안에 들어가 섞일 때 공기를 다 배출하지 않도록 하기 위함이다. 바로 여기서 냠냠학의 빛조차 보지 못한 범인(凡人)들이 만든 샤를로트와 냠냠학에 조예가 깊은 사람이 만든 샤를로트에 차이가 생기는 것이다.

소화불량을 몇 번 경험할 분량

기본 원리 : 초콜릿과 카카오(40쪽), 가나슈(139쪽)

트뤼프 맛은 전혀 나지 않는 차가 들어간 초콜릿 트뤼프

솔직히 말하면 이 레시피의 품질은 파티시에(실은 쇼콜라티에)의 재능, 더 기본적으로는 이 레시피에 사용한 초콜릿에 따라 좌우된다. 그러니 이것저것 잴 필요 없이 그냥 최고의 초콜릿을 고르면 된다.

"그것 자체로 최고의 트뤼프다."

(쇼드론 교수님의 결정적인 명언)

다크 초콜릿 300g
전지 크림 170g
카카오파우더 10g(옵션)
자스민 차 티백 1봉
코팅용 카카오파우더

---

❶ **향 우려내기** 냄비에 크림을 붓고 내용물이 끓기 시작할 정도까지 데운다(끓이면 안 됩니다, 제발). 그 안에 티백을 넣고 불에서 내린 뒤 뚜껑을 덮어 놓고 20~25분 동안 향을 우려낸다. 시간이 되면 티백을 꺼내고 힘주어 짜서 내용물이 최대한 그 안에 들어갈 수 있도록 한다.

❷ **조합** 초콜릿을 네모로 자른 뒤 굵직하게 다져 샐러드 그릇에 넣는다. 차 향이 우러난 크림에 카카오파우더를 넣고 푼 뒤 끓기 시작하면 불에서 내린다. 초콜릿을 한 번에 붓는다. 매끄럽고 균일한 텍스처가 될 때까지 섞는다.

❸ **굴리기** 움푹한 접시에 가나슈를 붓고 최소 2~3시간 냉장하여 굳힌다. 작은 숟가락으로 작은 구 모양를 만들어 카카오파우더에 굴린다. 카카오파우더는 이래서 필요했던 것이다. 작은 종이 머핀 컵에 트뤼프를 담고(또는 담지 않고) 바로 먹는다.

☞ **왜?** 크림을 끓이지 않고 데우기만 한다? 구조를 망가뜨리지 않기 위함이다. 향을 제대로 우려내기 위해서는 유화된 상태를 그대로 유지해야 한다. 20~25분 동안 향을 우려낸다? 차의 향이 수분이든 지방이든(크림은 물과 지방으로 구성되어 있다) 그 용액 안으로 잘 스며들게 하는데 필요한 시간이다.

☞ **왜?** 초콜릿을 다진다? 표면적을 넓혀 크림 속에 들어갔을 때 더 쉽게 유화되게 하기 위함이다. 이번에는 크림을 끓인다? 그렇다. 이 모든 초콜릿을 녹이고 유화시키기 위해서는 많은 열이 필요하다. 크림이 끓자마자 초콜릿을 넣었다는 점을 기억하자.

☞ **왜?** 최소 2~3시간 냉장하여 굳힌다? 가나슈가 굳고, 한쪽에서는 카카오 섬유가 수화되고(부푸는 과정이라고도 할 수 있다) 또 다른 쪽에서는 유지가 굳어서 반죽 내에서 (보이지 않는) 구조를 형성해야 하기 때문이다. 이 모든 과정에 시간이 좀 걸린다.

만능 세탁기 한 대

기본 원리 : 생과일*(44쪽)*, 크림과 아이스크림 레시피*(202, 218쪽)*

블랙커런트 셔벗
이토록 아름다운 보랏빛

블랙커런트 셔벗의 장점은 작업대, 앞치마, 옷의 노출된 부분 등 이 모든 것을 물들일 수 있다는 점이다. 따라서 맛을 본지 오래됐어도 여전히 우울한 느낌이 드는 것은 바로 이 때문이다.

"셔벗은 확실히 냉기를 갖고 있다."

(쇼드론 교수님의 결정적인 명언)

블랙커런트 500g
물 450g
설탕 130g

❶ 섞기 블랙커런트와 물을 믹서에 넣고 (양에 따라 한두 번에 나눠 넣고) 퓨레가 될 때까지 가차 없이 간다. 그러면 한번 묻으면 지워지지 않는, 상상도 할 수 없을 만큼 강력한 퓨레가 된다. 여기에 설탕을 넣고 조금 더 돌린다.

☞ **왜?** 과일, 물, 설탕을 섞는다? 이건 신경 이상 증세가 있는 글라시에(아이스크림 만드는 사람)의 엉뚱한 생각이 아니다. 물을 더 넣는 것은 내용물의 농도를 낮추고 더 곱게 갈기 위함이다. 그래야 블랙커런트가 가진 그 섬세한 맛을 밖으로 배출시키고, 발현시키기 쉽기 때문이다. 또한 공격적으로 느껴질 수 있는 신맛을 희석시킬 수 있다. 설탕을 넣는다? 완벽하게 섞이도록 하기 위해서다.

❷ 익히기 이 보랏빛의 내용물을 냄비로 옮겨 담는다. 중불에서 거품기나 숟가락으로 저으면서 데운다. 작은 기포가 올라오는 정도가 되면 뚜껑을 덮고 약불에서 10~12분 동안 익히면서 중간 중간 저어준다.

☞ **왜?** 10~12분 동안 익힌다? 블랙커런트의 아로마가 가진 효과를 높이고, 밖으로 배출시키기 적당한 시간이다. 그 시간 동안 블랙커런트는 베리류의 과일에서 셔벗의 기본인 시럽이 되는 과정을 겪는다. '펙틴'을 활성화시키는데 필요한 시간이기도 하다*(39쪽 참조)*. 펙틴이 있어야 셔벗이 부드럽고, 독특하고, 흉내 낼 수 없는 그 풍부한 감동이 느껴질 수 있다.

❸ 거르거나 말거나 내용물을 구멍이 큰(또는 작은) 체에 거르는 것은 선택 사항이다. 이때 숟가락이나 작은 국자를 사용해 꾹 눌러야 이 귀중한 액체를 최대한 짜낼 수 있다. 껍질이나 씨처럼 체에 걸러진 내용물은 닭에게 주면 된다. 25~30℃가 될 때까지 식힌 뒤 내용물을 셔벗 제조기에 넣으면 냉기로 인해 셔벗이 저절로 만들어진다. 이제 기계에서 꺼낸 셔벗의 완벽에 가까운 부드러움과 진한 향을 느끼면 된다.

☞ **왜?** 체에 걸러도 되고 안 걸러도 된다? 거르면 셔벗이 더 고운 제형이 되긴 하지만 그렇다고 반드시 걸러야 하는 것은 아니다. 25~30℃까지 식힌다? 더 낮은 온도까지 식히고 나면 젤리나 잼(펙틴 때문이다)처럼 너무 굳어질 수 있다. 따라서 영하의 온도까지 낮추려면 미리 약간 식히고 나서 셔벗 제조기에 넣어야 기계에 무리가 덜 갈 수 있다. 기계에서 셔벗을 꺼내자마자 그냥 먹는다? 바로 그 때가 수백만 개의 얼음 결정이 생성된, 셔벗이 가장 맛있는 순간이기 때문이다. 가까이 들여다보면 이 결정들은 블랙커런트의 모든 아로마가 농축된 시럽이다. 이것이 바로 결정농축액이다! 18℃에 보관하면 셔벗의 결정들이 뭉쳐져서 무미건조한 맛의, 연속적인 내용물이 된다. 기막힌 일이 아닌가?

이유도 모르면서 목적 없이 해주는 작은 조언

희한한 모양의 튀일과 함께 셔벗을 내놓아라*(218쪽)*. 피낭시에*(112쪽)*도 좋고, 정어리 에스카베슈도 괜찮다.

구원받는 중인 양산 아이스크림의 광적인 숭배자 몇 명분

기본 원리 : 이 레시피! 그리고 블랙커런트 셔벗의 레시피*(200쪽)*, 두 개체 믹싱법*(52쪽)*

정말 무시무시한
피스타치오 아이스크림

쌉싸름한 아몬드 맛이 느껴지는 형광 초록색의 피스타치오 아이스크림은 잊어라. 이 아이스크림은 색뿐만 아니라 맛도 너무나 미묘해서 양산 아이스크림의 광적인 숭배자라면 무미건조하다고 느낄 것이다. 정말 안타까운 일이다.

"아이스크림을 만드는 사람들은 냉기에 비이성적인 열정을 보인다."

(쇼드론 교수님의 명언)

전지 우유 550g
껍질을 제거한 짙은 초록색의 피스타치오 135g
슈거파우더 125g
전지 크림 55g
분유 20g
쌀전분(또는 옥수수전분, 쌀전분을 찾기 귀찮으면) 15g
달걀노른자 1개

---

❶ **이 레시피 정말 이상하다.** 믹서에 우유, 노른자, 크림, 전분, 분유를 넣는다. 고속으로 돌려 십 여초 간 내용물을 다 갈아버린다. 믹서를 비우고 헹군 뒤 이번에는 피스타치오와 슈거파우더를 넣고 조금 더 오래 돌려서 밝은 초록색의 기가 막힌 가루가 되도록 만든다.

☞ **왜?** 액체 재료를 섞는다? 최대한 균일한 텍스쳐를 만들어 아주 곱고 연속적인 분산시키는 개체(52쪽)를 얻기 위함이다. 가루 재료를 곱게 간다? 분자의 크기가 작을수록 맛이 더 풍부해지기 때문이다. 슈거파우더와 피스타치오를 섞는다? 덩어리지는 반죽이 아니라 더 잘 섞이는 가루를 만들기 위해서다.

❷ **자, 여기 뭔가가 있다!** 크림+우유+전분+노른자 개체를 냄비에 붓고 중불에서 계속 저으면서 데운다. 온도가 80~85℃에 이르면 불에서 내린 뒤 1~2분 동안 더 젓는다.

☞ **왜?** 분산시키는 개체를 80~85℃까지 데운다? 노른자와 전분을 익혀야 적절한 농도와 매끄러움을 가진 연속적인 개체가 만들어지기 때문이다. 아이스크림의 농도를 살짝 높여주면 훨씬 더 녹진한 텍스쳐를 만들어줄 수 있다. 유지를 1g도 첨가하지 않고도!

❸ **이렇게 되는 게 맞아요?** 액체 개체가 50℃에 이르면 피스타치오+슈거파우더 개체를 넣는다. 고체 재료가 액체 안에서 잘 분산될 수 있도록 잘 저어준다. 밀폐용기에 내용물을 넣고 최소 3~4시간, 가능하다면 밤새 냉장한다. 셔벗 제조기에 넣고 굳힌 뒤 바로 먹는다.

☞ **왜?** 분산시키는 개체가 50℃ 이하가 되었을 때 분산될 개체인 가루재료를 넣는다? 이 온도면 피스타치오의 달아나기 쉬운, 섬세한 맛을 변질시키지 않을 수 있기 때문이다. 레시피 초반부터 가루 재료를 넣으면 '익힘'으로 인한 향이 더 강하게 느껴져서 아이스크림의 맛이 전혀 달라진다. 그 자리에서 바로 먹는다? 부드러울 때 아이스크림의 맛이 더 좋기 때문이다. 한 번 냉동되고 나면 맛이 확 떨어진다.

RECETTES

냥냥학에 익숙해진 사람을 위한 레시피

이제 단련된 냥냥학자는 정신적 지도자인 쇼드론 교수님이 지금까지 애정을 갖고 알을 품듯 지켜온 이 달콤한 지혜가 가진 성스러운 신비와 맞닥뜨리게 될 것이다. 쇼드론 교수님은 어떤 사악한 재료가 나와도 역경을 헤쳐 나가며, 앞으로 소개할 14개의 레시피를 통해 여러분을 냥냥학적인 순수한 깨달음의 세계로 인도하고자 한다. 슈거파우더와 포마드 버터 사이에서 공중 부양하는 그의 모습을 찾아보길.

진정한 뷔슈 애호가 6~8명분

기본 원리 : 거품 반죽*(92쪽)*, 두 개체 믹싱법*(52쪽)*, 크림*(130쪽)*, 사바용*(119쪽)*, 포마드 버터*(28쪽)*

8월 15일에 먹는 키치 스타일 뷔슈

크리스마스에 먹는 뷔슈 자체도 키치 느낌이 나는데, 여기에 성모 승천일에 먹는 뷔슈까지 만들다니 괴상하고 기묘한 이국적 느낌이 더해지는 듯하다. 그러나 모두의 예상과 달리 놀랍게도 이 통나무 모양의 제품이 맛있다는 사실을 아는가?

"뷔슈(장작)를 만드는 건 뷔슈롱(나무꾼)과 냠냠학자의 숙명이다."

(쇼드론 교수님의 결정적인 명언)

비스퀴 롤

아주 신선한 달걀 5개

설탕 140g

밀가루 50g

옥수수전분(마이제나®) 50g

버터크림*(133쪽)*

아주 신선한 달걀 5개

가능하다면 최고급 버터 200g

설탕 170g

물 약 70g

레몬즙 몇 방울(또는 글루코스 1t)

럼 약간

시럽

설탕 300g

물 600g

럼 100g

장식용

체 친 카카오파우더 1T

키치 느낌의 작은 인형(작은 난쟁이, 밤비, 소나무, 톱, 오리)

❶ **아주 재미있는 비스퀴 롤** 오븐을 180℃로 예열한다. 1단계 : 노른자에 설탕 100g을 넣고 3분 동안 고속으로 돌린다. 밀가루와 전분을 넣는다. 2단계 : 2~3분 더 세게 휘핑한 뒤 설탕 40g을 넣고 1분 동안 돌린다. 2단계의 내용물 2T를 1단계 내용물에 넣어 애벌섞기 한 뒤 남은 2단계 내용물을 다 넣는다. 반죽을 밀어 유산지를 깐 오븐팬(30×38cm)에 올린다. 15분 동안 굽는다. 구운 가토(크러스트가 아래로 가도록)를 또 다른 유산지 위에 얹고, 첫 번째 사용했던 유산지는 뗀다. 버터크림을 준비한다*(크렘 오 뵈르, 133쪽)*.

☞ **왜?** 노른자를 꽤 오래, 세게 친다? 흰자와 노른자를 통해 반죽에 최대한 공기를 넣기 위함이다. 오븐에서 꺼내자마자 유산지를 뗀다? 구운 반죽 속의 증기가 빠져나가도록 하기 위해서다. 하나의 가토, 특히 비스퀴 롤을 구울 때 나오는 증기가 어느 정도인지 모를 것이다. 이 증기를 밖으로 배출시켜주지 않으면 가토의 내상이 물러진다.

❷ **시럽과 비스퀴** 냄비에 물과 설탕을 넣고 섞는다. 데우다가 끓기 시작하면 불에서 내린다. 식힌 뒤 럼을 넣는다. 처음에 사용하는 오븐팬의 모양에 따라서 정사각형 또는 직사각형으로 보기 좋게 비스퀴 롤을 자른다. 여러분 앞에 그 비스퀴를 갖다 놓고, 붓을 사용해 시럽으로 표면 전체를 적신다. 얼마나? 적당량!

☞ **왜?** 시럽을 만든다? 하늘이 내려주신 재료를 넣지 않고는 좀 뻑뻑해 보일 수 있을 것 같아서 비스퀴 롤에 바를 용도로 만들었다. 식힌 시럽에 럼을 넣는다? 고온에서는 알코올의 향이 대부분 증발해버리기 때문이다. 비스퀴를 시럽으로 조금 적신다? 비스퀴에 시럽을 너무 많이 칠하면 제품이 찢어질 수도 있고, 입에 넣었을 때 질척거리는 느낌을 받을 수 있다. 반대로 시럽이 부족하면 목이 멜 정도로 퍽퍽해진다. 그래서 그 균형점을 찾아야 한다.

❸ **드디어 조립, 즐겁게 해보자** 비스퀴에 버터크림을 펴 바를 때 두께는 4~5mm 정도면 충분하다. 힘주어서 뷔슈를 말아준다. 접시나 단단한 받침 위에 올려놓고 원하는 대로 장식한다. 몇 시간 냉장한 뒤 먹는다.

☞ **왜?** 크림을 4~5mm 두께로 바른다? 많이 넣을 필요가 없다. 콜레스테롤이 추가적으로 더 필요한 사람이라면 몰라도 여기서 제안한 두께 정도면 충분하다. 냉장한다? 유지가 굳어서 크림 층이 자리 잡을 수 있도록 하기 위함이다.

왕국을 찾아다니는 녀석 몇 명분

기본 원리 : 된 반죽*(84쪽)*, 크림*(130쪽)*

한여름 별미, 갈레트 데 루아

왜 우리는 칠면조를 잡고, 그 안에 속재료를 넣고, 푸아그라를 만들 때까지 기다려야만 갈레트 데 루아를 즐길 수 있는 것인가? 아, 슬프도다! 그건 바로 얄궂은 날짜 때문이다!* 이 구습에서 벗어나기 위해 8월 중순에 만들어 먹을 수 있는 갈레트 데 루아 레시피를 준비했다. 바로 앞에 나오는 뷔슈에 이어서 만들면 된다.

* 주로 크리스마스에 칠면조와 푸아그라를 먹기 때문에 그 시기가 지나야 1월에 먹는 갈레트를 먹을 수 있다는 의미.

파트 푀유테 약 500g*(88쪽)*

프랑지판*(132쪽)*
크렘 파티시에르 115g *(130쪽)*
버터 70g
달걀 1개
슈거파우더 75g
아몬드파우더 85g
럼(원하는 대로)

달걀물용 달걀 1개
슈거파우더

❶ 파티스리의 길은 멀다 어느 무료한 토요일, 파트 푀유테와 프랑지판을 준비해둬라. 홀로 이 고된 일을 하다보면 당신은 어느새 냠냠학의 경지에 올라가 있을 것이다. 이때 쇼드론 교수님을 떠올려라. 애마 로시난테를 타고 있는 돈키호테처럼 새로운 길을 개척하여 파티시에의 최정상에 우뚝 선 쇼드론 교수님을. 그의 용기를 본받아 그의 사도가 될 지어라.

왜? 반죽과 크림을 전날 준비한다? 반죽을 이루고 있는 얇은 버터와 데트랑프*(88쪽)*층은 충분한 휴지시간을 거치면서 굳어져야 2단계에서 파이롤러로 밀었을 때 층이 으깨지거나 서로 달라붙지 않을 수 있기 때문이다.

❷ 드디어 일요일이다! 아주 차가운 상태의 반죽(10℃ 이하)을 두께 0.3~0.4cm 이하로 밀어 편다. 27~30cm 원형 2개로 자른다. 유산지를 깐 오븐팬에 원형 반죽 한 개를 올린 뒤 포크를 사용해 구멍을 낸다. 볼에 달걀을 넣고 푼다. 심지 길이가 2cm 정도 되는 붓으로, 원의 둘레 2~3cm 두께에 달걀물을 칠한다.

왜? 원의 둘레에 달걀물을 칠한다? 위에 덮을 반죽과 더 잘 붙도록 하기 위해서, 그리고 굽는 동안 안에 든 프랑지판이 밖으로 새어 나가지 않도록 가장자리 접합부에 어느 정도의 방수 효과를 내기 위한 것이다.

❸ 아, 이제부터 재미있어지네 달걀물을 칠해 구역을 정해놓은 원형의 반죽 위에 숟가락이나 짤주머니로 프랑지판을 1~1.5cm 두께로 올린다. 밀대를 사용해 두 번째 원형 반죽을 그 위에 올린다. 작은 칼로 두 개의 원형 반죽 가장자리를 눌러 재주껏 봉합한다. 이렇게 만들어진 갈레트의 표면에 달걀물을 전체적으로 칠하고, 아라베스크풍의 장식을 몇 개 올려 장식한 뒤 슈거파우더를 뿌려 마무리한다. 이런 페브* 넣는 것을 깜빡했다.

* 주현절을 기념하여 갈레트 데 루아에 넣는 잠두콩 또는 작은 인형.

왜? 반죽 가장자리를 재주껏 봉합한다? 아래위로 겹쳐진 원형 반죽(중간에는 프랑지판) 두 장의 가장자리를 꾹 눌러 충전물이 밖으로 나오지 못하고, 밀폐될 수 있도록 하기 위함이다.

❹ 거의 끝났다 오븐에 넣고 180℃에서 약 30분 동안 굽는다. 오븐에서 꺼낸 뒤 식힌다(미지근한 정도까지). 그리고 격식 차릴 것 없이 바로 먹는다.

왜? 미지근한 상태로 먹는다? 이 온도가 되어야 파트 푀유테 속 버터가 녹아서(잘 보이지는 않지만) 우리가 원하는 부드러운 식감을 느낄 수 있고, 아몬드 향이 여러분의 혀까지 닿을 수 있기 때문이다.

지름 28~30cm 제과용 틀 1개 분량

기본 원리 : 된 반죽*(88쪽)*, 설탕과 시럽*(22쪽)*, 버터와 유지*(27쪽)*, 크림*(130쪽)*, 생과일*(44쪽)*

피스타치오를 곁들인
배 타르트

머그 케이크 애호가들까지도 침이 고이게 만드는 진정 미식가를 위한 타르트다. 한번 구운 뒤 잠시 식혔다가 주저 없이 먹는다. 그렇지 않으면 배가 반죽을 눅눅하게 만드는 복수를 할지도 모른다.

"머그 케이크는 인간을 동물처럼 품위 없는 존재로 만들어버린다."

(쇼드론 교수님의 결정적인 명언)

반죽
(배 상태가 좋다면 익히지 않은 배 사용)
배 1kg(3~4개)
설탕 2kg
레몬 1개
물 2.5L

피스타치오 크림(프랑지판 *132쪽 참조,*
아몬드 대신 피스타치오 사용)
크렘 파티시에르 200g
피스타치오파우더 150g
아주 무른 상태의 버터 125g
슈거파우더 125g
전란 75g
옥수수전분(마이제나®) 15g
럼 적당량

❶ **작고 맛있는 배!** 껍질과 씨를 제거한 뒤 반으로 잘라 레몬즙을 뿌린다. 냄비에 물과 설탕을 넣고 끓인다. 내용물이 끓기 시작하면 반으로 자른 배를 넣는다. 10~15분 동안 익히는데, 팔팔 끓이지 않는다. 물기를 조심스럽게 제거한다.

☞ **왜?** 배를 10~15분 동안만 익힌다? 배를 익히면 펙틴을 둘러싼 막이 아주 빨리 약해지기 때문이다. 과일이 열에 노출되면 빨리 물러지기 때문에 열의 강도를 낮추는 것이다. 배(뿐만 아니라 일반적인 과일)를 익힌다고 조직이 변형되는 것은 아니나 '약해'지기 때문에 매우 오래 익히면 잼이 된다!

---

❷ **극히 초보적인 작업, 반죽 초벌구이** 이 타르트를 틀에서 빼려면 바닥이 분리되는 틀을 사용해야 한다. 반죽을 밀어 틀 안에 까는 방법은 212쪽 레몬 타르트 부분을 참조한다. 150~160℃ 오븐에서 25~30분 동안 구운 뒤 꺼내서 누름돌과 유산지를 떼어낸다. 그리고 다시 오븐에 5~8분 동안 넣는다.

☞ **왜?** 반죽을 초벌구이한다? 충전물 없이 반죽을 초벌구이하면 수분이 날아간다! 그렇다. 나중에는 충전물 속의 수분도 날아간다. 수분이 없으면 전분이 익기는 하나 호화가 되거나 부풀지는 않는다. 이렇게 '수분 없이' 반죽을 구우면 반죽이 파트 사블레와 같은 텍스쳐 그리고 (또는) 독특하게 바삭거리는 텍스쳐가 만들어지기도 한다.

---

❸ **최고(쇼드론 교수님의 말씀대로라면)** 초벌구이한 반죽이 들어있는 틀에 조심스럽게, 애정을 담아, 남남학적으로 피스타치오 크림을 채워 넣는다. 두께 2cm 정도만 채워도 완벽한 수영장이 된다. 이 포근한 침대에 반으로 자른 배를 정렬한다. 표면에 슈거파우더를 골고루 뿌려(그렇다고 너무 많이는 말고) 180℃ 오븐에서 30여 분간 굽는다. 오븐에 따라 굽는 시간이 달라지기 때문에 주의해야 한다. 오븐에서 꺼낸 뒤 바로 맛본다.

☞ **왜?** 바로 맛본다? 충전물의 수분이 빨리 반죽으로 이동하여 물러지기 때문이다. 이런 현상을 막을 수는 없다. 그래서 이 타르트가 맛있을 때 많이 먹어라.

29cm 틀 1개 또는 1cm 틀 29개 또는 14.5cm 2개 등

기본 원리 : 된 반죽*(84쪽)*, 크림*(130쪽)*

균등하게 익히기에 대한 비난의 소리!
레몬 타르트+디럭스 머랭

레몬 타르트는 냠냠학자에게 있어서 영웅 이아손이 빼앗아 온 날개 달린 황금빛 양의 털가죽보다 더 도전적인 과제다. 그러나 그 날개를 얻음으로써 미식이라는 개념도 생긴 것이고, 정복자에게 꼭 필요한 미덕인 미각도 얻게 된 것이다. 이제 여러분이 직접 확인해보길 바란다. 쇼드론 교수님의 말씀처럼 될지.

"난관만이 독실한 냠냠학자의 영혼을 끌어올릴 수 있다."

반죽

15~20℃ 파트 사블레*(86쪽 참조)* 400g
(또는 냉장한지 40분 정도 된 만들어놓은 반죽, 분명 조금 남아 있을 것이다)

레몬크림

씨 없는 레몬즙 110g
달걀노른자 80g ±5g(노른자 약 5개)
설탕 90g
버터 50g
옥수수전분(마이제나®) 30g
물 155g

이탈리아 머랭*(118쪽)*

아주 신선한 달걀흰자 5개
설탕(슈거파우더 또는 일반 설탕) 250g
옵션 : 물, 레몬즙 5방울

❶ **저절로 구워지는 반죽, 가여워라** 오븐을 150~160℃로 예열한다. 유산지에 지름이 30cm인 원을 그리고, 그 위에 밀가루를 뿌린 뒤 반죽을 얹어 민다. 이 모든 것을 타르트 틀 안에 넣고, 틀의 가장자리 벽을 따라 반죽을 붙인다. 반죽 위에 원형 유산지 한 장을 또 올린다. 누름돌로 속을 채운 뒤 25~30분 동안 굽는다. 누름돌과 종이를 빼고 다시 오븐에서 5~8분 동안 굽는다. 식힌다.

❷ **생각보다 아주 쉬운 레몬크림** 냄비에 버터를 제외한 모든 재료를 넣는다. 거품기로 섞은 뒤 버터 조각을 넣는다. 약/중불에서 가열하면서 계속 저어준다. 크림이 걸쭉해지면서 끓기 시작하면 섞다가 불에서 내린다. 반죽 위에 크림을 붓는다.

❸ **"검은색이면, 다 익은 거다."(쇼드론 교수님의 냠냠학적 격언)** 이탈리아 머랭을 만들어*(118쪽 참조)* 큰 숟가락으로 레몬크림 위에 올린다. '그릴' 모드로 해놓은 오븐에 몇 초간 넣는다.

☞ **왜?** 초벌구이를 한다? 좋은 질문이다. 여기서 초벌구이란 반죽이 파트 사블레로서의 텍스쳐를 간직하도록 하기 위해 거치는 과정이다. 초벌구이 여부와 관계없이 2~3시간 후면 레몬크림의 수분이 반죽으로 옮겨갈 것이다. 많은 곳에서 적은 곳으로, 이 기본적이고 보편적인 규칙에 따라 수분이 적은 곳(반죽)으로 이동하여 냠냠학적인 균형을 이루려 할 것이다. 그러면 여러분의 노력은 물거품이 된다. 그래서 타르트는 바로 먹어야 한다.

☞ **왜?** 밀가루가 아니라 전분만 넣는다? 이유는 단순하다. 옥수수전분이 밀가루보다 산도와 믹싱에 강하기 때문이다. 이 레시피에 버터를 넣는다? 수분/레몬즙/전분의 배합비와 잘 어우러져 이 제품만의 독보적인 텍스쳐를 만들어주는 것이 바로 버터이기 때문이다.

☞ **왜?** 이렇게 짧게 구우면, 덜 익은 것 아닌가? 그렇다. 이 레시피는 제품 전체가 균등하게 익는 것을 원치 않는다*(냠냠학개론 1권 참조)*. 냠냠학자에게 어떤 곳은 아주 잘 익고(색이 나고), 어떤 곳은 입에서 살살 녹고(머랭의 속) 또 어떤 곳은 크리미하고, 어떤 곳은 파트 사블레의 식감이 느껴지도록 하기 위함이다. 이 모든 것은 굽기의 정도가 서로 다르기 때문에(다 구워지고 덜 구워지고 그런 현상이 반복되면서) 가능한 일이다. 이 모든 어려움을 극복한 냠냠학자에게 영광을!

지름이 28cm 틀 (28명의 평범한 선수들 또는 1명의 진정한 영웅을 위한)

기본 원리 : 된 반죽*(84쪽)*, 크림*(130쪽)*

풍요로움에 대한 예찬, 견과류 타르트

이 세련된 타르트 한 입으로 과연 어느 정도의 칼로리를 섭취하게 될까? 그런 걱정은 하지 말자. 사진에 눈길이 머문다는 것은 허리둘레가 갑자기 늘어날 준비가 되어있다는, 여기에 항복할 의사가 있다는 의미니까. 여기서 타르트의 속을 채우는 것은 별도의 작업을 의미하며 '진짜' 크림을 만드는 것도, 단순히 내용물을 분산시키는 것도 아니다.

파트 사블레 또는 푀유테 400g
(86, 88쪽 참조)

충전물

아주 신선한 달걀 150g
(달걀 약 3개 분량)
잘게 썬 다크 초콜릿 50g
헤이즐넛, 아몬드, 피칸,
피스타치오 분태 150g
슈거파우더 140g
아몬드파우더 35g
밀가루 25g
포마드 버터 40g
크림 80g

'예쁘면 최고' 데코 법

(쇼드론 교수님의 결정적인 명언)

껍질을 제거한 홀 피칸, 아몬드, 헤이즐넛, 피스타치오를 원하는 만큼 사용해 장식한다.

❶ **타르트 바닥 길숙이** 오븐을 170℃로 예열한다. 밑바닥이 분리되는 틀을 사용해야 틀에서 타르트 꺼내기가 쉽다. 212쪽에 나온 설명을 보고 반죽을 밀어 틀을 씌운다. 오븐에서 25~30분 동안 구운 뒤 누름돌을 빼고 다시 오븐에 5~8분 동안 넣는다.

❷ **속 채우기 "타르트는 비워놓는 것 보다 속을 채우는 것이 좋다."(쇼드론 교수님의 결정적인 명언)** 샐러드 그릇에 (러시아식 또는 니스식 샐러드 그릇이면 더 좋다) 슈거파우더, 포마드 버터, 달걀을 넣고 거품기로 한가로이 섞어준다. 장식용으로 사용할 견과류만 빼고 나머지 재료를 모두 느긋하게 넣는다. 2분 동안 거품을 낸다. 맛을 보는 것이지 다 먹어 치우면 안 된다.

❸ **벌써?** 분화구에서 흘러나오는 용암 같은 충전물을 타르트 지 위에 붓는다. 경직된 근시안적 교육관을 지향하던 시대의 예술적 감각으로 장식용 아몬드, 헤이즐넛, 피칸 등을 분산시켜 박아 넣는다. 180℃ 오븐에서 30분 동안 굽다가 오븐에서 꺼내 잠깐 식히면 된다. 콜레스테롤을 즐겨라!

☞ **왜?** 타르트지를 초벌구이 한다? 레몬 타르트*(212쪽)* 부분 설명 참조. 유산지나 누름돌 없이 5분 더 굽는다? 반죽이 계속 구워지면 수분이 날아가서 '사블레와 같은' 또는 '푀유테'의 성격을 띠도록 하기 위함이다.

☞ **왜?** 한가로이 섞고, 느긋하게 넣는다? 충전물을 채우는 작업은 재료를 단순히 분산, 즉 섞기만 하면 되기 때문에 맛이나 텍스쳐 또는 그 둘을 모두 맞추기 위해 힘을 써가며 섞을 필요가 없다. 따라서 긴장을 풀고 재료를 섞으면 된다.

☞ **왜?** 충전물 위에만 장식용 견과류를 올리고 그 안에는 넣지 않는다? 먼저 이 충전물이 꽤 많이 부풀어서 견과류 주변에서 멋진 효과를 만들어낼 것이기 때문에 미관상 효과를 위해 위에 올린 것이다. 또한 반죽, 충전물, 장식, 이렇게 3개의 특색 있는 텍스쳐를 가진 타르트를 만들게 될 테니 단순한 '가토 위의 체리' 이상의 역할을 기대해도 좋다.

한 무리의 등산가들

기본 원리 : 슈 반죽*(136쪽)*, 크림*(130쪽)*, 물*(16쪽)*, 전분 호화*(70쪽)*, 버터와 유지*(27쪽)*

파리브레스트

헤이즐넛만큼이나 자전거*를 사랑하는 기분 좋은 파리브레스트.
왜 하필 자전거에서 영감을 얻었는지 그 이유가 궁금할 것이다. 알고 보면 이것은 뜻밖의 행운이나 마찬가지다. 이 가토가 디젤 엔진으로부터 영감을 받았으면 어땠겠는가.

* 파리와 브레스트 간에 열린 자전거 경주를 보다가 자전거 타이어에서 영감을 얻어 만듦.

"파리브레스트는 사람이 다니는 길이다."

(쇼드론 교수님의 결정적인 명언)

슈 반죽(136쪽) 1개
달걀(달걀물용) 1개
아몬드 슬라이스 약간
슈거파우더

크림
전지 우유 또는 저지방 우유 335g
프랄랭 100g
(집에서 만들었든 기성품이든 상관없다. 아주 곱게 잘 섞인 것이면 된다)

차가운 크림 120g
버터 70g
달걀노른자 65g
설탕 55g
옥수수전분(마이제나®) 25g

❶ **이제 진정하고 슈 반죽 만들기** 136쪽 레시피를 읽으면 모든 일이 잘 풀릴 것이다. 오븐팬에 유산지를 깔고 연필로 지름이 20~23cm인 원을 그린다. 원을 따라서 짤주머니를 가지고 3.5~4cm 두께의 띠 모양으로 반죽을 짠다. 달걀물을 붓으로 바르고 아몬드 슬라이스를 얹은 뒤 160℃ 오븐에서 40~45분 동안 굽는다.

❷ **크림 만들기, 긴장을 풀어도 된다** 노른자와 설탕을 섞은 뒤 전분, 프랄랭, 우유 35g을 넣는다. 남은 우유는 끓기 시작하면 불에서 내려 먼저 섞어놓은 내용물에 붓고 잘 섞어준다. 다시 냄비로 모든 내용물을 붓고 너무 물러지지 않도록 살피면서 끓인다. 내용물을 저으면서 5~6초 더 익힌 뒤 불에서 내린다. 버터 조각을 넣고 35~40℃까지 식힌다. 크림을 휘핑한 뒤 프랄랭에 넣고 섞는다. 랩을 씌워 40분 동안 냉장한다.

❸ **침착하자. 레시피 마무리하기** 빵칼을 사용해 슈 반죽 높이의 2/3를 자른다. 속을 비워낸 뒤 이 왕관 모양의 반죽을 예술적으로 채운다. 그 위에 반죽 뚜껑을 얹고, 슈거파우더를 뿌려 바로 먹는다.

☞ **왜?** 파리브레스트를 이런 모양으로 만든다? 자전거 바퀴를 연상시키는 파리브레스트의 전통적인 모양을 표현한 것이다. 원통형 반죽의 지름은 4.5~5cm가 되어야 하고, 큰 원의 지름은 23~25cm가 되어야 한다. 지름이 너무 넓으면 수증기가 이 반죽 덩어리를 들어 올리거나 밀어낼 수 없기 때문에 잘 익지 않는다.

☞ **왜?** 프랄랭을 이런 방식으로 섞는다고? 맛을 유지하기 위함이다. 우유에 넣고 섞을 수도 있지만 헤이즐넛 향의 일부가 뜨거운 우유에서 빠져나오는 증기와 함께 증발되어 맛이 희석될 수 있기 때문이다. 40분 동안 냉장한다? 버터 속 유지가 결정화되면서 크림이 굳어지고, 지금 상태처럼 입에서 살살 녹는, 독특한 텍스처를 만들기 위해서다.

☞ **왜?** 빵칼을 쓴다? 슈 반죽을 으깨거나 망가뜨리지 않으면서 자를 수 있다.
주의 : 전기톱은 사용하면 안 된다!

수 제곱미터 크기의 지붕 1개용

기본 원리 : 조형성 있는 반죽*(100쪽)*, 유리전이*(70쪽)*, 설탕*(22쪽)*, 생과일*(44쪽)*

낯선 모양의 튀일, 바닐라 아이스크림, 생강 맛 파인애플

아, 낯선 모양의 튀일이라. 우상파괴자이자 개화된 미식가의 행복이라고나 할까. 낯선 모양의 튀일이 워낙 이상하다보니 정통파 파티시에 길드와 파티시에의 신성한 믿음 수호자들은 이를 공개적으로 모욕하기도 했다. 뭐 아무래도 좋다. 어찌됐든 당신은 화형대에 오를 각오를 하고라도 이걸 만들게 될 테니.

낯선 모양의 튀일*(218쪽 참조)*

달걀흰자 120g(달걀 약 3개 분량)
밀가루 130g
슈거파우더 130g
녹여서 식힌 버터 110g
아몬드 슬라이스 또는 다른 견과류

천연 바닐라 아이스크림

전지 우유 500g
전지 크림 250g
설탕 150g
분유 20g
바닐라빈 4개(이렇게나!)

많이 이상하지 않은 파인애플

껍질을 제거한 파인애플 1/2개
신선한 생강 약간
황설탕
버터

❶ **반죽과 냉장보관(전날)** 218쪽에 소개한 반죽을 준비한다. 튀일로 만들어 그 위에 (당신이 원하는) 재료를 뿌린다. 170℃ 오븐에서 10~12분 동안 굽는다. 평평한 상태 그대로 식힌다.

☞ **왜?** 반죽을 휴지시킨다? 이 '가짜' 휴지 동안에도 반죽은 활동을 쉬지 않는다. 효소들의 활동으로 인해 수크로스(자당)는 두 종류의 당으로 분해된다. 유지가 결정화되고, 전분도 분해될 가능성이 생기는 것이다. 이런 현상으로 인해 반죽이 단단해져서 밀기 쉬워진다거나 색이 더 잘 나고, 굽는 동안 맛이 좋아지는 효과가 생긴다. 식힌다? 유리전이 온도 아래로 떨어져야*(70쪽 참조)* 유리처럼 단단하고 잘 깨지는 제형이 만들어지기 때문이다. 평평한 상태로 둔다? 뭐든지 반대로 하려는 순수한 반항심 때문이다!

❷ **'천연' 바닐라 아이스크림(전날 완성해야 함)** 바닐라빈의 씨를 긁어모은 뒤 우유, 분유, 바닐라빈을 함께 섞는다. 내용물이 끓기 시작하면 불에서 내려 뚜껑을 덮은 채로 20~30분 동안 휴지시킨다. 크림과 설탕을 넣고 잘 섞은 뒤 체에 거른다. 식힌 다음 밀폐용기에 넣고 냉장고에서 하룻밤 휴지시킨다.

☞ **왜?** 우유와 바닐라를 먼저 데우고 크림을 나중에 넣는다? 그렇지 않으면 크림이라는 유화된 상태의 물질이 열 때문에 불안정해져서 부분 또는 전체적으로 유화가 깨지기 때문이다(이런 경우 아이스크림에 알갱이가 생긴다). 휴지시간은? 유지가 결정화되어 최적의 제형, 즉 더 부드러운 제형을 만들어줄 수 있기 때문이다.

❸ **그리 이상하지 않은 파인애플(하지만…)** 파인애플을 반달 모양으로 얇게 썬다. 팬에 버터 2조각을 넣고 거품이 일 때까지 기다렸다가 황설탕 1~2T와 껍질 벗겨 다진 생강, 파인애플 슬라이스를 넣는다. 중불에서 금색이 날 때까지 익히다가 불에서 내린다. 아이스크림은 셔벗기계에 넣고 얼린다. 솜씨를 발휘해 파인애플, 아이스크림, 튀일을 접시 위에 얹고 손님에게 내놓는다.

☞ **왜?** 버터를 녹인 다음 황설탕과 파인애플 슬라이스를 나중에 넣는다? 그래야 과일의 겉 부분이 노릇하게 색이 나고, 속은 약간 날 것의 느낌을 유지할 수 있기 때문이다. 섬세한 작업이긴 하지만 이렇게 해야 맛이 좋다. *냠냠학개론 1권의 '균등하게 익히기', 53쪽 참조.*

호기심 많고 재능 있으며 용기 있는 냠냠학자 5~6명분

기본 원리 : 거품내기*(62쪽)*, 초콜릿*(40쪽)*, 무스*(115쪽)*, 유리전이*(70쪽)*, 두 개체 믹싱법*(52쪽)*, 생과일*(44쪽)*

화이트 초콜릿 무스, 럼을 넣은 망고, 랑그 드 티그르

여러 개의 레시피가 하나로 모인, 당신을 미치게 만드는 디저트 가운데 하나다. 한번 시도해 봄직한, 특히 한 번은 성공해 봐야 할 디저트다! 만드는 과정에서 거품내기나 유지의 결정화, 유리전이 효과 등 많은 것들을 배우게 될 것이다.

"실수만 안 하면 내가 착각하는 일은 없다."

(쇼드론 교수님의 결정적인 명언)

무스
화이트 초콜릿 180g
아주 차가운 전지 크림 250g
달걀노른자 3개
설탕 35g
버터 30g

랑그 드 티그르
(102쪽 건포도 팔레 레시피 참조)
포마드 버터 200g
전란 2개 (100g)
밀가루 170g
슈거파우더 160g
바닐라빈 1개 안의 씨(원하는 양 만큼)
피스타치오 분태 한줌

과일
패션프루트 2개
망고 1개
황설탕
럼

❶ 어느 정도 거품이 있는 무스 아주 약한 불에서 버터와 초콜릿을 녹인 뒤 섞는다. 작은 샐러드 그릇에 노른자와 설탕을 넣고 60~75℃에서 중탕으로 익힌다. 4~5분 동안 기계로 휘핑한 뒤 중탕 그릇에서 빼고 2~3분 더 휘핑한다. 크림을 열심히 풀어준다. 초콜릿과 사바용을 존중하는 마음으로 저어준 뒤 풀어놓은 크림 위에 붓고 섞는다. 냉장보관한 뒤 몇 시간 동안 잊어버린다.

❷ 과일과 랑그 드 티그르 랑그 드 티그르 반죽을 준비한다*(102쪽 참조)*. 망고는 껍질을 제거한 뒤 큐브 모양으로 썰고 패션프루트는 내용물을 긁어낸다. 럼 4~5T와 동량의 황설탕을 뿌려 2시간 동안 과일을 절인다. 반죽을 지름 6mm, 길이 7~8cm인 원통형으로 만들고 간격을 띄워 놓는다. 피스타치오를 뿌린 뒤 180℃에서 7~8분 동안 굽는다.

❸ 프레젠테이션 및 장식 본인이 원하는 장식을 만들자. 우아한 분위기를 원한다면 랑그 드 티그르에 무스를 곁들이고, 과일을 더해보자. 그건 당신이 해결해야 할 일이다. 쇼드론 교수님의 격언을 잊지 말자. "아름다움은 수수께끼 같은 것이다."

쇼드론 교수님의 가치 있는 조언

브론토사우루스의 혀를 만들려면 반죽으로 만드는 원통의 크기가 더 커야 한다.

☞ **왜?** 초콜릿을 낮은 온도에서 녹인다? 초콜릿은 38℃에서 녹기 때문에 다른 이들처럼 온도를 높여 작업하면 구조가 파괴되고 덩어리가 생길 수 있다. 설탕을 넣고 올린 노른자도 마찬가지? 여기서는 동일한 방법으로 거품을 내고 응고시켜야 한다. 과열=너무 눈에 띄게 응고가 진행되고, 거품이 나지 않는다.

☞ **왜?** 과일을 2시간이나 절인다? 패션프루트는 망고보다 (일반적으로는!) 산이 더 많기 때문에 산도의 균형을 찾고 전반적으로 더 균일한 맛을 내기 위해 두 과일을 함께 절인다. 반대로 두 과일의 대조적인 맛을 원하면 절이는 시간을 줄이면 된다. 원통형으로 만든 반죽 간에 간격을 띄운다? 이 반죽은 '저절로 매끄러워지는' 경우가 거의 없고, 반죽에 열이 가해지면 저절로 평평해지면서 푹 퍼진다. 그리고 그 안에 든 설탕과 전분 덕분에 굳는 것이다. 오븐에서 꺼낼 때는 반죽이 부드럽고 모양을 만들기 쉬운 상태지만, 한번 굳고 나면 유리처럼 깨지기 쉬운 제형으로 변한다*(70쪽 유리전이 참조)*.

천방지축 6명분

기본 원리 : 된 반죽*(84쪽)*, 거품내기*(62쪽)*, 생과일*(44쪽)*

민트잎을 곁들인 눈 장식과 딸기 쿨리가 어우러진 이상한 타르트

밑도 끝도 없는 디저트다. 아무도 이 디저트가 어떤 모양이어야 하는지 알지 못하기 때문에 눈치 채는 사람은 없겠지만. 그래도 공정한 잣대로 보자면 실패할 수 있는 디저트다.

이상한 타르트 반죽
(86쪽 파트 사블레 참조)
곱게 다진 견과류
(아몬드, 헤이즐넛 등) 100g
T55 또는 T45 밀가루 120g
버터(가능하면 '부드러운' 버터) 65g
달걀노른자 1개
슈거파우더 45g
고운 소금 한 자밤
바닐라빈 1개 안의 씨
물 1T

과일
여름 과일(체리, 붉은 과일, 복숭아)
레몬즙 몇 방울과 설탕 약간

쿨리(섞기/ 체에 거르기)
딸기 또는 라즈베리 300g
물 100g
설탕 40g
레몬즙 몇 방울

눈 모양 장식
달걀흰자 120g
슈거파우더 45g
싱싱한 민트잎 4~5장

❶ **이상한 타르트지** 파트 사블레를 준비한다*(86쪽)*. 반죽과 견과류를 섞은 뒤 잠시 냉장 휴지시킨다. 레몬 타르트 레시피*(212쪽)*를 보고 1단계까지 따라 한다. 단, 7~8cm 정도 되는 틀을 사용해주면 고맙겠다.

❷ **눈 모양 장식** 지름 28~33cm 팬에 물을 넣고 80~85℃로 데운다. 샐러드 그릇에 흰자와 잘게 부순 민트잎을 넣고 기계로 젓는다. 슈거파우더를 넣고 그 위에 한 층 더 슈거파우더를 넣은 다음 1분 더 돌린다. 큰 크넬 모양을 만들고 3~4분간 익힌다. 그 중간에 한 번 뒤집어 준다. 키친타월 위에 올려 물기를 제거한다.

❸ **얼마나 이상한 디저트인가** 타르트지를 접시 위에 놓고 그 위에 자른 과일을 올린 다음, 설탕과 레몬즙을 살짝 뿌린다. 쿨리 1T를 뿌려 장식한다. 민트가 들어간 눈 모양 장식을 얹는다. 쿨리를 원하는 양 만큼 바르고 민트잎을 더 얹는다. 다른 의식은 생략하고 이 괴상한 디저트를 내놓는다.

☞ **왜?** 견과류를 곱게 다진다? 반죽을 쉽게 밀기 위함이다. 처음부터 견과류 개체를 '파트 사블레' 개체에 넣지 않는다? 이렇게 해야 의도하고자 했던 텍스쳐와 맛의 대비를 이끌어낼 수 있기 때문이다.

☞ **왜?** 민트잎을 처음부터 흰자와 섞는다? 민트잎에 들어있는 방향유가 무스 전체에 퍼져 독특하고 잘 스며드는 향이 만들어지기 때문이다. 물 온도는 반드시 80~85℃를 유지해야 한다? 완벽한 텍스쳐를 만들면서 흰자는 완전히 익히지 않기 위해서 온도를 맞추는 것이다. 온도를 더 높이면 타이어나 껌 같은 식감이 생긴다.

☞ **왜?** 다른 의식은 생략한다? 원래 여러분이 하던 대로 꾀를 부리고, 꾸물거리고, 너무 재잘거리면 쿨리와 과일 때문에 두 개체로 이루어진 반죽이 파트 사블레와 견과류로 분리될 것이다. 결국엔 화성의 마그마처럼 무겁게 흘러내려서 플랜타 핀(Planta Fin)®이나 뉴텔라®보다도 섬세한 맛이 느껴지지 않을 수 있다.

새로운 것을 싫어하는 사람 6명분

기본 원리 : 설탕과 시럽(*22쪽*), 그리고 어쩌면 구움과자 반죽(*109쪽*)

포칭한 배와 캐러멜 소스

드디어 쇼드론 교수님의 강의에 자주 등장하는, 조금 더 클래식한 레시피가 나타났다.
정크 푸드와 플라스틱 너겟을 맛보던 이들이 과일의 색다른 맛을 느끼게 될 것이다.

시럽에 넣은 배
(상태가 좋은 배라면 익히지 않고 사용해도 됨)
너무 숙성되지 않은 배 6개
레몬 1개
설탕 2kg
물 2.5L

캐러멜 소스
설탕 200g
크림 60~80g
가염버터 30g
글루코스(분말 또는 시럽) 1t
물 60g

"캐러멜 소스에 익숙해지기 전까지는 여러 번 실패하기 마련이다." (쇼드론 교수님의 확신)

❶ 배는 어렵지 않다 배는 껍질을 까고 반으로 잘라 씨 부분을 제거한 뒤 레몬즙을 뿌려 놓는다. 냄비에 물과 설탕을 넣고 끓기 시작하면, 배 1/2개를 넣는다. 10~15분 동안 (끓지 않을 정도로) 익힌 뒤 불에서 내린다.

❷ 쉽지 않은 캐러멜 소스 설탕, 글루코스, 물을 센불에서 끓인다. 섞어가면서 익히면 걸쭉해질 것이다. 약불로 옮긴 후 내용물에 유산지를 넣는다. 종이에 묻은 색으로 익은 정도를 가늠한다. 원하는 만큼 색이 나면 냄비 바닥을 찬물에 담근다. 버터와 크림을 넣고 (수증기를 조심해야 한다) 잘 섞은 뒤 식힌다. 농도가 너무 묽으면? 조금 더 익힌다. 반대로 농도가 너무 질으면 다시 데우면서 크림을 추가한다.

❸ 드디어 끝 이 디저트는 차갑게 먹는 것이 좋기 때문에 이 모든 과정을 전날 해놓는 것이 좋다. 그렇지만 미지근한 상태로 내놓았다고 해서 당신을 혼낼 사람은 아무도 없다. 지금까지 그래왔듯 당신의 판단대로 하면 된다. 프레젠테이션은 어떻게 해야 할지 전혀 감이 오지 않으니 그냥 여러분이 원하는 대로 하면 된다. 맛있어 보이기만 하면 프레젠테이션은 사실 아무도 신경 쓰지 않는다. 피낭시에 몇 개를 곁들여 보라(*112쪽*).

☞ **왜?** 10~15분 동안 익힌다? 꽤 짧다고 느낄 수도 있겠지만 그렇다고 딱 잘라 말하기도 힘든 것이 익히는 시간이다. 배의 종류와 숙성 정도 크기에 따라 다르기 때문이다. 어떤 경우든 너무 오래 익힌 것보다는 짧게 익힌 것이 낫다. 그렇지 않으면 갈기갈기 찢어진다!

☞ **왜?** 시럽은 센불에서, 캐러멜은 약한 불에서? 설탕을 끓일 때 온도는 직선 그래프가 아니라 지수 함수 그래프처럼 상승한다! 다시 말해서 꽤 오래 두어도 별 일이 일어나지 않는다는 뜻이다. 그러다 어느 순간 온도가 갑자기 상승해서 냄비 속에 숯 한 덩어리가 생길 수 있다! 그래서 캐러멜화가 진행될 기미가 보이면 그때부터 불을 낮춰 반응속도를 늦추고, 익힘을 제어하는 것이다.

☞ **왜?** 프레젠테이션과 관련된 지시사항은 없나? 여러분이 따르지 않을 텐데 지시를 내리는 것이 무슨 의미가 있나? 저글링 하듯이 재미있게 해보길! 튀일, 팔레, 피낭시에도 얹어보라. 낭남학이란 이런 것이기도 하다. 자신이 원하는 대로 하는 것.

냠냠학자의 기분과 제품의 크기에 따라 10~15개 분량

기본 원리 : 된 반죽(84쪽), 크림(130쪽)

정말 크고 강해 보이는
180℃ 식의 거대한 사크리스탱

아! 추억의 별미 사크리스탱. 누가 아직 그 맛을 기억하고 있을까?
용기 있는 자, 과감한 자를 위해 레시피를 준비했다. 너무 유별나지 않는 걸로.

*"사크리스탱*을 만들겠다고 수도회에 들어갈 필요는 없다."*

(쇼드론 교수님의 결정적인 명언)

* sacristains : 성당관리인이라는 뜻이 있음.

아주 차가운 파트 푀유테 450g *(88쪽)*

T55 또는 T45(3시간 동안 5~10℃에 냉장해둔 상태면 더 좋다) 500g)
버터 400g (3시간 동안 5~10℃로 냉장해 놓은)
물 300g (3시간 동안 5~10℃로 냉장해 놓은)
식초 1T

아주 차가운 크렘 파티시에르 350g *(130쪽)*

전지 또는 저지방 우유 300g
달걀노른자 40g(2개)
설탕 40g
옥수수전분(마이제나®) 23g+15g
버터 15g
바닐라빈 1개

슈거파우더
아몬드 슬라이스(또는 다른 견과류로 대체 가능. 자, 자유롭게 골라보길!)

---

❶ **크림 만들기와 반죽 밀기** 몇 시간 전에 크림을 만들어 냉장보관한다. 파트 푀유테를 가로세로 30cm인 정사각형으로 민다. 이상적인 반죽의 두께는 0.3~0.4cm이다. 거품기나 숟가락으로 크림을 사용하면 바르기가 더 쉽다.

❷ **펼치기 대작전** 스패출러나 숟가락의 볼록한 부분으로 파트 푀유테 위에 차가운 크림을 바른다. 큰 칼을 이용해 가로세로가 5×30cm인 끈 형태로 자른다.

❸ **이제 끝이 보인다** 최선을 다해 잘라놓은 끈 형태의 반죽을 꼬아준 뒤 유산지를 깐 오븐팬 위에 얹는다. 아몬드와 슈거파우더를 뿌리고 170℃ 오븐에서 35분 동안 굽는다. 오븐에서 꺼낸 뒤 온기가 남은 상태에서 먹는다.

☞ **왜?** 크림을 미리 준비한다? 파트 푀유테 위에 차가운 크림을 발라야 하기 때문이다. 따뜻한 크림을 바르면 반죽 속의 버터가 녹아서 물러지기 때문에 사크리스탱 모양을 만들 수 없다. '아주 차가운' 반죽을 재료로 준비한다? 반죽이 무르면 꼬아서 모양을 만들 수 없다.

☞ **왜?** 가로가 5cm인 끈 모양으로 자른다? 이 수치는 참고용이니. 더 작거나 크게 만들어도 된다! 그러나 이 레시피로 겉은 바삭하고 속은 부드러운 식감을 주기 위해서는 굽기를 잘 조절해야 하는데, 그것을 위한 '이상적인' 크기라고 보면 된다. 이 이상적인 크기는 구체적인 총량/표면적의 비율에 상응하는 것이기 때문에 각각의 레시피마다 한 개씩은 있게 마련이다. 사크리스탱 덕분에 이제 파티스리의 가장 큰 비밀 가운데 하나가 공개되었다. 할렐루야!

☞ **왜?** 이 크기로 만들어 170℃에서 35분 동안 굽는다? 이 제품에 이상적인 텍스쳐를 만들어주는 것이 바로 이 크기이기 때문이다. 한입 베어 물 때마다 잘 구워진 부분과 덜 구워진 부분의 식감을 동시에 느낄 수 있어 이 제품이 갖는 독특한 텍스쳐와 맛, 그 대조적인 특성을 파악할 수 있다.

지름이 8cm, 높이가 3cm인 틀 6개 분량

기본 원리 : 거품내기*(62쪽)*, 전분*(18쪽)*, 무스*(115쪽)*, 두 개체 믹싱법*(52쪽)*

인내심에 대한 찬사, 뜨거운 수플레

아! 10번 유혹하면 10번 다 넘어간다는, 바로 그 뜨거운 수플레!
사실 수플레를 성공적으로 만드는 것은 재료와의 싸움, 물리학에 대한 도전 같은 치열한 싸움에서 이겨야만 가능한 것이다.
하지만 그 보상이 바로 여기 있지 않은가!

"요리에 있어서 어려운 것은 요리를 하는 것이 아니라 내가 생각한 요리를 해내는 것이다."

(R. L. 스티븐슨을 따르는 쇼드론 교수님의 말씀)

녹인 버터와 설탕

분산시키는 개체 A
전지 우유 270g

오렌지 제스트 4~5개
설탕 20g
옥수수전분(마이제나®) 또는
여타(땅 위 채소) 전분 25g

분산시키는 개체 B
버터 40g
달걀노른자 2개
그랑 마르니에

분산될 개체
달걀흰자 5개
슈거파우더 70g

❶ **올바른 방향으로 출발하기** 미리 다져 놓은 제스트와 우유를 넣고 데우다가 끓기 시작하면 불에서 내린 뒤 뚜껑을 덮어 한쪽에 둔다. 차가운 틀에 버터 칠을 한 뒤 설탕을 뿌린다. 오븐을 180℃로 예열하는 것도 잊지 말자.

☞ **왜?** 차가운 틀에 버터 칠을 한다? 간단히 설명하면 이렇게 해야 틀 위의 버터가 애처롭게 흘러내리지 않고, 순간적으로 굳어서 거기에 잘 '붙기' 때문이다. 틀에 설탕을 뿌린다? 열이 가해지면 설탕과 버터가 수플레에서 나오는 수증기와 섞여서 가장자리에 일종의 시럽을 만들고, 그 덕분에 수플레 반죽이 미끄러지듯 올라갈 수 있는 것이다. 마치 실린더 속의 피스톤처럼 부풀어 오르도록 말이다!

❷ **분산시키는 개체 A와 B** 미지근한 우유를 체에 거른다. 미리 섞어 놓은 설탕과 전분을 미지근한 우유에 넣는다. 중불에 데우면서 거품기로 계속 젓는다. 내용물이 걸쭉해지고 끓기 시작하면 불에서 내린다. 섞은 다음 B 개체(버터와 노른자)를 뜨거운 A 개체에 넣는다.

☞ **왜?** 뜨거운 내용물에 노른자를 넣는다? 노른자가 익는 온도 이상으로 온도가 맞춰진 상태에서 노른자를 넣어야 반죽도 걸쭉해지고, 작은 흰자 거품들이 연속적인 개체 A 안에서 떠다니다가 오븐의 열기와 만나 팽창하면서 '수플레(부푸는)' 효과를 낼 수 있기 때문이다.

❸ **분산될 개체** 흰자를 최소 2분 이상 열심히 젓는다. 슈거파우더를 넣고 1분 더 젓는다. 휘핑하여 부피가 증가한 흰자 3T를 분산시키는 개체에 넣고 거품기로 젓는다. 남은 흰자와 그랑 마르니에 4T를 넣고 실리콘 주걱으로 내용물을 밑에서 위로, 바깥쪽에서 안쪽으로 섞는다.

☞ **왜?** 흰자를 분산시킬 때 거품기로 가차 없이 젓는다? 이 작업의 목적은 공기를 주입시키는 것이 아니라 너무나 이질적인 두 개체의 농도와 텍스쳐를 조금이나마 유사하게 만드는 것이기 때문에 조심스럽게 작업할 필요가 없다. 그렇다면 남은 흰자는 실리콘 주걱으로 살살 섞는다? 이 작업이 끝난 다음에도 최대한 많은 공기를 머금고 있도록 하기 위해서다. 이 단계에서 과도하게 '자르듯이' 섞어주면 반죽의 가스가 빠지고, 오븐에 들어갔을 때 부풀지 않는다.

❹ **긴장하자, 마지막 믹싱과 굽기** 틀 높이까지 내용물을 채우고 표면을 깎는다. 오븐에 넣고 6분 30초에서 9분 동안 굽는다(오븐에 따라 시간은 다름). 다 익기 전에는 어떤 일이 있어도 오븐 문을 열어서는 안 된다. 완성되면 오븐에서 꺼내 바로 먹는다.

☞ **왜?** 틀 높이까지 내용물을 채우고 표면을 깎는다? 수플레가 수직으로 똑바로 부풀도록 하기 위함이다. 부푸는 과정에서 한쪽으로 너무 기울면 내용물이 틀에서 아예 떨어져 나올 수 있다! 이 과정에서 틀 안쪽 벽은 만지지 않도록 주의한다. 수플레가 제대로 부풀게 하기 위해서는 틀 안쪽에 바른 버터와 설탕이 없어지면 안 되기 때문이다.

몇 줄은 충분히 나올 분량

기본 원리 : 겔(*126쪽*), 겔화(*78쪽*), 거품내기(*62쪽*), 무스(*115쪽*)

놀이공원보다 더 좋은 라임 마시멜로

집에서 만든 마시멜로의 맛과 텍스쳐를 아직 기억하는 사람이 있을까?
냠냠학자는 그렇다 쳐도 또 누가 기억하고 있을까?

라임 제스트 4~5개
달걀흰자 160g
설탕 220g
글루코스 시럽 40g
판 젤라틴 38g
(더 부드러운 마시멜로를 만들고 싶다면 30g 추가)
물 100g

코팅
슈거파우더 100g
옥수수전분(마이제나®) 100g

❶ **제스트와 시럽** 냄비에 잘게 다진 제스트와 설탕, 물, 글루코스를 넣고 끓인다. 2~3분간 끓이다가 불에서 내린 뒤 2시간 동안 향을 우려낸다. 제스트를 제거한다. 진정한 레시피는 이 단계에서부터 시작한다.

☞ **왜?** 시럽에 제스트를 같이 넣고 끓인다? 시럽에 향기가 우러나야 마시멜로에도 좋은 향이 남기 때문이다. 나중에 제스트 꺼내기가 싫다면, 제스트를 아주 아주 얇게 잘라야 한다.

❷ **집중을 요하는 작업, 젤라틴 넣기와 굽기** 찬물이 담긴 큰 샐러드 그릇에 판 젤라틴 몇 장을 넣고 4~5분 동안 담갔다가 물기를 제거한 뒤 한쪽에 둔다. 시럽 온도를 지속적으로 측정하다가 110~115℃가 되었을 때 노예에게 시켜 흰자를 고속으로 풀도록 하고, 여러분은 시럽에 집중한다.

☞ **왜?** 시럽이 110~115℃가 되었을 때 흰자를 치기 시작한다? 비뚤어진 파티시에의 광적인 행동이 아니다. 시럽이 122~125℃가 되었을 때 흰자가 시럽과 더 잘 섞일 수 있기 때문에 시럽과 풀어둔 흰자, 이 두 내용물을 잘 조화시키기 위해 취하는 조치다.

❸ **매우 까다로운 과정, 흰자 넣기** 시럽이 122~125℃가 되면 불에서 내린 뒤 젤라틴을 넣는데, 한 덩어리가 아니라 풀어서 넣는다. 잘 섞어 연속적인 개체가 되도록 한다. 바로 이어서 이 기이한 시럽을 단단히 쳐 올린 흰자에 붓는다. 거품기로 저을 때 시럽이 여기저기 튀지 않도록 주의한다. 시럽이 부족해지면 레시피에 문제가 생길 수 있다(당신이 젤라틴을 뒤집어쓰는 건 부차적인 문제다). 고속으로 4분 동안 돌리다가 속도를 줄여 4분 더 돌린다.

☞ **왜?** 시럽이 122~125℃가 되어야 한다? 이 온도의 시럽이 흰자 속에 들어가서 분산되면, 시럽이 식으면서 적당한 텍스쳐를 갖게 되기 때문이다. 시럽에 젤라틴을 넣고 '잘' 섞는다? 이 온도가 되면 설탕은 졸아들고, 젤라틴을 녹일 만큼의 물은 거의 남아있지 않기 때문이다.

❹ **이제 틀에 붓고 재단하기** 두께가 2cm 되도록 틀 안에 내용물을 붓고 2시간 동안 냉장고에서 굳힌다. 본인의 방식대로 재단하고, 미리 체쳐 놓은 전분-슈거파우더 믹스 위에서 마시멜로를 굴려 옷을 입힌다.

☞ **왜?** 마시멜로를 2시간 동안 냉장한다? 젤라틴이 전체적으로 굳어질 수 있을만한, 노조가 정한 최소 노동시간이다. 마지막에 마시멜로에 옷을 입힌다? 손에 묻지 않고 잡기 위함이다.

동네 치과의사들의 행복을 위해서

기본 원리 : 설탕과 시럽*(22쪽)*

틀니 사용자는 주의 말랑말랑한 캐러멜

이 말랑말랑한 캐러멜의 형언하기 힘든 부드러움을 느껴본 냠냠학자는 황홀감을 맛보게 될지도 모른다. 신은 어딘가에 존재할지도 모르겠다는 생각과 함께. 시간이 갈수록 경건한 마음으로 말랑말랑한 캐러멜을 대하고, 열정을 갖고 여기에 전념하게 되는 것은 바로 그 때문이다.

"캐러멜은 치과의사의 친구다."

(쇼드론 교수님의 명언)

전지 크림 250g
설탕 250g
굵게 다진 견과류 100g
꿀 100g
글루코스(분말 또는 시럽) 1t, *22쪽 참조*
바닐라빈 3개 안의 씨

---

❶ 아직은 우리가 원하는 대로 작업 견과류를 적당한 팬에 넣는다. 적당한 팬이란 좀 전에 대구를 튀기는데 사용하지 않았던 것을 의미한다. 약/중불에서 데우면서 계속 저어준다. 한마디로 견과류를 약간, 많이, 미친 듯이 볶아주다가 불에서 내린다.

☞ 왜? 센불이 아닌 약/중불에서 견과류에 색이 나도록 볶는다? 다진 견과류는 결국 입자가 큰 가루가 되고 그 속의 공기가 입자들을 분리시킨다. 공기는 온도를 조절하는데 아주 부적절한 요소고, 팬의 바닥에서부터 전달된 열기는 그 입자들과 직접적으로 '접촉'하긴 하지만 나머지 부분까지 닿지는 않는다. 따라서 낮은 온도로 열을 가해 서서히 섞이게 해야 모든 입자들이 데워질 수 있다. 힘내자.

---

❷ 굽기 냄비에 크림, 설탕, 글루코스, 꿀, 바닐라빈의 씨를 차별 없이 모두 넣고 중불에서 120~125℃가 될 때까지 끓이면서 계속 저어준다. 온도계가 없어도 이 내용물의 일부를 찬물에 떨어뜨려보면 완성된 캐러멜의 제형을 갖게 되었는지 확인할 수 있다.

☞ 왜? 내용물을 센불이 아닌 중불에서 120~125℃까지 끓인다? 100℃ 이상이 되면 내용물의 수분이 날아가면서 졸아들기 때문이다. 많이 졸아들수록 냄비 바닥과 접촉되는 부분은 탈 가능성이 높아진다. 센불로 작업하다보면 250℃를 넘어갈 수도 있다.

---

❸ "설탕보다 더 단 것은 없다." 하지만… (쇼드론 교수님의 결정적인 명언) 냄비를 불에서 내린 뒤 어느 정도 볶은 견과류를 넣고 신속, 정확하게 섞는다. 살짝 기름칠한 틀에 이 놀랍고 매력적인 내용물을 붓는다. 식힌 뒤 최소 1시간 동안 굳힌다. 칼로 캐러멜을 재단하거나 손으로 모양을 만들고, 그 즉시 먹거나 셀로판지에 싸서 보관한다.

☞ 왜? 내용물을 식힌다? 바짝 졸아든 설탕이 식으면서 원하는 제형을 만들어주기 때문이다. 캐러멜이 너무 단단하면 내용물을 녹인 뒤 크림을 더 넣고, 반대로 너무 무르면 좀 더 가열해서 수분을 증발시키면 된다.

Bonbon

색인

ㄹ

ㅁ

ㅂ

ㅅ

ㅌ

ㅍ

ㅎ

쇼드론 교수님

유년 시절부터 파티스리와 요리가 가진 성스러운 미스터리에 푹 빠져 지낸 쇼드론 교수님은 배우고자 하는 모든 이에게 자신의 지식을 아낌없이 나눠주고 계신다. 그것이 바로 교수님의 가장 큰 장점이다. 교육공학 분야의 강연자로, 결정적인 격언들을 남긴 장본인으로 익히 알려져 있다. 냠냠학자가 평소에 읊조리고, 마음에 새기고 있는 격언들 말이다. "물은 요리에서 가장 축축한 재료다."라든가 "검은색이면 익은 거다."와 같은 격언들은 오늘날에도 이론의 여지가 없는, 그의 명성이 확고하게 자리 잡을 수 있도록 해주는 요리의 진리에 속한다.

결론

참회하는 마음으로 꼼꼼히 이 책을 독파한 여러분은 이제 힘든 과정을 다 통과했다. 처음에는 문외한이었을지라도 이제는 이 분야에 정통한 사람이 되었을 것이다. 파티스리에 관한 성스러운 미스터리들에 관해 배우고, 조형성 있는 반죽의 마법을 가까이에서 체험했으며 크림과 무스의 비법을 피상적으로나마 접했을 것이다. 또한 용감한 맛의 기사로서 복잡한 레시피가 가진 암흑 속의 수수께끼 속에 빠져보기도 하고, 위험한 순간에 맞닥뜨리기도 했을 것이다. 물론 파트 퓌유테와 대결하거나 슈게트를 만들기 위해 전력을 다 하기도 하고, 크루아상과 쇼콜라틴에 도전하기도 했을 것이고. 이제 다시 자신을 되돌아보자. 여러분은 알브레히트 뒤러(Albrecht Dürer)의 작품에 등장하는 기사다. 무미건조함과 실패, 의혹투성이 원칙을 넘어 피낭시에와 사바용을 정복한 기사 말이다. 이제 여러분은 본질을 이해한 용맹스러운 냠냠학자의 한 사람으로서 미식가들의 고답파에 속하게 되었다. 그렇다. 물론 여러분이 방금 다 읽은 이 책이 파티시에로서 갖춰야 할 작업의 모든 진수를 담고 있지는 않다. 그것은 미래의 파티시에인 여러분의 마음속에 있는 것이기 때문이다. 앞으로도 여러분은 영원히 이 책에 나온 지식과 교훈을 잘 융합해 마음에 드는 것을 새로 창조해내고 또 새로이 맞닥뜨리게 될 모든 도전에 굴복하지 않을 수 있을 것이다! 쇼드론 교수님의 정신과 달달한 힘이 여러분과 함께하길.

파티스리의 기본

1판 2쇄 펴낸날 2020년 10월 15일

지은이 스테판 라고르스
옮긴이 김옥진
기획편집 신이수
본문·표지 디자인 이지선

펴낸이 신이수
펴낸곳 도림북스
경기도 남양주시 화도읍 맷돌로 50
팩스번호 02-6442-1423
출판등록 제399-2017-000024호
홈페이지 www.dorimbooks.com
페이스북 www.facebook.com/dorimbooks
전자우편 dorimbooks@naver.com

ISBN 979-11-87384-12-0 13590

* 이 도서의 국립중앙도서관 출판예정도서목록(CIP)은 서지정보유통지원시스템 홈페이지(http://seoji.nl.go.kr)와
국가자료종합목록시스템(http://www.nl.go.kr/kolisnet)에서 이용하실 수 있습니다. (CIP제어번호 : CIP2019004976)